VORHANG AUF FÜR DIE FUTURE FIT COMPANY

WIR CHECKEN EIN

- **17** Orientierung
- **30** Ausgangssituationen
- **41** Persönliche Trainingspläne

INDIVIDUELLER RAUM

- **57** Achtsamkeit
- **63** Aktives Zuhören
- **69** Artful Participation
- **75** Selbsteinschätzung mit MPS
- **79** Switch

ZWISCHENMENSCHLICHER RAUM

- **92** Check-in
- **96** Feedbackstruktur
- **100** Innovationsklima
- **108** Klärungsmeeting
- **116** Kommunikationsstufen
- **128** Spiegeln
- **138** The Box

STRUKTURELLER RAUM

- 158 Arbeiten in Kreisen
- 164 Goldener Kreis
- 169 Konsententscheidung
- 179 Logbuch
- 187 Transparente Gehaltsmodelle
- 197 Treiber
- 205 Verbindliche Rollen

OPERATIVER RAUM

- 224 Denkphasen der Kreativität
- 230 Kanban
- 239 Kreativprozess
- 251 Organisationslotsen
- 261 Retrospektiven
- 266 Schnelle Prototypen
- 271 Sprint
- 287 Tactical Meetings
- 298 User-Research

- 307 Wie geht es weiter?
- 309 Anmerkungen
- 311 Die Autoren

Wir ziehen den Vorhang auf und sehen ein zukunftsbereites Unternehmen. Wir sehen eine Organisation, deren Strukturen und Tätigkeiten sich flexibel und nach Bedarf an die inneren und äußeren Einflussfaktoren anpassen. In diesen Unternehmen wissen wir als Mitarbeiter, was der Zweck unseres Unternehmens ist und wie wir mit unserem eigenen Tun einen Beitrag zu diesem Zweck leisten.

Der Umgang zwischen den Kollegen findet auf Augenhöhe statt. Menschen, die von Entscheidungen betroffen sind, haben selbstverständlich die Möglichkeit, diese Entscheidung zu beeinflussen. Alle haben freien Zugang zu relevantem Wissen und bekommen das nötige Vertrauen, um eigenständig relevante Entscheidungen zu treffen. Alle Gehälter sind nicht nur transparent, wir gestalten die Gehaltsstrukturen aktiv mit. Ebenso sind alle Mitarbeiter auch dafür verantwortlich, die für sie relevanten Prozesse und Strukturen in Eigenregie zu definieren, regelmäßig zu überarbeiten oder gegebenenfalls abzuschaffen.

Was auf den ersten Blick träumerisch oder sogar esoterisch klingen mag, hat knallharte Konsequenzen. Erwachsene Menschen werden nicht nur wie Erwachsene behandelt, sondern es wird auch erwartet, dass sie sich entsprechend verhalten. Das bedeutet: Wir alle müssen Entscheidungen treffen und Verantwortung dafür übernehmen.

Durch die bestehende Klarheit über unsere Tätigkeiten und Verantwortlichkeiten ist das Unternehmen weniger träge im Tagesgeschäft. Eigeninitiative der Mitarbeiter, die Freiräume haben, um innovativ zu sein, führt zu Ideen für neue Produkt- oder Geschäftsmodelle. Es entsteht ein Gefühl des Agierens und Gestaltens anstelle des ständigen Reagierens. Generell binden wir uns emotional enger an die Organisation, und unsere Arbeitsmotivation ist hoch.

Der Vorhang schließt sich wieder. Wir blicken nach links und rechts zu den Kollegen und sagen womöglich: »Das klingt ja alles ganz nett, aber in unserem Unternehmen geht so etwas nicht!« Damit die beschriebene

Welt hinter dem Vorhang bei uns verwirklicht wird, müsste ein Wunder geschehen. Diese Aussage hören wir bei creaffective immer wieder. Wenn wir in den Gesprächen ein wenig tiefer bohren, wird deutlich, dass dies eigentlich heißen soll: »Dafür sind wir nicht bereit. Wir würden unsere Zusammenarbeit ja gern verändern und uns als Unternehmen zukunftsfähig organisieren – aber wir wissen nicht, wie wir das anstellen sollen.«

Genau deshalb haben wir Autoren dieses Buch geschrieben. Wir wollen damit unseren Lesern, egal aus welcher Position und egal in welcher Art von Unternehmen, konkrete Möglichkeiten und Praktiken an die Hand geben, die alle dort abholen, wo sie gerade stehen. Das sind Werkzeuge und Praktiken, welche die Zusammenarbeit so verändern können, dass die Organisation in der sich dynamisch verändernden Welt bestehen und weiter erfolgreich sein kann.

Denn wir müssen uns fragen, ob die Art, wie wir Organisationen in den letzten 200 Jahren strukturiert und gesteuert haben, reichen wird, um auch in der Zukunft erfolgreich zu sein. Viele Menschen erkennen die Dringlichkeit dieser Fragestellung, und Unternehmen fangen endlich an, sich zu bewegen.

Wir Autoren möchten einen Beitrag leisten, dass wir alle als Mitglieder von Unternehmen und Organisationen bereit für die Zukunft sind. Denn wir glauben, dass trotz aller, durch Technologie initiierten, Veränderungen die deutlich größere Herausforderung eine menschlich-organisatorische ist. Es werden nämlich die nichttechnischen Aspekte der digitalen Transformation darüber entscheiden, ob Unternehmen die Möglichkeiten neuer Technologien erfolgreich nutzen können.

Dabei gilt: Nicht alles, was wir in den Unternehmen bisher schon immer so gemacht haben, ist schlecht. Auf vielem können wir aufbauen und sollten diese Erfahrungen wertschätzen. Zukunft braucht Herkunft! Es ist hilfreich, wenn wir uns bewusst machen, warum wir Dinge bisweilen auf eine bestimmte Art und Weise gemacht haben und wo der Wert in der gewohnten Vorgehensweise liegt.

Trotzdem können wir nicht so weitermachen wie bisher! Vieles, was die letzten Jahrzehnte gut funktioniert hat, wird in Zukunft womöglich nicht mehr so gut funktionieren. Wir müssen etwas verändern, jetzt mehr denn je!

VERÄNDERUNGSNOTWENDIGKEIT VON INNEN UND AUSSEN

Wir Autoren sehen innere und äußere Faktoren, die eine Veränderung der Art, wie wir Unternehmen organisieren und wie wir als Menschen in Organisationen zusammenarbeiten, notwendig machen.

Neben Unsicherheit in Märkten und Technologien stoßen wir mit und in unseren Unternehmen auf eine gewisse Ungewissheit. Ungewissheit unterscheidet sich von Unsicherheit darin, dass es Variablen auch in der nahen Zukunft gibt, die völlig unbekannt sind, die wir nicht auf dem Radar haben oder deren Auswirkungen wir nicht abschätzen oder quantifizieren können – Methoden der Marktforschung sind hier nutzlos. Wir befinden uns außerdem zunehmend in komplexen Situationen. Komplexität bedeutet, im Unterschied zur Kompliziertheit, dass das Zusammenspiel der Elemente eine Eigendynamik hervorbringt, die wir nicht vorausberechnen oder deren Ergebnis wir nicht antizipieren können. Wir können lediglich schnell darauf reagieren, neuen Input aufnehmen und unser Handeln daran ausrichten.

BEISPIEL

> Obwohl es extrem kompliziert ist, können wir Menschen die Position und die Ankunftszeit einer Mondlandung relativ genau kalkulieren. Niemand jedoch kann den Ausgang eines Fußballspiels berechnen – wir können lediglich Wetten darauf abschließen.
>
> Gleiches gilt für die Entwicklung der künstlichen Intelligenz (KI). Es zeichnet sich ab, dass KI in naher Zukunft unser Leben verändern wird. Wie schnell und in welche Richtung sie sich entwickeln wird, ist aber völlig ungewiss und auch nicht von Einzelnen steuerbar. Ob uns in Zukunft Roboter den Rotwein einschenken oder wir den Robotern, ist offen.

Ein weiteres Beispiel ist die Wachstumsnotwendigkeit unseres Wirtschaftssystems. Im Moment muss die Wirtschaft systembedingt jedes Jahr wachsen, ebenso wie Unternehmen. Gleichzeitig leben wir Menschen auf einem Planeten mit begrenzten Ressourcen, und es ist offenkundig, dass somit unter den Bedingungen einer begrenzten Regenerierbarkeit von Ökosystemen dieser rohstoffbasierte Wachstumskurs auf Dauer ausgeschlossen ist. Wir leben mit einem Wirtschaftssystem, das kaum mehr steuerbar ist und in regelmäßigen Abständen Krisen produziert, auf die sich kaum jemand vorbereiten kann. Es werden zwar bereits Ideen und Lösungsansätze für eine Postwachstumswirtschaft besprochen und diskutiert – wie eine funktionierende Lösung am Ende aussehen wird, ist aber noch völlig unklar.

Neben den auf Unternehmen einwirkenden Umweltfaktoren sehen wir Autoren einen Veränderungsdrang von innen. Immer mehr Menschen, besonders in wohlhabenden Ländern, fordern eine andere Art des Arbeitens. Sie haben eine Weltsicht und streben nach Werten, die mit der klassischen Weise, wie in Unternehmen gearbeitet wird, nur begrenzt kompatibel sind.

Ein Grund dafür ist sicher, dass in Europa alle Menschen unter 50 Jahren in einer Überflussgesellschaft leben. Sie kennen häufig weder Not noch Hunger, und es war für sie nie notwendig, ihrer Arbeit nur deshalb nachzugehen, um ihre materiellen Grundbedürfnisse zu erfüllen. Mit dieser Sozialisierung entsteht eine andere Einstellung zum Thema Arbeit: Arbeit ist für uns heute – egal welcher Generation wir angehören – kein Tauschhandel von Lebenszeit gegen Schmerzensgeld. Der Spruch des Chefs »Mach, was ich dir sage, dann bist du auf der sicheren Seite« ist für viele völlig inakzeptabel. Wir sind erwachsene Menschen und keine kleinen Kinder. Wir wollen uns einbringen und eigene Ideen verwirklichen. Viele von uns wünschen sich eine andere Art des Arbeitens. Nicht weil die sich schnell verändernde Welt es erfordert, sondern weil wir andere Vorstellungen davon haben, wie wir unsere Lebenszeit im Kontext der Arbeit verbringen und wie wir miteinander umgehen möchten. Wir Autoren glauben, dass wir Menschen besser zusammenarbeiten und uns auch bei der Arbeit auf Augenhöhe begegnen können.

Wir müssen also etwas ändern. Wir alle müssen Organisationen schaffen, die für die Zukunft bereit sind. Uns Autoren eint, dass auch wir in einer Organisation zusammenarbeiten, der Unternehmensberatung creaffective in München. Unser Unternehmen sehen wir als ein Labor, in dem wir immer wieder den Status quo überprüfen, mit Methoden experimentieren und so einen Ort für eine bessere Zusammenarbeit schaffen. Denn auch wir wollen zukunftsbereit sein.

DIE ZUKUNFTSBEREITE ORGANISATION

Future Fit Company, so lautet der Titel unseres Buchs. Damit meinen wir Autoren eine zukunftsbereite und widerstandsfähige Organisation, zukunftsbereit nach außen und nach innen.

Eine zukunftsbereite Organisation kann mit der sich schnell verändernden Welt umgehen und diese aktiv gestalten. Sie ist vorbereitet auf schnelle Veränderung, hohe Ungewissheit und große Komplexität. Vorbereitet sein heißt, dass wir mit verschiedenen Eventualitäten umgehen können, auch wenn wir nicht genau wissen, welche am Ende eintreten werden. Das kann sich bereits in ganz kleinen alltäglichen Situationen zeigen. Wenn der Kunde statt der vorgesehenen zehn Prozent Rabatt etwas anderes möchte, kann der Kundenbetreuer eigenständig eine Entscheidung treffen. Wenn der Fluggast statt zwei Koffern zu je maximal 23 Kilogramm einen Koffer mit 28 Kilogramm mit sich führt, kann die Verantwortliche am Check-in ohne einen Anruf bei zwei Vorgesetzten entscheiden, wie mit der Situation umzugehen ist. Heute kann sie das leider nicht, wie wir Autoren auf Geschäftsreisen selbst schon schmerzlich erfahren mussten.

Organisationen können mit Ungewissheit umgehen, wenn sie schnelle und effektive Anpassung zulassen und aktives Handeln erlauben. Konkret: Ihre Strukturen müssen das erlauben. Unternehmen werden sich von einer starren und formellen hierarchischen Pyramide als Organisationsform entfernen müssen, um zukunftsbereit zu werden.

Eine zukunftsbereite Organisation ist jedoch nicht zukunftssicher. Das würde bedeuten, dass nichts schiefgehen kann und wir sozusagen eine Lebensversicherung abgeschlossen haben, die im Schadensfall einspringt. Das ist leider unmöglich. Eine zukunftsbereite Organisation ist allerdings widerstandsfähig: Sie kann mit einem gewissen Druck von innen und außen umgehen, ist also resilient, zerbricht bei Druck also nicht. Vielleicht ist sie nicht nur resilient, sondern wird durch Stress und Belastung sogar stärker wie ein menschlicher Muskel. Dann ist die Organisation in den Worten des Autors Nassim Nicholas Taleb »antifragil«: Sie wächst mit Druck und Herausforderung.

Welche Aspekte einer Organisation müssen sich ändern, damit diese zukunftsbereit wird? Wir Autoren glauben, dass man dazu in vier Bereichen gleichzeitig ansetzen sollte, auch wenn die Prioritäten für jedes

Unternehmen anders aussehen. Diese Bereiche umfassen erstens die einzelne Person und deren Denk- und Handlungsweisen, zweitens die Weise, wie die Menschen miteinander interagieren, drittens die Struktur und die Art, wie Entscheidungen getroffen werden, und viertens die operativen Prozesse und Praktiken. Wir müssen uns alle vier Aspekte ansehen, um zukunftsbereit zu sein – wir sprechen auch von den vier Räumen einer Organisation.

In diesem Buch möchten wir Autoren für verschiedene Ausgangssituationen und Bedürfnisse sinnvolle Trainingspläne anbieten, um Organisationen schrittweise fit und bereit für die Zukunft zu machen. Alle vorgestellten Werkzeuge leben wir Autoren seit Jahren in der Praxis und setzen diese in unserer Arbeit intern sowie im Rahmen von Kundenprojekten ein. Dadurch haben wir viel gelernt und herausgefunden, was funktioniert und was nicht. Diese praktischen Erfahrungen möchten wir mit unseren Trainingsplänen weitergeben. Gleichzeitig haben wir ein fundiertes Verständnis vieler Methoden. Diese haben wir in einzelne Bestandteile zerlegt, um für einen bestimmten Kontext sinnvolle Praktiken an die Hand zu geben.

PASSENDES MINDSET

Es gibt ein paar wenige Prinzipien, die sich durch das Buch ziehen und die allen beschriebenen Werkzeugen und Vorgehensweisen zugrunde liegen und situationsunabhängig gelten. Sie bilden die Basis, wie wir an konkrete Praktiken herangehen. Wir erklären diese Prinzipien später im Detail, möchten hier jedoch eines exemplarisch vorstellen, um zu zeigen, was wir damit meinen.

Eines unserer Prinzipien ist Vertrauen. Das bedeutet, dass wir uns erst einmal auf die Intelligenz, das Engagement, die Integrität und die Kreativität der Mitarbeiter verlassen, statt durch Kontrollmechanismen jede Eventualität vorwegnehmen zu wollen. Vertrauen bedeutet zum Beispiel auch, dass Regeln erst einmal so wenig wie möglich präskriptiv gestaltet werden.

> Ein Beispiel für präskriptive Regeln sind in vielen Unternehmen Reisekostenrichtlinien: Diese können Dutzende Seiten umfassen und listen für jede Eventualität genaue Vorgaben auf, weil es ja theoretisch denkbar wäre, dass irgendjemand Lücken zu seinem Vorteil nutzt.
>
> Wenn zum Beispiel das Hotel zur Messezeit statt den vorgeschriebenen 100 Euro 150 Euro kostet, muss der Mitarbeiter 25 Kilometer außerhalb übernachten. Dass dann pro Tag hin und zurück 80 Euro Taxikosten auflaufen, ist ein Kollateralschaden einer solchen präskriptiven Richtlinie. Der Mitarbeiter hat sich an die Regeln gehalten und eine für das Unternehmen suboptimale Entscheidung getroffen. Dass er zusätzlich jeden Morgen 40 Minuten im Stau steht, ist dabei noch gar nicht berücksichtigt.
>
> Das kann man auch anders lösen. Eine Bank in Nürnberg zum Beispiel hat folgende Reisekostenrichtlinie: »Wir reisen angemessen.« Das war's, mehr ist nicht festgeschrieben. Das Unternehmen vertraut auf die Selbstverantwortung der Mitarbeiter.

SELBSTORGANISATION

Ein Schlagwort, das wir im Umgang mit einer sich dynamisch verändernden Welt häufig hören, ist Selbstorganisation. Unternehmen müssten, heißt es dann, selbstorganisiert werden oder mit einer Struktur der Selbstorganisation arbeiten, um mit den Herausforderungen von heute und morgen gut umgehen zu können.

Wofür steht Selbstorganisation eigentlich genau? Sie bedeutet im Kern dezentrale Entscheidungsfindung und verteilte Autorität. Selbstorganisation verändert mithilfe einer anderen Struktur die Einflussverteilung in Organisationen. Bei einer klassisch pyramidalen Hierarchie steigt nach oben hin die Autorität, während die Gruppe an Führungspositionen immer kleiner wird. Im Gegensatz dazu sind die Entscheidungsbefugnisse in selbstorganisierten Unternehmen auf viele Menschen verteilt: Entscheidungen werden dort getroffen, wo die Probleme tatsächlich auftreten, und nicht mehrere Ebenen darüber. In der heutigen Welt der Wissensarbeiter wissen diejenigen, die etwas tun, mehr über die Sache als diejenigen, die darüber entscheiden. Daher sollten wir die Menschen, die sich mit der Materie auskennen, mehr entscheiden lassen. Das bedeutet zugleich, dass die klassischen Managementaufgaben nicht mehr auf eine Person und Position im Organigramm konzentriert sind.

Auf der anderen Seite bedeutet Selbstorganisation nicht, dass nun alle einfach machen können, was sie wollen, und bei jedem Thema mitreden können. Es handelt sich nicht um Basisdemokratie. Richtig verstanden und praktiziert bietet mehr Selbstorganisation einen Weg zu mehr Innovation. Denn Machtausübung ist einer der zentralen Misserfolgsfaktoren in Innovationsprozessen.

Es gibt viele Wege zu mehr Selbstorganisation – einige Möglichkeiten stellen wir in diesem Buch vor. Wir möchten damit eine individuelle Zukunftsfitness ermöglichen. Es gibt allerdings auch konkrete Blaupausen dafür, wie Selbstorganisation im gesamten Unternehmen aussehen könnte. Einige, beispielsweise Holokratie und Soziokratie 3.0, standen für manche Inhalte in diesem Buch Pate.

Wir glauben nicht, dass zukunftsbereite Organisationen komplett selbstorganisiert sein müssen – Selbstorganisation ist ja kein Selbstzweck. Es wird immer Bereiche und Situationen geben, für die eine klassische Unternehmensstruktur nach wie vor gut geeignet ist. Wir glauben ebenso wenig, dass es für viele (besonders große) Unternehmen praktikabel wäre, plötzlich komplett selbstorganisiert zu werden. Wir meinen allerdings, dass selbstorganisierte Unternehmen aufgrund ihrer Strukturen und Prozesse gut auf die Zukunft vorbereitet sind. Und wir sind überzeugt, dass in absehbarer Zeit deutlich mehr Unternehmen mit Elementen der Selbstorganisation arbeiten werden, um sich heute noch besser für die Zukunft zu rüsten.

Wir freuen uns über Gedanken zum Buch, Erfahrungen in der Anwendung und über alle Anregungen – bitte an info@creaffective.de.

Viel Freude beim Lesen wünschen

*Florian Rustler, Nadine Krauss, Jens Springmann,
Daniel Barth und Isabela Plambeck*

WIR CHECKEN EIN

ORIENTIERUNG

Auf dem Weg zu einer zukunftsbereiten Organisation gibt es einiges zu tun. Die Inhalte dieses Buchs unterstützen uns bei diesem wichtigen Unterfangen auf verschiedenen Ebenen. Damit wir das große Ganze nicht aus dem Auge verlieren, orientieren wir uns am Modell der vier Räume und an bestimmten Prinzipien. Für die praktische Arbeit dienen uns konkrete Werkzeuge, die uns Handlungsanweisungen liefern. Um den individuellen Kontext zu berücksichtigen, stellen wir verschiedene Ausgangssituationen und Trainingspläne vor, von denen wir uns leiten lassen.

Wer sofort in die Praxis möchte, kann theoretisch direkt in die einzelnen Werkzeugbeschreibungen eintauchen. Bei einem Vorhaben, wie wir es hier verfolgen – wir wollen uns und unser Unternehmen fit für die Zukunft machen –, macht sich eine solide Vorbereitung aber bezahlt. Daher empfehlen wir als Autoren eine Arbeitsweise vom Groben ins Feine. Wir setzen uns zuerst konzeptionell mit dem Thema auseinander, damit wir die konkreten Maßnahmen später korrekt umsetzen können. Daher werfen wir zuerst einen Blick auf das Modell der vier Räume.

VIER RÄUME EINER ORGANISATION

Eine Organisation ist ein komplexes Gebilde, in dem die Einzelteile in Verbindung stehen und sich gegenseitig beeinflussen. Arbeitsteilung und Spezialisierung machen es notwendig, in unterschiedlichen Konstellationen zusammenzuarbeiten. Prozessketten erstrecken sich über mehrere Abteilungen und Teams, wir können sie also nur als Ganzes betrachten. Veränderungen, beispielsweise in der Buchhaltung, wirken sich auf große Teile unserer Organisation aus. Wenn wir an unserer Organisation arbeiten wollen, um sie fit für die Zukunft zu machen, müssen wir dieser Komplexität gerecht werden: Drehen wir an einer Stellschraube, drehen sich drei andere mit.

Das Bild von einer Organisation als Maschine ist sehr gebräuchlich, aber unzureichend. Denn ein Teil der Komplexität von Organisationen resultiert daraus, dass wir die Zusammenhänge nicht immer so klar erkennen können, wie das bei einer zerlegbaren Maschine der Fall wäre. Organisationen bestehen aus uns Menschen, und unser Verhalten für sich genommen ist schon ein komplexes Thema. Umso mehr muss das für eine Organisation gelten – eine Anhäufung von Dutzenden, Hunderten oder gar Tausenden von Menschen! Häufig werden Organisationen daher auch als lebende Organismen bezeichnet, die stets in ihrer Gesamtheit gesehen werden müssen. Wir Autoren haben deswegen die anschauliche Metapher von körperlichem und geistigem Training und Fitness gewählt.

Wir schrauben nicht an Maschinen, sondern arbeiten an der Fitness unseres Unternehmens. Wie ein Organismus kann auch unsere Organisation mit der Zeit wachsen, nicht nur in Größe und Umfang, sondern auch in ihrer Qualität. Dieses Wachstum und den dahinterstehenden Trainingsprozess müssen wir steuern. Wir müssen die Komplexität von Organisationen herunterbrechen, um sie verständlich zu machen. Hier kommt das Modell der vier Räume ins Spiel.

Diese vier Räume bezeichnen verschiedene Dimensionen einer Organisation. Sie bieten uns mehrere Blickwinkel auf unterschiedliche Aspekte einer Organisation. Diese Aspekte bedingen und beeinflussen sich gegenseitig – hier haben wir die erwähnte Komplexität abgebildet. Diese Räume repräsentieren zugleich verschiedene Ziele und Schwerpunkte unseres Trainings: In jedem Raum arbeiten wir bewusst an anderen Aspekten unseres organisationalen Körpers und Geists. Und da wir von nur vier Räumen sprechen, bietet uns das Modell eine Vereinfachung der Komplexität moderner Organisationen, ohne sie zu ignorieren oder zu vergessen.

GRUNDLEGENDES KONZEPT

Das Konzept der vier Räume stammt aus dem Umfeld der Holokratie und ist an ein Modell von Ken Wilbur angelehnt, das für die Betrachtung komplexer Systeme vier Räume vorsieht. Wir Autoren haben das Konzept übernommen und leicht angepasst, um die vier Räume trennschärfer und umfassender zu gestalten. Wir sprechen von:

individuellem Raum, in dem wir über uns selbst und unser Bewusstsein reflektieren,

zwischenmenschlichem Raum, in dem wir miteinander kommunizieren und uns austauschen,

strukturellem Raum, in dem wir die Struktur unserer Organisation gestalten,

operativem Raum, in dem die Arbeit mit und für unsere Kunden im Fokus steht.

Um die Räume besser zu verstehen, betrachten wir jeden der Reihe nach. Dabei hilft uns die Metapher des Körpers, eine greifbare Vorstellung des Modells zu bekommen.

Individueller Raum

Der individuelle Raum bildet die Grundlage für die anderen. Hinter allem, was in Unternehmen passiert, stehen Handlungen einzelner Menschen. Hinter jedem dieser Menschen stehen dessen Mentalität und Bewusstsein, Glaubenssätze und Weltanschauung. Wenn wir von den Mitgliedern unserer Organisation erwarten, dass sie ihr Handeln ändern, muss sich auch die Gedankenwelt dahinter bewegen. Deswegen adressieren wir diesen Aspekt. Im Fokus dieses Raums steht die Auseinandersetzung mit uns selbst und unserem Wirken – es geht also vor allem um Reflexion und Selbsterkenntnis.

Im Bild des menschlichen Körpers gedacht, legen wir im individuellen Raum den Schwerpunkt auf unser Gehirn und unser Nervensystem. Er betrifft also die kognitiven Funktionen, aber auch die mentale Disziplin und Kontrolle, die wir aufbringen können. So wie ein Sportler ein gewisses Mindset der Höchstleistung entwickeln muss, um alles aus sich herauszuholen, feilen wir in Organisationen an unserem Bewusstsein und Denkvermögen. Ignorieren wir den individuellen Raum, entfalten unsere Bemühungen in den anderen drei Räumen nur einen Bruchteil der möglichen Wirkung.

Zwischenmenschlicher Raum

Hinter den operativen Prozessen und den Strukturen eines Unternehmens liegt die Ebene des zwischenmenschlichen Raums. Hier spielen der Mensch an sich, unabhängig von seinen Rollen und Funktionen, aber auch der Umgang, die Kommunikation und der Austausch zwischen den Menschen die entscheidenden Rollen. Hier bauen wir Freundschaften, lösen Konflikte und lernen gemeinsam. In vielen Organisationen wird dieser Raum lediglich als »Beiwerk« betrachtet – aus Sicht der klassischen Ökonomie, die vom Menschen als einem rein wirtschaftlich getriebenen Vernunftwesen ausgeht, könnten wir den zwischenmenschlichen Raum sogar als »Störfaktor« deklarieren. Die Motive von Menschen sind aber nicht so eindimensional, wie es sich mancher Wirtschaftstheoretiker vielleicht vorstellt.

Im Bild des menschlichen Körpers gedacht, trainieren wir im zwischenmenschlichen Raum unseren Sinn für Koordination und unser Gleichgewicht. Wir schulen hier gezielt unser Vermögen, verschiedene Teile unseres Körpers (also unserer Organisation) im Einklang miteinander zu bewegen. Je mehr Kraft wir aufbauen, indem wir im operativen Raum unsere »Muskeln« trainieren, umso mehr müssen wir auch die eher subtilen Seiten des menschlichen Körpers ausbilden. Andernfalls entwickeln wir Stärke, vermissen aber die entscheidenden Fertigkeiten, um diese überhaupt sinnvoll anwenden zu können.

Struktureller Raum

Wenn wir von den Strukturen eines Unternehmens sprechen, beziehen wir uns häufig auf das offizielle Organigramm, also die Aufteilung der Organisation in bestimmte Einheiten und die entsprechende Zuordnung von Führungspositionen – und damit die Verteilung von Verantwortung und Verantwortlichkeit. Dabei vermischen wir unterschiedliche Themen, die wir auch getrennt betrachten können, um uns gezielt mit dahinterliegenden Fragen zu befassen. Konkret geht es um Themen wie Entscheidungsfindung, Verfügung über Ressourcen, Entlohnung von Mitarbeitern und Aufteilung von Verantwortlichkeit. Aber auch immaterielle Strukturen spielen eine Rolle, wie der Daseinszweck eines Unternehmens und die Werte, die wir teilen.

Im Bild des menschlichen Körpers gedacht, beschäftigen wir uns im strukturellen Raum mit einem langfristigen Trainingsziel: Wir wollen unsere Knochen, Gelenke und Sehnen entwickeln und stärken. So wie sich die Strukturen eines Unternehmens nicht von heute auf morgen ändern lassen, lässt sich das robuste, aber gleichzeitig flexible Gerüst unseres Körpers nur mit Geduld trainieren. Ebenso haben die verschiedenen Elemente, vor allem die Knochen, einen erheblichen Einfluss auf die Gesundheit wie auch die Widerstandsfähigkeit des gesamten Organismus. Die Muskeln, die uns bewegen, können nur so viel Kraft entwickeln, wie das Knochengerüst und die Sehnen vertragen. Hierin besteht eine offensichtliche Verbindung zum operativen Raum: Auch wenn wir am Ende »nur« das operative Geschäft stärken möchten, müssen wir die Strukturen des Unternehmens anpassen, um die erhöhte Schlagkraft umzusetzen.

Operativer Raum

In diesen Raum fallen alle unsere Aktivitäten innerhalb unseres Unternehmens, die auf die Erbringung von wertschöpfender Leistung im Rahmen bestehender und künftiger Geschäftsfelder gerichtet sind. Im Fokus stehen entsprechende Entscheidungen, deren erfolgreiche Ausführung und die Umsetzung von Konzepten. Mit operativen Tätigkeiten wird Umsatz generiert, weshalb häufig die Arbeit für und mit Kunden im Vordergrund steht. Gleichzeitig müssen wir bedenken, dass Produktentstehungsprozesse ebenso Teil des operativen Geschäfts sind wie unterstützende Tätigkeiten, etwa durch die Personalabteilung. Der operative Raum umfasst auch Aktivitäten, die auf die Zukunft zielen, zum Beispiel Trendanalysen, strategische Ausrichtung, Innovationsprojekte und -workshops. Wir wollen in diesem Raum ein effizientes und effektives Agieren und Reagieren ermöglichen.

Im Bild des menschlichen Körpers gedacht, entspricht der operative Raum dem Trainingsbereich, an den die meisten beim Stichwort Fitness denken: Wir arbeiten an unserem Muskelapparat. Viele Trainingspläne und -systeme mit dem Ziel der allgemeinen Fitness legen einen starken Fokus auf das Training der Muskeln. Diese dienen schließlich auch dazu, uns von A nach B zu bewegen. Wir brauchen sie, um körperliche Höchstleistungen zu vollbringen, zum Schutz vor Verletzungen sowie für ein gesundes Immunsystem – und um am Strand eine gute Figur zu machen.

Dabei besteht immer die Gefahr, dass wir andere Aspekte aus den Augen verlieren. Wer nur seine Muskeln stählt, kann vielleicht im Bodybuilding punkten, aber Gesundheit und funktionale Kraft werden nicht gefördert. Im Gegenteil: Wer nur einen Aspekt des eigenen Körpers trainiert, gerät schnell in ein Ungleichgewicht, das langfristig Schäden nach sich zieht. Dasselbe gilt für Organisationen! Da im operativen Raum Geld verdient wird, ist es nur logisch, dass wir unseren Blick auf die dortigen Aktivitäten richten. Es ist völlig legitim, wenn wir es als unser wichtigstes Ziel ansehen, den operativen Raum zur Höchstleistung zu bringen. Aber wir müssen auch die anderen drei Räume ausreichend stärken, damit der Organismus langfristig gesund und leistungsfähig bleibt.

PRINZIPIEN

Die vier Räume bilden den strukturellen Rahmen für die Inhalte dieses Buchs, die Prinzipien und Werkzeuge zukunftsbereiter Unternehmen.

Prinzipien beschreiben das Mindset einer zukunftsbereiten Organisation und dienen uns als Maßstab auf zwei Ebenen. Auf der einen Ebene stellen wir uns die Frage, ob wir die gleich beschriebenen acht Prinzipien als erstrebenswert erachten. Tun wir das nicht, werden die Inhalte des Buchs nicht die gewünschte Wirkung erzielen. Wir können an den Prinzipien also erkennen, ob sich unser Unternehmen überhaupt in diese Richtung entwickeln möchte. Auf der anderen Ebene können wir anhand der Prinzipien prüfen, wie viel Wegstrecke wir noch vor uns haben. Stehen unsere Verhaltensweisen und damit auch unsere Gewohnheiten und Glaubenssätze im Einklang mit diesen Prinzipien, sind wir auf einem guten Weg. Brechen wir mit den Prinzipien, müssen wir unsere derzeitige Richtung überdenken. Salopp gesagt: Eine Organisation, die es schafft, im Einklang mit den Prinzipien zu arbeiten, ist bereit für die Zukunft.

Was genau ist denn ein Prinzip? Im *Duden* ist der Begriff wie folgt definiert: Ein Prinzip ist eine »feste Regel, die jemand zur Richtschnur seines Handelns macht, durch die er sich in seinem Denken und Handeln leiten lässt«.[1] Diese Definition ist hilfreich, hat aber gleich zu Beginn einen Haken: In den meisten Unternehmen verstehen wir Regeln als Gebote und Verbote. Eine Regel gibt also vor, dass wir in einer bestimmten Situation etwas tun müssen oder etwas nicht tun dürfen. Dieses Verständnis einer Regel basiert stark auf dem Gedanken von »Compliance«, von Kontrollmechanismen zur Steuerung einer Organisation. Ein Prinzip lässt sich eher durch den restlichen Teil der *Duden*-Definition beschreiben:

eine Richtschnur des Handelns, durch die wir uns in unserem Denken und Handeln leiten lassen.

Die folgenden Prinzipien sollen uns demnach unterstützen, wenn wir denken und handeln müssen. Sie schreiben keine konkrete Handlung vor, sondern unterstützen uns bei Entscheidungen und Bewertungen. In jeder beliebigen Situation können wir uns fragen, welche Handlungsmöglichkeit einem bestimmten Prinzip gerecht wird – oder eben auch nicht. Somit erreichen wir ein bewusstes, reflektiertes Handeln in der Organisation.

Wenn diese Beschreibung eine gewisse Ähnlichkeit mit der Idee der »Unternehmenswerte« aufweist, ist das kein Zufall. Mit solchen Werten bezeichnen wir im Idealfall ebenso allgemeingültige Prinzipien, nach denen wir uns bei unseren Handlungen richten. Aus diesem Grund verwenden wir die beiden Begriffe in diesem Buch synonym. Wenn ein Unternehmenswert nicht in die obige Definition eines Prinzips passt und auch nicht entsprechend formuliert ist, bleibt er meist wirkungslos. Aus diesem Grund empfehlen wir, auch bei der Formulierung von Unternehmenswerten einen Blick auf die folgenden acht Prinzipien zu werfen.

Transparenz. Wir verhindern bewusst den Aufbau von Wissensinseln und entsprechenden Machtstrukturen, indem wir Informationen frei zur Verfügung stellen, sofern der Organisation und ihren Mitarbeitern daraus kein Schaden entsteht.

Effektivität. Wir richten sämtliche Aktivitäten im Unternehmen auf jeder Ebene und in jedem Bereich an klar definierten und kommunizierten Zielen aus.

Empirismus. Wir arbeiten, kommunizieren und entscheiden auf der Basis von messbaren Daten und beobachtbaren Fakten. Jede Entscheidung ist nur so lange gültig, bis neu gewonnene Erkenntnisse sie infrage stellen.

Verantwortlichkeit. Wir definieren die Zuständigkeiten und Verantwortlichkeiten in der Organisation klar und verbindlich und belohnen es, wenn unsere Mitarbeiter Verantwortung übernehmen und Zusagen einhalten. Wenn Fehler passieren, stehen wir gemeinsam dafür ein, statt mit dem Finger auf die Schuldigen zu zeigen.

Fairness. Wir erkennen den Beitrag jedes Einzelnen für die Organisation an und nehmen im Arbeitsalltag Rücksicht auf andere. Wir beteiligen die Betroffenen an der Entscheidungsfindung. Umgekehrt machen wir Mitarbeiter nur dann für Arbeitsergebnisse verantwortlich, wenn sie bei der Entstehung des Ergebnisses maßgeblich beteiligt waren.

Offenheit. Wir sind offen für Neues und für Veränderungen innerhalb der Organisation. Wir betrachten die Ideen, Standpunkte und Bedürfnisse aller Mitglieder der Organisation gleichermaßen und bewerten diese erst, wenn wir uns ein umfassendes Bild verschafft haben.

Vertrauen. Wir verlassen uns auf die Intelligenz, das Engagement, die Integrität und die Kreativität der Mitarbeiter, statt durch Kontrollmechanismen jede Eventualität vorwegnehmen zu wollen. Wir schaffen eine Atmosphäre, die den offenen Austausch von Meinungen und Gedanken begünstigt.

Kohäsion. Wir begreifen uns als Teile eines gemeinsamen Ganzen. Unsere Mitarbeiter sehen einen klaren Bezug zwischen ihrer Arbeit und dem Unternehmenszweck. Wir richten unsere Arbeitsprozesse an konkreten Ergebnissen aus statt an Abteilungsgrenzen, und wir vermeiden

Überspezialisierung und Silodenken. Wir zeigen Konflikte und Widersprüche, machen sie uns bewusst und lösen sie auf, wann immer sinnvoll und möglich.

Jedes dieser acht Prinzipien ist in den vier Räumen unterschiedlich stark und konkret ausgeprägt. Deswegen werden uns die Prinzipien in größerem Detail in den verschiedenen Räumen erneut begegnen.

WERKZEUGE UND METHODEN

Als ein Werkzeug bezeichnen wir eine Vorgehensweise, Maßnahme oder Handlungsanweisung, die es einer Einzelperson, einem Team oder einer gesamten Organisation ermöglicht, einen der vier Räume in der eigenen Organisation positiv zu beeinflussen. Sie adressieren konkrete Herausforderungen, auf die wir im Kontext unserer Arbeit immer wieder stoßen, und füllen die Prinzipien mit Leben.

Der Umfang der einzelnen Werkzeuge kann stark variieren. Manche sind sehr individuell einsetzbar und benötigen für ihre erstmalige Durchführung nur wenige Stunden. Je nach Werkzeug tritt der gewünschte Effekt vielleicht schon bei der ersten Durchführung ein. Andere Werkzeuge greifen stark in Verhaltensweisen ein und erfordern Durchhaltevermögen von den Beteiligten. Hier kann es Wochen und Monate dauern, bis wir ein Werkzeug vollständig und dauerhaft umgesetzt haben und es von Einzelnen oder ganzen Gruppen gelebt werden kann. Der positive Effekt macht sich hier nur bemerkbar, wenn wir das Werkzeug kontinuierlich einsetzen und die Arbeit damit reflektieren.

Die meisten der Werkzeuge haben wir ebenso wie die Prinzipien verschiedenen Methoden entnommen. Eine Methode definieren wir als einen konzeptionellen Rahmen für Vorgehensweisen, die uns zu einem bestimmten Ziel führen. Während Werkzeuge konkrete Handlungsanweisungen geben, verknüpft eine Methode verschiedene Werkzeuge auf eine logische Art. Einige Methoden sind prozessbasiert, weshalb auch die Werkzeuge in eine sinnvolle Reihenfolge gebracht werden können. Andere sind eher beschreibend und erklärend. Sie zeigen vielmehr Ähnlichkeiten, Unterschiede oder auch Abhängigkeiten zwischen den verschiedenen Werkzeugen auf.

Die verschiedenen Methoden haben wir bei creaffective sowohl in der Arbeit mit Kunden als auch intern eingesetzt und immer wieder getestet. In den Werkzeugbeschreibungen haben wir daher an verschiedenen Stellen Beispiele von anderen Unternehmen oder auch von creaffective selbst aufgegriffen und zur Veranschaulichung eingefügt. Aus unserer praktischen Erfahrung heraus sind Werkzeuge entstanden, die wir auch unabhängig von der zugehörigen Methode einsetzen können, und Prinzipien, die mehreren oder gar allen uns bekannten Methoden gemein sind. Selbst wenn wir einzelne Werkzeuge eigenständig einsetzen können, sind bestimmte Kombinationen sinnvoll. Wann immer wir Autoren eine Querverbindung zwischen zwei Werkzeugen sehen, verweisen wir, farblich markiert, auf das entsprechende Werkzeug.

Werkzeuge und Prinzipien, die nicht aus einer der Methoden stammen, haben wir bei creaffective selbst entwickelt und definiert. Wir stützen uns in diesem Buch vorwiegend auf Methoden der Innovation, der Agilität und der Selbstorganisation. Es gibt aber auch Methoden, die nicht klar in einen dieser Bereiche fallen – sie grenzen dann aber an oder ergänzen andere Vorgehensweisen. Im Folgenden beschreiben wir kurz die Methoden, aus denen die meisten unserer Werkzeuge stammen.

Soziokratie, Holokratie und Soziokratie 3.0. Soziokratie, entwickelt von den Niederländern Kees Boeke und Gerard Endenburg, ist ein System der Unternehmensorganisation, das auf dem Prinzip der Kreisorganisation und der Konsententscheidung beruht. Mehr Bekanntheit erreichte eine Fortentwicklung unter dem Namen Holokratie, vermarktet von Brian

Robertson als ein »organisatorisches Betriebssystem«. Die Holokratie umfasst alle essenziellen Bestandteile der klassischen Soziokratie, angereichert mit Elementen der Selbstmanagementmethode »Getting Things Done« (GTD) und anderen Modifikationen. Verfechter der Holokratie gehen davon aus, dass sich die grundlegende Struktur als »Betriebssystem für Organisationen« auf jedes Unternehmen übertragen lässt. Ein solches »One size fits all« ist aber oft nicht der ideale Ansatz zur Veränderung ganzer Organisationen, und es braucht eine flexible Lösung. Deshalb ist Soziokratie 3.0 eine Art Baukastensystem, das bestimmte Prinzipien voraussetzt und ein Menü an Interaktionsmustern bereitstellt, aus dem sich eine Organisation bedienen kann.

Scrum. Diese Methode wurde Anfang der 2000er-Jahre von Ken Schwaber und Jeff Sutherland mit Ideen aus dem Lean Development entwickelt. Sie dient vor allem dem Management von Projekten der Produktentwicklung. Im Zentrum steht ein selbstorganisiertes Projektteam mit klar definierten Rollen: dem Product-Owner, der den Kontakt zu Kunden und Stakeholdern pflegt, das Projektziel vorgibt und Arbeit priorisiert, dem Entwicklungsteam, das für die Umsetzung zuständig ist, und dem Scrum-Master, der das gesamte Team als Coach unterstützt, bei Bedarf Meetings moderiert und sich mit organisatorischen Hürden beschäftigt. Darüber hinaus sind »Events« festgelegt, was sich vor allem auf feste Meetingformate bezieht, und sogenannte »Artefakte«, womit die Arbeitsmittel und (Zwischen-)Ergebnisse gemeint sind. Viele Werkzeuge finden auch jenseits von Scrum Einsatz, allen voran der Sprint und die Retrospektive.

Systematic Creative Thinking (SCT). Dieses Modell eines systematischen Kreativprozesses, von uns bei creaffective entwickelt, basiert auf dem Creative-Problem-Solving-Modell (CPS) aus der psychologischen Kreativitätsforschung. Die Methode bietet mit den Denkphasen der Kreativität eine strukturierte Vorgehensweise für Individuen und Gruppen, um gemeinsam kreativ zu arbeiten. Wie CPS ist SCT besonders bei Meetings und Workshops gut einsetzbar: Es kann als Moderationsstruktur dienen und funktioniert dann auch in Gruppen ohne explizite Vorkenntnisse – geschulte Moderatoren vorausgesetzt.

Design Thinking. Die Methode entstand im Lauf der 1990er-Jahre aus der Arbeitspraxis der Designfirma und IDEO in Kooperation mit SAP und den d.schools der Universitäten in Stanford und Potsdam. Sie baut auf dem Gedankengut der modernen Designschule auf: Neue Lösungen haben vor allem dann Erfolg, wenn sie sich eng an den Bedürfnissen der späteren Anwender orientieren. Dazu wird das Modell eines Kreativprozesses genutzt, das Nähe zum Creative-Problem-Solving-Modell aufweist. Gleichzeitig sind die Beobachtung und Befragung möglicher Anwender in Form von User-Research sowie das Testen von schnellen Prototypen zwei Schwerpunkte, die in den meisten anderen Prozessmodellen nicht oder zumindest deutlich weniger ausgeprägt sind.

Gewaltfreie Kommunikation (GfK). Der Fokus der gewaltfreien Kommunikation, die vom US-Psychologen Marshall B. Rosenberg stammt, liegt zum einen auf der Erkenntnis, dass Menschen die Aussagen und Handlungen anderer stark interpretieren, wenn eigene Bedürfnisse tangiert oder nicht erfüllt werden. In diesen Situationen reagieren wir stark emotional und kommunizieren manchmal vorwurfsvoll, manchmal rechtfertigend, meist aber ohne Verständnis für die subjektive Natur unserer Aussagen. Zum anderen hilft gewaltfreie Kommunikation dabei, Empathie für andere aufzubauen, also die Gefühle und Bedürfnisse unserer Mitmenschen besser zu verstehen.

AUSGANGSSITUATIONEN

Die Unternehmensgröße, die Branche, die angebotenen Produkte und Dienstleistungen – jeder hat eine andere Ausgangssituation und demnach auch unterschiedliche Bedürfnisse nach Veränderung in der eigenen Organisation. Genauso wie wir aus verschiedenen Gründen ein Fitnessstudio aufsuchen: Während Menschen auf Laufbändern Ausdauer trainieren oder Gewicht verlieren wollen, haben Menschen an der Hantelstange andere Gründe und Ziele. Alle eint jedoch vermutlich das Streben nach einem starken, attraktiven und gesunden Körper.

DIGITALE TRANSFORMATION ALS GEMEINSAMER NENNER

Auch in Unternehmen und Organisationen sehen wir ein gemeinsames Streben, nämlich »mit der Digitalisierung klarkommen«. Die Digitalisierung wirkt in alle beruflichen und privaten Lebensbereiche hinein, sie erfasst alle Gesellschaftsbereiche von Wirtschaft über Politik und Bildung bis zur staatlichen Verwaltung und sozialen Interaktion.

Triebkraft der Entwicklung ist die Vernetzung der Menschen und Geräte über das Internet. Das bringt tiefgreifenden Wandel, aber auch völlig neue Möglichkeiten mit sich. Die Komplexität, der wir in Unternehmen und Gesellschaft gegenüberstehen, nimmt zu. Und all dies hat eine enorme Auswirkung auf die Art, wie wir arbeiten. Vergleichbar sind diese Umwälzungen mit der landwirtschaftlichen Revolution um 10 000 v. Chr. oder der industriellen Revolution im 18. und 19. Jahrhundert. Gefühlt bleibt kein Stein auf dem anderen. Der digitale Wandel sorgt nicht nur für neue Produkte und Dienste, sondern auch für einen Umbruch gewohnter Marktlogiken. Es entstehen neue Geschäftsmodelle, es verändern sich alte, andere verschwinden ganz.

Daher sind gerade für kleine und mittlere Unternehmen digitale Kompetenzen ein entscheidender Wettbewerbsfaktor. Aber Digitalisierung bedeutet nicht nur Wissen über Technologie – es geht auch darum zu erkennen, wie wir uns mit unseren Organisationen in diesem permanenten Wandel behaupten. Wenn wir die Digitalisierung richtig nutzen, können wir daraus Chancen für mehr Lebensqualität, revolutionäre Geschäftsmodelle und effizienteres Wirtschaften ableiten. Wir müssen die passenden Strukturen und Prozesse schaffen, um auf diese Veränderungen flexibel zu reagieren und auch in der Zukunft gut aufgestellt zu sein. Hierfür müssen wir zunächst die zentralen Herausforderungen erkennen, vor welche die Digitalisierung uns stellt. Wir Autoren nennen sie Ausgangssituationen, weil sie den Startpunkt für die notwendige Veränderung darstellen, sozusagen den Beginn und Anlass unseres Fitnesstrainings für Unternehmen.

FÜNF AUSGANGSSITUATIONEN

Die Ausgangssituationen, die wir unserem Buch zugrunde legen, konnten wir mehrfach in der Zusammenarbeit mit Kunden und anderen Unternehmen beobachten. Alle sind direkt oder indirekt Folgen der Digitalisierung oder eng mit ihr verknüpft. Viele Unternehmen verfolgen heute im Wesentlichen fünf Ziele:

Innovativer werden. Unser Unternehmen kann nur schwer mit der Konkurrenz mithalten und muss Wege und Möglichkeiten finden, eng am Kunden neue Angebote in den Markt zu bringen.
Schneller werden. Durch lange und aufwendige Entscheidungswege bremsen wir uns in unserem Unternehmen immer wieder aus und verzögern unnötig die Umsetzung von neuen Initiativen.
Unternehmerisches Denken fördern. Wenige Mitarbeiter in unserem Unternehmen fühlen sich für den unternehmerischen Erfolg mitverantwortlich, auch weil unsere Kultur und unsere Strukturen Eigeninitiative nicht ausreichend belohnen.

Interne Zusammenarbeit verbessern. Wir verharren zu oft in unserem Silodenken, tauschen unsere Erfahrungen nicht ausreichend und leisten immer wieder Doppelarbeit.

Im Kampf um junge Talente bestehen. Es fällt uns als Unternehmen schwer, ein attraktives, dynamisches Arbeitsumfeld zu schaffen, durch das wir junge High Potentials für uns gewinnen und bei uns halten.

Diese Herausforderungen können je nach Unternehmen unterschiedlich dringlich sein. Um die eigene Situation zu bewerten, bieten wir eine Selbsteinschätzung an – auf die wir anschließend die Trainingspläne aufsetzen.

Wir Autoren sind uns bewusst, dass es noch andere Ausgangssituationen geben kann, die wir hier nicht aufgeführt haben. Die hier vorgestellten Werkzeuge können trotzdem hilfreich sein, und es können daraus sogar eigene Trainingspläne zusammengestellt werden.

SELBSTEINSCHÄTZUNG

Vielleicht wissen wir schon auf Anhieb, welche der fünf Situationen sich in welchem Verhältnis in unserem Unternehmen wiederfinden – vielleicht aber auch nicht. Der folgende Fragenkatalog soll uns bei der Selbsteinschätzung helfen und zeigen, wo der größte Handlungs- oder Trainingsbedarf besteht.

Ziel der Selbsteinschätzung ist, uns eine Hilfestellung bei der Analyse unserer Ausgangssituation zu bieten. Wenn wir bereits klar wissen, wo der Schwerpunkt unseres Unternehmens liegen muss, bestätigt uns womöglich die folgende Selbsteinschätzung unser Bauchgefühl – vielleicht erlangen wir jedoch auch neue Erkenntnisse. Die Selbsteinschätzung können wir auf verschiedenen Stufen vornehmen:

Stufe 1: Einschätzung nach Ausgangssituation. Wir lesen alle Ausgangssituationen nochmals durch und entscheiden nach Gefühl, welche für unsere Organisation besonders relevant ist oder sind. Die Reflexionsfragen zu jeder Situation helfen uns dabei, unser Gefühl zu fundieren.

Stufe 2: Bewertung anhand einer Skala. Für diejenigen von uns, die sich lieber an nachvollziehbaren Kriterien orientieren, haben wir zu jeder Ausgangssituation eine Reihe von Aussagen entwickelt, die Symptome in einer Organisation beschreiben. Auf einer Skala von 1 bis 4 geben wir zu jeder Aussage an, inwieweit diese auf unsere Organisation zutrifft. Dabei gilt folgende Logik: 1 – trifft nicht zu, 2 – trifft eher nicht zu, 3 – trifft eher zu, 4 – trifft zu. Anschließend zählen wir die Punkte zu jeder Ausgangssituation zusammen. Dazu laden wir entweder die frei verfügbare Vorlage auf **www.future-fit-company.de** herunter, oder wir erstellen selbst ein Raster nach dem abgebildeten Schema.

MUSTER

Aussagen	Innovativer werden	Schneller werden	Unternehmer-Denken fördern	Interne Zusammen-arbeit verbessern	Im Kampf um junge Talente bestehen
1	1	4			
2	4	3			
3	3	1			
⋮					
11	1	2			
Gesamt	35	17	30	21	24

Die Themen mit der höchsten Punktzahl sollten wir mit Priorität betrachten und uns die hierfür vorgeschlagenen Trainingspläne genauer ansehen. Wir sollten uns auf zwei bis maximal drei Ausgangssituationen beschränken, die wir mit Priorität behandeln möchten.

Stufe 3: Zweistufige Mischform. Wir nutzen Stufe 1 und bilden uns ein erstes Urteil, basierend auf unserem Gefühl. Dazu lesen wir lediglich die folgenden Ausgangssituationen durch und treffen eine Einschätzung. In einem zweiten Schritt zünden wir Stufe 2 und bewerten die Aussagen zu jeder Ausgangssituation anhand der Skala. Danach prüfen wir, ob sich unsere Ersteinschätzung verändert hat.

Für alle Formen empfehlen wir, neben der eigenen Einschätzung zusätzlich die Einschätzung von anderen Personen abzufragen. Wir alle haben blinde Flecken, die wir durch dieses Fremdbild reduzieren können.

Innovativer werden

Unser Unternehmen kann in puncto Innovationsgrad, also hinsichtlich der Entwicklung neuer Ideen, Produkte und Dienstleistungen, nicht oder nur schwer mit dem Markt und dem Wettbewerb mithalten. Unsere Kunden haben wir bisher nicht ausreichend in die Produktentwicklung einbezogen. Wir verlieren Marktanteile oder gewinnen keine neuen hinzu, was uns bei der Wachstumsnotwendigkeit in unserem aktuellen Wirtschaftssystem vor Herausforderungen stellt. Gleichzeitig bewegen wir uns bei unseren bestehenden Lösungen nicht vom Fleck. Eines unserer Mottos lautet: »Das hat sich bewährt, daher machen wir es schon immer so.«

Wir brauchen eine Vorgehensweise, um herauszufinden, was unsere Kunden wirklich wollen und wie wir zielgerichtet neue Lösungen entwickeln und diese auch weiterhin erfolgreich umsetzen können.

Aussagen zur Selbsteinschätzung

___ 1. Interessante Ideen werden nicht umgesetzt, oder Mitarbeiter wissen nicht, wie sie diese weiter vorantreiben können.
___ 2. Es fehlt an neuen Ideen für neue Angebote, Produkte, Dienstleistungen oder Geschäftsmodelle.
___ 3. Wettbewerber bringen häufiger neue Lösungen auf den Markt als wir.
___ 4. Unsere neuen Angebote gehen an den Bedürfnissen der Nutzer vorbei.
___ 5. Wir sind mit unserem Entwicklungsprozess nicht an den Bedürfnissen des Kunden dran oder können diese nicht ausreichend berücksichtigen.
___ 6. Wir schaffen es nicht, neue Ideen auf den Markt zu bringen; wir verharren im Stadium der Idee.
___ 7. Unsere Mitarbeiter wissen oft gar nicht, wie und wann sie kreativ sein können.
___ 8. Technische Teams (Ingenieure, Softwareentwickler etc.) treiben neue Ideen voran – mit wenig Kontakt zu Marketing, Vertrieb oder Kunden.
___ 9. Wir schaffen es nicht, über den Tellerrand zu blicken.
___ 10. Wenn wir etwas verändern wollen, müssen wir den Widerstand vieler Kollegen gegenüber Veränderung überwinden.
___ 11. Wir machen die Dinge immer auf dieselbe Weise, denn »das haben wir schon immer so gemacht«.

Schneller werden

Wir stecken in unseren internen Prozessen fest und verlieren viel Zeit in bestehenden Abläufen, zum Beispiel bei der Produktentwicklung, in Meetings oder mit bürokratischen Vorgängen. Wir treffen Entscheidungen sehr langsam, da Mitarbeiter häufig aufeinander warten müssen, bevor etwas in die Umsetzung gehen kann. Eines unserer Mottos lautet: »Lass uns noch mal darüber nachdenken und uns später erneut treffen.«

Wir brauchen schlanke Prozesse und Abläufe, um intern Geschwindigkeit aufzunehmen und uns nicht weiter (künstlich) auszubremsen. Dringende Entscheidungen sollten ohne lange Abstimmungsschleifen von den handelnden Personen getroffen werden können.

Aussagen zur Selbsteinschätzung

____ 1. Es dauert zu lange, bis wir mit neuen Lösungen auf den Markt kommen.
____ 2. Es dauert zu lange, bis wir Entscheidungen treffen.
____ 3. Wir müssen interne Prozesse verschlanken und beschleunigen.
____ 4. Bei Entscheidungen müssen bei uns viele Leute in vielen Runden eingebunden werden.
____ 5. Wir müssen aufeinander warten, was unsere Prozesse verlangsamt.
____ 6. Unsere Abläufe sind bürokratisch.
____ 7. Wir neigen dazu, Entscheidungen zu vertagen oder nicht zu entscheiden und uns erneut zu treffen.
____ 8. Bei uns gibt es viele Strukturen und Abläufe, die sind, wie sie sind, weil wir die Dinge schon immer so gemacht haben.
____ 9. Die Auslastung des Tagesgeschäfts frisst unsere gesamten Ressourcen; wir haben dann keine Zeit für andere Themen mehr.
____ 10. Wir müssen mehrere Ebenen nach oben eskalieren, um Budgets für neue Projekte zu bekommen.
____ 11. Verantwortliche schieben bei uns Entscheidungen auf, weil sie mehr für schlechte Entscheidungen bestraft als für gute Entscheidungen belohnt werden.

Unternehmerisches Denken fördern

In unserem Unternehmen machen viele Mitarbeiter vermeintlich nur Dienst nach Vorschrift. Sie verlassen sich auf ihre Führungskraft. Kaum jemand fühlt sich mitverantwortlich für den Erfolg und ergreift selbst die Initiative. Selbst wenn wir eigene Themen vorantreiben möchten, lassen es unsere Strukturen nicht zu. Im Unternehmen wird somit viel Potenzial vergeudet, da wir als Mitarbeiter nicht mit vollem Engagement dabei sind oder unsere Eigeninitiative nicht gefördert wird.

Wir brauchen eine Kultur, die es Mitarbeitern erlaubt und sie dabei unterstützt, eigenverantwortlich Themen anzugehen, mitzudenken und über den eigenen Tellerrand hinauszusehen.

Aussagen zur Selbsteinschätzung

____ 1. Bei uns gehen Aufgaben unter, und niemand fühlt sich verantwortlich.
____ 2. Menschen machen bei uns eher Dienst nach Vorschrift und zeigen darüber hinaus wenig Eigeninitiative.
____ 3. Wir reden oft im Konjunktiv mit »man müsste« oder »man sollte«.
____ 4. Arbeitspakete, die nicht genau definiert sind, bleiben liegen.
____ 5. Wenn bei uns jemand Ideen hat, ist es für diese Person schwer, diese in der Organisation voranzutreiben, weil es viele Hürden gibt.
____ 6. Wir denken in Risiken und Gefahren, weniger in Chancen und Potenzialen.
____ 7. Ungewissheit und Unbekanntes ist uns unangenehm, was wir, wenn möglich, vermeiden möchten.
____ 8. Die meisten Mitarbeiter sehen kreative Arbeit nicht als Teil ihrer Aufgaben an.

___ 9. Einzelne Personen in Führungsposition dominieren mit ihren Ideen und Vorschlägen, von den Mitarbeitern selbst kommt eher wenig Neues.

___ 10. Führungskräfte trauen sich nicht, ein Budget freizugeben, wenn der Erfolg des Projekts nicht hundertprozentig sicher ist.

___ 11. Wir denken kaum über neue oder alternative Geschäftsmodelle nach.

Interne Zusammenarbeit verbessern

In unserem Unternehmen wird unzureichend miteinander kommuniziert. Die Schnittstellen zwischen Abteilungen sind nicht gut abgestimmt, und Abteilungen halten zum eigenen Vorteil bewusst Wissen zurück nach dem Motto: »Wer sein Wissen uneingeschränkt weitergibt, macht sich entbehrlich.« Daher können wir zu wenig aus unseren Fehlern lernen und leisten Doppelarbeit.

Wir brauchen eine Möglichkeit, um gut miteinander zu kommunizieren, uns stetig auszutauschen und erworbenes Wissen und Erfahrungen zu teilen und so für die Organisation nutzbar zu machen.

Aussagen zur Selbsteinschätzung

___ 1. Bei uns hockt jeder in seinem Silo und arbeitet vor sich hin.

___ 2. Abteilung A weiß meist nicht, was Abteilung B tut.

___ 3. Abteilungen oder Teams stehen sich skeptisch gegenüber.

___ 4. Wir sind gefühlt ständig überlastet und werden von den Aufgaben übermannt.

___ 5. Wir machen die gleichen Fehler immer wieder.

___ 6. Die Abstimmung zwischen Teams und Abteilungen bereitet uns Schwierigkeiten.

___ 7. Bei uns gibt es viele Gerüchte und negativen Flurfunk.

___ **8.** Einzelne Abteilungen haben zum Teil gegensätzliche Ziele.
___ **9.** Manche Themen werden von verschiedenen Abteilungen oder Teams gleichzeitig bearbeitet, ohne dass diese voneinander wissen.
___ **10.** Wenn ein Thema nicht vorankommt, liegt das vor allem daran, dass die Verantwortlichen entweder nicht wissen, wo sie das nötige Know-how im Unternehmen finden, oder weil die Know-how-Träger nicht verfügbar sind.
___ **11.** In vielen Besprechungen sitzen sehr viele Personen, ohne dass diese etwas zum Thema beitragen können.

Im Kampf um junge Talente bestehen

Wir haben immer öfter die Herausforderung, gute junge Mitarbeiter anzuwerben. Gerade High Potentials haben hohe Anforderungen an ein wertschätzendes Arbeitsklima, Selbstbestimmung und Freiheit am Arbeitsplatz. Immer wieder verlieren wir so potenziell leistungsstarke Mitarbeiter an andere Unternehmen.

Wir brauchen eine Möglichkeit, diese Faktoren in unserem Unternehmen zu stärken, um im »War for Talents« als attraktiver Arbeitgeber aufzutreten und Talente langfristig an uns binden zu können.

Aussagen zur Selbsteinschätzung

___ **1.** Es fällt uns schwer, Menschen für uns als Arbeitgeber zu interessieren.
___ **2.** Viele Mitarbeiter bei uns wünschen sich einen wertschätzenderen Umgang miteinander als bisher üblich.
___ **3.** Unsere Mitarbeiter empfinden unser Arbeitsklima als wenig motivierend.

___ **4.** Wir tun uns schwer damit, Anforderungen von neuen Mitarbeitern im Hinblick auf Freiheit, Selbstbestimmung und Flexibilität zu erfüllen.
___ **5.** Wir sind sehr hierarchisch organisiert.
___ **6.** Es gibt bei uns viele Regeln, Vorschriften und Bürokratie.
___ **7.** Neue Büro- und Arbeitskonzepte kommen bei uns kaum zum Einsatz.
___ **8.** Wir haben generell kaum junge Mitarbeiter.
___ **9.** Unsere Belegschaft ist sehr homogen (Ähnlichkeit im Hinblick auf biografischen Hintergrund und Alter).
___ **10.** Die meisten Entscheidungen werden bei uns von einigen wenigen Personen getroffen.
___ **11.** Junge Mitarbeiter (zum Beispiel Hochschulabsolventen) verlassen unser Unternehmen schnell wieder.

Auswertung

Nach Abschluss der Selbsteinschätzung haben wir nun ein Gefühl oder sogar eine konkrete Zahl, wie relevant unsere Treiber für unser Unternehmen sind. Je höher die Zahl, umso bedeutender ist die entsprechende Herausforderung. Für die wichtigsten Ausgangssituationen können wir uns nun an den folgenden Trainingsplänen orientieren. Für den Fall, dass alle Ausgangssituationen gleich relevant sind, beschränken wir uns zunächst einmal auf zwei bis drei Themen.

PERSÖNLICHE TRAININGSPLÄNE

Mit spezifischen Trainingsplänen wollen wir nun unsere Organisation schrittweise fit für die Zukunft machen. Die Pläne helfen uns, passgenau an den Herausforderungen unseres Unternehmens und Teams zu arbeiten. Sie sind jeweils auf eine der fünf Ausgangssituationen abgestimmt. Jeder Trainingsplan enthält, aufgegliedert nach den vier Räumen (individuell, zwischenmenschlich, strukturell und operativ), Werkzeuge, die wir Autoren getestet haben, für sinnvoll erachten und für ein persönlich abgestimmtes Training empfehlen. Wir empfehlen zudem, die vier Räume in der genannten Reihenfolge zu durchlaufen, also mit dem individuellen Raum zu beginnen und dem operativen aufzuhören. Innerhalb jedes Raums haben wir auch die Werkzeuge in eine sinnvolle Übungsreihenfolge gebracht.

Wie im Sport auch gibt es bei der Zusammenstellung der Trainingspläne kein absolutes Richtig oder Falsch – es hängt stark von den Trainingszielen ab. Manches Werkzeug, das laut Trainingsplan für eine Ausgangssituation nicht essenziell ist, mag in individuellen Situationen durchaus Mehrwert schaffen. Manchmal haben wir vielleicht das Bedürfnis, mit dem operativen Raum zu beginnen. Wir sollten die Pläne daher gegebenenfalls nach eigenem Ermessen an unsere Situation anpassen. Wir beschreiben deshalb bei jedem einzelnen Werkzeug, in welchen Situationen es besonders relevant ist, wie es konkret funktioniert und worauf wir achten sollten.

TRAININGSPLAN INNOVATIVER WERDEN

RAUM	WERKZEUG/ METHODE	AUCH RELEVANT FÜR:
Individueller Raum	Artful Participation	Schneller werden, interne Zusammenarbeit verbessern
	Switch	Schneller werden, unternehmerisches Denken fördern
Zwischenmenschlicher Raum	Innovationsklima	Unternehmerisches Denken fördern, im Kampf um junge Talente bestehen
	The Box	Unternehmerisches Denken fördern, im Kampf um junge Talente bestehen
	Feedbackstruktur	Unternehmerisches Denken fördern, interne Zusammenarbeit verbessern, im Kampf um junge Talente bestehen
Struktureller Raum	Treiber	Unternehmerisches Denken fördern, interne Zusammenarbeit verbessern
	Verbindliche Rollen	Unternehmerisches Denken fördern, interne Zusammenarbeit verbessern, im Kampf um junge Talente bestehen

RAUM	WERKZEUG/ METHODE	AUCH RELEVANT FÜR:
Operativer Raum	Denkphasen der Kreativität	Unternehmerisches Denken fördern
	Kreativprozess	Unternehmerisches Denken fördern
	Organisationslotsen	Schneller werden, interne Zusammenarbeit verbessern
	User-Research	
	Schnelle Prototypen	Schneller werden, unternehmerisches Denken fördern
	Sprint	Schneller werden

TRAININGSPLAN SCHNELLER WERDEN

RAUM	WERKZEUG/ METHODE	AUCH RELEVANT FÜR:
Individueller Raum	Achtsamkeit	Im Kampf um junge Talente bestehen
	Artful Participation	Innovativer werden, interne Zusammenarbeit verbessern
	Switch	Innovativer werden, unternehmerisches Denken fördern
Zwischenmenschlicher Raum	Klärungsmeeting	Interne Zusammenarbeit verbessern
Struktureller Raum	Konsententscheidungen	Interne Zusammenarbeit verbessern
	Logbuch	–
Operativer Raum	Tactical Meetings	–
	Schnelle Prototypen	Innovativer werden, unternehmerisches Denken fördern
	Kanban	–
	Sprint	Innovativer werden
	Retrospektiven	Interne Zusammenarbeit verbessern, im Kampf um junge Talente bestehen
	Organisationslotsen	Innovativer werden, interne Zusammenarbeit verbessern

TRAININGSPLAN UNTERNEHMERISCHES DENKEN FÖRDERN

RAUM	WERKZEUG/ METHODE	AUCH RELEVANT FÜR:
Individueller Raum	Selbsteinschätzung mit MPS	–
	Switch	Innovativer werden, schneller werden
Zwischenmenschlicher Raum	Feedbackstruktur	Innovativer werden, interne Zusammenarbeit verbessern, im Kampf um junge Talente bestehen
	The Box	Innovativer werden, im Kampf um junge Talente bestehen
	Innovationsklima	Innovativer werden, im Kampf um junge Talente bestehen
Struktureller Raum	Goldener Kreis	Im Kampf um junge Talente bestehen
	Treiber	Innovativer werden, interne Zusammenarbeit verbessern
	Verbindliche Rollen	Innovativer werden, interne Zusammenarbeit verbessern, im Kampf um junge Talente bestehen
	Transparente Gehaltsmodelle	Im Kampf um junge Talente bestehen
Operativer Raum	Denkphasen der Kreativität	Innovativer werden
	Kreativprozess	Innovativer werden
	Schnelle Prototypen	Innovativer werden, schneller werden

TRAININGSPLAN INTERNE ZUSAMMENARBEIT VERBESSERN

RAUM	WERKZEUG/ METHODE	AUCH RELEVANT FÜR:
Individueller Raum	Artful Participation	Innovativer werden, schneller werden
	Aktives Zuhören	Im Kampf um junge Talente bestehen
Zwischenmenschlicher Raum	Check-in	–
	Feedbackstruktur	Innovativer werden, unternehmerisches Denken fördern, im Kampf um junge Talente bestehen
	Spiegeln	Im Kampf um junge Talente bestehen
	Kommunikationsstufen	Im Kampf um junge Talente bestehen
	Klärungsmeeting	Schneller werden
Struktureller Raum	Treiber	Innovativer werden, unternehmerisches Denken fördern
	Konsententscheidungen	Schneller werden
	Verbindliche Rollen	Innovativer werden, unternehmerisches Denken fördern, im Kampf um junge Talente bestehen
	Arbeiten in Kreisen	Im Kampf um junge Talente bestehen
Operativer Raum	Retrospektiven	Schneller werden, im Kampf um junge Talente bestehen
	Organisationslotsen	Innovativer werden, schneller werden

Trainingsplan im Kampf um junge Talente bestehen

RAUM	WERKZEUG/ METHODE	AUCH RELEVANT FÜR:
Individueller Raum	Achtsamkeit	Schneller werden
	Aktives Zuhören	Interne Zusammenarbeit
Zwischenmenschlicher Raum	Feedbackstruktur	Innovativer werden, unternehmerisches Denken fördern, interne Zusammenarbeit
	Kommunikationsstufen	Interne Zusammenarbeit verbessern
	Spiegeln	Interne Zusammenarbeit verbessern
	The Box	Innovativer werden, unternehmerisches Denken fördern
	Innovationsklima	Innovativer werden, unternehmerisches Denken fördern
Struktureller Raum	Goldener Kreis	Unternehmerisches Denken fördern
	Verbindliche Rollen	Innovativer werden, unternehmerisches Denken fördern, interne Zusammenarbeit verbessern
	Arbeiten in Kreisen	Interne Zusammenarbeit verbessern
	Transparente Gehaltsmodelle	Unternehmerisches Denken fördern
Operativer Raum	Retrospektiven	Schneller werden, interne Zusammenarbeit verbessern

Wir können immer wieder zu dieser Übersicht zurückkehren, um uns für weitere Trainingseinheiten inspirieren zu lassen.

Wenn es nun an das Training geht, ist es sinnvoll, mit einzelnen Werkzeugen für unsere zentrale Ausgangssituation zu beginnen und erste Erfahrungen zu sammeln. Manche der Werkzeuge werden wir sofort einsetzen können. Andere – besonders aus dem strukturellen Raum – können wir möglicherweise nicht »eigenmächtig« ausprobieren und einsetzen. In diesem Fall können wir mit Kollegen eine Diskussion beginnen, ob und wie der Einsatz in unserer Organisation oder unserem Team lohnenswert wäre.

Damit wir den eigenen Trainingsplan stets vor Augen haben, nutzen wir am besten ein separates Dokument, in dem wir unseren Plan festhalten. Dazu laden wir entweder die frei verfügbare Vorlage auf www.future-fit-company.de herunter, oder wir erstellen einen eigenen Plan nach dem abgebildeten Muster.

Mein individueller Trainingsplan
→ FUTURE FIT COMPANY

Ausgangssituation: Innovativer werden

Raum	Werkzeug	☑
Individueller Raum	Artful Participation Switch	
Zwischenmenschl. Raum	Feedbackstruktur The Box	

IT'S A MIND GAME

INDIVIDUELLER RAUM

Im individuellen Raum geht es um uns Menschen und unsere Denkweisen – die Basis einer jeden Organisation. Wir adressieren die Herausforderung, dass wir uns in unserem Denken oft nicht so schnell bewegen, wie es unser Umfeld verlangt. Wir machen uns bewusst, wie unsere Glaubenssätze und Menschenbilder unsere Erwartungshaltung prägen. Vertrauen wir unseren Kollegen, weil wir davon ausgehen, dass Menschen grundlegend ehrlich, engagiert und diszipliniert sind? Oder vertrauen wir eher dem System der Kontrolle, das wir geschaffen haben, um Normabweichungen zu bestrafen? Trauen wir Menschen zu, eigenständig und kreativ zu arbeiten? Wenn ja: Gilt das auch für unsere Mitarbeiter?

Eine noch größere Herausforderung entsteht dadurch, dass wir nicht nur uns selbst, sondern auch die Menschen um uns dazu bewegen müssen, über sich selbst zu reflektieren. Denn wenn es bei einem Individuum bleibt, verändert sich in der Organisation als Ganzes nicht viel. Deswegen wird im individuellen Raum deutlich, dass wir uns bei der Wandlung zur zukunftsbereiten Organisation stets mit einem langfristigen Veränderungsprozess auseinandersetzen müssen. Die Prinzipien und Werkzeuge im individuellen Raum zielen stark auf die Verantwortung des Einzelnen für die Gesamtorganisation: Immer streben wir eine bewusste und reflektierte Teilhabe an der Organisation an.

VERÄNDERUNG UND DAS RICHTIGE MINDSET

Wie wir Menschen mit Veränderung umgehen, wird von verschiedenen Faktoren beeinflusst. Unsere genetische »Vorprogrammierung« und frühkindliche Prägung sind gesetzt. Aber unser Umfeld, unsere Erlebnisse und unser Lernen spielen eine noch größere Rolle darin, wer wir sind und wie wir denken. Hier können wir ansetzen, denn bei unserer eigenen Entwicklung haben wir einen größeren Spielraum, als die meisten von uns denken.

Psychologen unterscheiden das »Growth-Mindset« von einem »Fixed Mindset«. Dabei handelt es sich um zwei Perspektiven auf die Möglichkeit, uns und unsere Umwelt zu verändern und zu gestalten. Auf eine Herausforderung würden Menschen unterschiedlich reagieren:

Growth-Mindset: »Ich kann das noch nicht, ich könnte es aber lernen (wenn ich möchte).«
Fixed Mindset: »Ich kann das nicht. Ich habe dafür kein Talent.«

Solche Aussagen sind oft sich selbst erfüllende Prophezeiungen – wenn wir es nicht versuchen, werden wir es nie schaffen. Oft erwarten wir, dass Dinge »leicht« von der Hand gehen oder schnell erlernt werden können. Wird es hingegen schwer, geben wir schnell auf, ohne uns wirklich bemüht zu haben. Aber auch mit ausgeprägter Begabung sind viele Dinge schwer, wenn man damit anfängt. Die größten Meister ihrer Kunst wurden alle von einer enormen Leidenschaft und Hartnäckigkeit getrieben.

Genau dasselbe gilt für Veränderungen in Organisationen, für die sich Mitarbeiter neue Fertigkeiten erarbeiten und Wissen aneignen müssen: Ein Kulturwandel in unserem Unternehmen wird uns nicht in den Schoß fallen. Damit ist der erste Meilenstein für uns als Individuen, uns ein Growth-Mindset anzueignen. Wenn wir nicht an den Erfolg glauben und die Ärmel hochkrempeln, werden wir mit allen Bemühungen scheitern.

MENSCHEN FÜR DIE ORGANISATION DER ZUKUNFT

An uns selbst zu arbeiten und unsere Kollegen zu motivieren, desgleichen zu tun, ist eine Hälfte der Veränderung. Wir haben genauso über das Recruiting großen Einfluss darauf, wer Teil unserer Organisation wird und wer nicht. Je besser wir in unseren Teams auf fachlicher, aber auch auf persönlicher Ebene harmonieren, desto wahrscheinlicher ist es, dass wir als Einheit gut funktionieren.

Wenn ein Unternehmen fit für die Zukunft werden will, bemühen wir uns darum, möglichst viele Menschen zu versammeln, die bestimmte Eigenschaften, Charakterzüge und Fertigkeiten vorweisen. Bei der Auswahl neuer Kollegen achten wir dementsprechend neben der fachlichen und persönlichen Passung auf folgende Aspekte:

Anpassungsfähigkeit. Wir suchen nach Menschen mit einem Growth-Mindset, die fähig und willens sind, sich in einer sich ständig verändernden Welt anzupassen.

(Selbst-)Reflexion. Wir suchen nach Menschen, die sich selbst und andere immer wieder hinterfragen, um aktiv Veränderung mitzugestalten.

Bewusstheit und Achtsamkeit. Wir suchen nach Menschen mit Selbstdisziplin und Fokus, die sich bewusst sind, was sie tun und wie sie es tun, bevor sie es tun.

Positives Menschenbild. Wir suchen nach Menschen, die ihre Kollegen, Führungskräfte und Vorstände als die erwachsenen Individuen behandeln, die sie sind – und nicht als Kinder, um die wir uns kümmern müssen (die Perspektive mancher Führungskräfte), oder als Eltern, die uns sagen, wo es langgeht (die Perspektive mancher Mitarbeiter).

Motivation. Wir suchen nach Menschen, die ihre intrinsische Motivation kennen und im Unternehmen ausleben wollen.

Talente und Begabungen. Wir suchen nach Menschen, die sich ihrer Fähigkeiten bewusst sind und sich zutrauen, bestehendes Können weiterzuentwickeln und neue Begabungen aufzudecken.

SKEPSIS GEGENÜBER VERÄNDERUNGSPROZESSEN

Wenn wir den Weg in Richtung zukunftsbereiter Organisation gehen wollen, wäre es natürlich ideal, wenn wir so viele Mitarbeiter wie möglich im Boot hätten und so wenige wie möglich auf dem Weg verlieren. Gerade in etablierten Unternehmen oder Konzernen ist die Bandbreite der Mitarbeiter enorm groß. Manche werden Feuer und Flamme, andere dem Wandel gegenüber zumindest offen sein und mitgehen. Wieder andere werden nicht mitgehen können oder wollen. Es wird Menschen geben, die durch die »alte Welt« 20 Jahre lang geprägt wurden und nun ebenfalls Jahre brauchen würden, um sich gedanklich umzustellen.

In solchen Fällen können wir Herangehensweisen und Methoden aus dem Change-Management nutzen und versuchen, jeden dort abzuholen, wo er gerade steht. Es geht darum, frühzeitig Verständnis bei den Mitarbeitern zu schaffen. Trotzdem dürfen wir einen realistischen Rahmen in puncto Zeit und Wirtschaftlichkeit nicht außer Augen lassen. Es kann sein, dass wir auf Menschen treffen, die wirklich nicht mitgehen können oder wollen. Uns an diesen die Zähne auszubeißen kann im schlimmsten Fall das Gesamtvorgehen gefährden und die Motivation der Unterstützer beeinflussen. Oft kann es für beide Seiten weniger schmerzhaft sein, sich voneinander zu trennen, als eine Anpassung mit Gewalt zu erzwingen.

PRINZIPIEN IM INDIVIDUELLEN RAUM

PRINZIP	AUSPRÄGUNG IM INDIVIDUELLEN RAUM
Transparenz	Wir halten kein Wissen zurück, um uns selbst Wissensinseln zu bauen, sondern teilen unsere Expertise und unsere Erfahrungen aktiv mit Kollegen.

PRINZIP	AUSPRÄGUNG IM INDIVIDUELLEN RAUM
Effektivität	Wir sind uns unserer Rolle im Hinblick auf die Erreichung der Organisationsziele bewusst.
	Wir überlegen uns, wie unser Handeln oder Nichthandeln unsere gemeinsamen Ziele und Werte betrifft und diese unterstützen oder behindern kann.
	Wenn wir überzeugt sind, dass ein Ziel der Organisation keinen Wert bringt oder sogar schadet, bringen wir Bedenken und Einwände ein.
	Ist ein Ziel gesetzt, gegen das wir keinen faktischen Einwand haben, arbeiten wir in vollem Umfang darauf hin.
Empirismus	Wir sind uns selbst bewusst, welche Bedürfnisse persönlich im Vordergrund stehen.
	Wir streben nach ständigem Lernen und Weiterentwicklung.
	Wir sind uns bewusst, dass unsere Meinung nicht die einzige Perspektive darstellt und dass sie geprägt sein kann von Filtern und Verzerrungen (Bias). Im Konflikt mit Fakten und Daten sind wir bereit, unsere Meinung auch zurückzustellen.
Verantwortlichkeit	Wir sind uns unserer eigenen Stärken und Schwächen bewusst.
	Wir haben Klarheit darüber, was andere von uns erwarten, was sie von uns erwarten können und was nicht.
	Wir haben den Mut, auch gegen eine Mehrheit zu kämpfen, wenn wir es für wichtig halten.
	Wir haben den Mut, Unangenehmes und solche Dinge anzusprechen, die wir für falsch halten, auch wenn dies im ersten Moment auf beiden Seiten zu Spannungen führt.

PRINZIP	AUSPRÄGUNG IM INDIVIDUELLEN RAUM
Fairness	Uns ist klar, dass wir nicht allein im Unternehmen arbeiten, und wir berücksichtigen die Auswirkungen unseres Handelns auf unsere Kollegen.
	Wir wissen, dass jeder manchmal Unterstützung braucht; daher geben wir Unterstützung bei Bedarf und fordern sie gleichzeitig ein, wenn wir sie brauchen.
Offenheit	Wir geben Bewertungen erst dann ab, wenn wir das Gefühl haben, unterschiedliche Fakten und Perspektiven berücksichtigt zu haben.
	Wir zensieren unsere eigenen Ideen nicht aus Angst vor Kritik oder Ablehnung.
	Wir ignorieren unsere eigenen Bedürfnisse nicht.
Vertrauen	Wir gehen davon aus, dass Menschen nicht aus Boshaftigkeit handeln, sondern aus ihren Bedürfnissen heraus.
	Wir verurteilen andere nicht, wenn sie ihre Meinung äußern, und vertrauen darauf, dass wir selbst nicht verurteilt werden.
Kohäsion	Wir sind uns bewusst, dass wir nicht nur einzelne Funktionen in der Organisation sind, sondern Menschen mit verschiedensten Bedürfnissen, Eigenschaften, Erfahrungen und Fertigkeiten.

WEITERFÜHRENDE INFORMATIONEN

Rolf H. Bay: *Erfolgreiche Gespräche durch aktives Zuhören.* Expert, 2018. Praktischer Hintergrund und Übungen zum aktiven Zuhören.

Tal Ben-Shahar: *Glücklicher. Lebensfreude, Vergnügen und Sinn finden mit dem populärsten Dozenten der Harvard University.* Riemann,

2007. Eine Einführung in das Forschungsfeld der positiven Psychologie. Das Buch zeigt auf, welche Faktoren besonderen Einfluss auf unser Wohlbefinden haben. In diesem Buch wird MPS vorgestellt.

Chip Heath und Dan Heath: *Switch. How to change things when change is hard.* Random House, 2011. Dieses Buch mit seinen zahlreichen Anekdoten und Fallbeispielen diente als Grundlage für das Switch-Werkzeug.

James Priest: *Sociocracy 3.0. A Practical Guide,* https://patterns.sociocracy30.org/artful-participation.html (Zugriff am 19. Februar 2019). Sociocracy 3.0 hat das Prinzip der Artful Participation entwickelt und verfeinert. Auf der offiziellen Webseite finden wir die Beschreibung des Werkzeugs und kurze Reflexionsfragen. Diese helfen uns dabei, unser eigenes Verhalten zu analysieren und in der Einhaltung der Artful Participation geübter zu werden.

Chade-Meng Tan: *Search Inside Yourself. Optimiere dein Leben durch Achtsamkeit.* Goldmann, 2015. Ein praxisbezogenes Werk mit vielen Übungen zum Thema Achtsamkeit.

ACHTSAMKEIT

Die meiste Zeit stehen wir im Job unter Erfolgsdruck und funktionieren abwechselnd im Multitasking- oder Autopilot-Modus – ohne dabei nach rechts und links zu blicken oder gar in uns hineinzuschauen. Wir »machen«, ohne zu realisieren, was genau – die Arbeit muss schließlich erledigt werden. Wir halten nicht mal kurz inne, ob wir noch in die richtige Richtung laufen oder ob es uns guttut. Denn wir stellen uns im Job meist hinten an – Zähne zusammenbeißen und durch. Die Konsequenzen sind je nach Persönlichkeitsstruktur unterschiedlich: eingefahrene Verhaltensmuster, Dauerstress, Krankheitsanfälligkeit bis hin zum Burn-out. Dagegen helfen Methoden, die den Autopiloten anhalten und uns wieder zum Herrn unserer Lage machen. So haben wir wieder einen Fokus und bekommen die wichtigen Dinge wirklich erledigt.

Wenn wir uns zwischendurch fragen »Wie geht es uns eigentlich gerade?«, agieren wir wieder etwas bewusster und reagieren nicht nur nach Schema F. Denn Techniken aus dem Bereich der Achtsamkeit heben unser Ressourcenpotenzial. Zukunftsbereite Unternehmen haben in diesem Fall weniger von Stress und Burn-out geplagte Mitarbeiter und mehr Ausgeglichenheit, Zufriedenheit, Ideen und Innovationen. Wenn wir achtsam sind, befähigen wir uns zudem, ruhig und reflektiert zu reagieren, statt uns gleich vom Kollegen auf die Palme bringen zu lassen. Ein toller Nebeneffekt: Neue Ansätze und Ideen können sprudeln, unser Horizont erweitert sich. Große Firmen wie Google oder SAP haben das übrigens schon lange erkannt: Sie bieten konzernweite Achtsamkeitsprogramme.

Jon Kabat-Zinn, ein amerikanischer Arzt und Universitätsprofessor, legte in den 1970er-Jahren die Grundsteine, als er das Thema Achtsamkeit (»Mindfulness«) und Meditation mit viel Forschung zu Psychologie und Stress aufbereitete. Er untersuchte die Wirkungsweisen der buddhistischen und hinduistischen Meditationspraxis und machte sie dem Westen im Rahmen seines MBSR-Programms (»Mindfulness Based Stress Reduction«), der achtsamkeitsbasierten Stressreduktion, zugänglich.[2] Kabat-Zinn definiert Achtsamkeit folgendermaßen: »Achtsamkeit ist eine bestimmte Form der Aufmerksamkeit, die absichtsvoll ist, sich auf den gegenwärtigen Augenblick bezieht (statt auf die Vergangenheit oder Zukunft) und nicht wertend ist.«[3]

IM DETAIL

Es gibt eine große Bandbreite an (Körper-)Übungen, um Achtsamkeit zu schulen. Der Kernaspekt besteht darin, die Aufmerksamkeit jeweils auf die konkrete Situation zu lenken. Durch die Verankerung im jeweiligen Augenblick können wir bewusster entscheiden, wie wir handeln, statt nur wie gewohnt zu reagieren. Das steigert auch unsere Kreativität. Grundsätzlich gilt: Nur wenn wir uns selbst gegenüber achtsam sind, können wir es auch unseren Kollegen gegenüber sein. Je öfter wir üben und neue Routinen schaffen, desto einfacher und selbstverständlicher klappt es auch im (stressigen) Alltag.

Bodyscan

Der Bodyscan unterstützt uns dabei, in konkreten Stresssituationen ruhig zu bleiben und uns nicht von Emotionen überwältigen zu lassen. In seiner Kurzform können wir diese Übung in jeder Stresssituation direkt anwenden. Der Fokus auf unseren Körper hilft uns beim Bodyscan, im Hier und Jetzt zu sein, unsere Körperempfindungen in diesem Moment bewusst zu fühlen. Dabei wird die Beziehung zwischen Gehirn, Geist, Körper und Verhalten gestärkt. So schärfen wir unser Bewusstsein dafür, was wir brauchen und wie es uns gerade geht.

Dadurch reagieren wir weniger voreilig: Wir springen nicht gleich auf jeden Reiz an – eine Fähigkeit, die uns auch in schwierigen Situationen im Job von Nutzen ist. Die vorurteilsfreie Wahrnehmung aller angenehmen und unangenehmen Empfindungen macht uns auf Dauer gleichmütiger und gelassener. Wir werden zugleich empfänglicher für neue Ideen, da wir weniger im Alltagstrott verhaftet sind und mehr auf kleine Details achten können.

Mit dem Bodyscan trainieren wir unsere Sinne. Er ist daher keine Entspannungsübung, mehr ein Training des Geistes. Wir sollten bei dieser Übung wach und entspannt sein – nach einem langen Arbeitstag ist die Gefahr groß, dass wir einfach einschlafen.

> Der Chef eröffnet bei einer Besprechung in seinem Büro, dass das aktuelle Projekt in eine falsche Richtung läuft und grundlegend geändert werden muss. Was geschieht normalerweise? Wir ärgern uns über seine Worte, in uns schwelt es: »Die letzten zwei Wochen Arbeit umsonst. Auch das nächste Projekt steht schon an, ich kann das alles nicht noch einmal von vorne anfangen, das sprengt den ganzen Zeitplan.«
>
> Üblicherweise würden wir nun intensiv argumentieren, warum wir das Projekt wie gehabt weiterführen müssen. Genau an dieser Stelle hilft der (abgekürzte) Körperscan, um in dem Moment innezuhalten: Wie fühlt sich unser Körper an? An welchen Stellen nehmen wir die größten Veränderungen wahr?
>
> Der Pulsschlag geht schneller, das Herz klopft heftig. Wir spüren vielleicht auch einen Kloß in der Magengegend, und uns wird ganz heiß. Unsere Beobachtung also: Herzklopfen, Kloß, Hitzewallung. Das schlechte Gefühl mit Herzklopfen und im Magen fühlt sich nach Druck und Angst an.
>
> Allein mit dieser Wahrnehmung bessern sich Symptome meist schon leicht. Anstatt nun für unser altes Projekt zu kämpfen, wäre es sinnvoller, über neue Zeitressourcen zu sprechen. Damit bauen wir wahrgenommenen Druck und Ängste ab.

So funktioniert die Bodyscan-Basisübung:

Einstimmung: Wir legen uns bequem hin, die Arme liegen neben dem Körper oder entspannt auf den Oberschenkeln. Nun beginnt eine Körperreise. Es geht darum, dass wir in jede Körperregion wertungsfrei hineinspüren und ein Gefühl für den eigenen Körper bekommen – um in einer konkreten Stresssituation zu wissen, wie es sich »entspannt« anfühlt. Wir bleiben so lange bei einer Körperregion, bis wir sie wahrnehmen können. Wir atmen tief, schließen die Augen und kommen zur Ruhe. Wenn später die Gedanken abschweifen sollten, kehren wir mit der Aufmerksamkeit wieder zurück zur jeweiligen Körperregion.

Füße: Wir beginnen mit den Füßen. Wo und wie berühren die Füße den Boden oder die Unterlage? Wie fühlen sich die Fersen, die Fußsohlen und die Zehen an?

Unterschenkel: Wir wandern zu den Unterschenkeln, den Waden und Schienbeinen. Gibt es hier Körpergefühle oder Verspannungen?

Knie aufwärts: Wir wandern mit der Aufmerksamkeit in die Knie und die Oberschenkel und spüren, wo die Oberschenkel die Unterlage oder den Stuhl berühren.

Bauch: Wie steht es mit dem Bauch? Wir atmen tief in den Bauch hinein. Ist der Bauch locker? Liegt ein Kloß im Magen? Wie fühlt sich die Atmung an?

Rücken: Sind Schultern und die unteren Rückenmuskeln entspannt? Liegt eine Last auf Schultern und Rücken?

Gesicht: Wir fühlen die Gesichtsoberfläche. Ist der Unterkiefer locker, sind die Augenlider sanft geschlossen? Oder haben wir das Gefühl, die Zähne zusammenbeißen zu müssen?

Arme: Wo liegen die Arme auf? Wir spüren in die Oberarme, Ellenbogen, Unterarme und Finger hinein. Sind sie locker?

Abschluss: Mit einem tiefen Atemzug öffnen wir wieder die Augen. Wir nehmen einige weitere tiefe Atemzüge und strecken uns.

BODYSCAN-KURZFORM FÜR DEN BERUFLICHEN ALLTAG

Wenn wir kurz vor einem Meeting stehen – vielleicht befürchten wir eine Auseinandersetzung mit einem Kollegen oder sollen spontan Ergebnisse liefern –, schließen wir die Bürotür und setzen uns.

Nun nehmen wir uns fünf Minuten, atmen durch, schließen, wenn möglich, die Augen und wandern im Geist durch den Körper. Sind die Schultern verspannt? Liegt ein Kloß im Magen? Beißen wir die Zähne zusammen? Wie steht es um Herzschlag und Atmung? Nimmt uns die Situation die Luft? Wir spüren jeweils in die Körperregionen hinein, ohne Bewertung.

Wenn wir uns anschließend im Meeting befinden, versuchen wir, unsere Körpererscheinungen in Konfliktsituationen zu beobachten: »Immer wenn mein Kollege behauptet, ich erledige meine Aufgaben nicht schnell genug, wird mir übel, es sticht in meinem Magen, und der Rücken verspannt sich.« Nun gilt es, wertungsfrei zu fühlen, was mit dem eigenen Körper geschieht. Statt wütend oder hilflos auf diese Ungerechtigkeit zu reagieren, eine Magenverstimmung zu bekommen oder mit chronischen Rückenschmerzen zum Orthopäden zu gehen, versuchen wir, die eben beschriebenen Symptome im akuten Moment der Entstehung wahrzunehmen. Dann fällt es leichter, darauf im Gespräch zu reagieren und Themen anzusprechen, um Probleme oder Konflikte direkt zu lösen.

AUS DER PRAXIS

Im Silicon Valley wird seit 2007 Achtsamkeit in vielen Unternehmen praktiziert. So wird beispielsweise bei Google reflektiert und »meditiert«. Denn der Internetkonzern rief das bekannteste Achtsamkeitsprogramm der Businesswelt ins Leben: »Search Inside Yourself« (SIY).[4]

Auch bei SAP finden regelmäßig Weiterbildungen zum Thema Achtsamkeit statt. Das Team »SAP Global Mindfulness Practice« ist konzernweit aktiv und verhilft Mitarbeitern mit Achtsamkeitspraktiken zu mehr Produktivität, Wohlbefinden, Empathie und einer Verbesserung der Führungsqualitäten. Seit 2013 wurden über 7000 Mitarbeiter geschult, beinahe ebenso viele stehen auf der Warteliste. Für SAP zahlt sich das aus: Konkret konnte das Unternehmen sinkende Krankheitszahlen verzeichnen.[5]

Wir bei creaffective nutzen zu Beginn eines Meetingtags neben dem Check-in auch eine Achtsamkeitsübung. Ein angeleiteter Bodyscan ist eine gute Möglichkeit, um im Besprechungsraum gemeinsam anzukommen – im Augenblick und bei dem Team zu sein.

AKTIVES ZUHÖREN

Wenn wir den Kollegen im Gespräch nicht unterbrechen, halten wir uns oft bereits für einen guten Zuhörer. Zwar ist es höflich und wertschätzend, sich nicht ins Wort zu fallen, das bedeutet jedoch noch lange nicht, dass wir wirklich zuhören. Meist verhalten wir uns beim Zuhören passiv und schweifen mit unseren Gedanken ab. Ein häufiges Phänomen: Wir legen in einer Redepause lediglich eigene Argumente zurecht und sind tief in Gedanken, ohne wirklich auf unser Gegenüber einzugehen und aufmerksam zuzuhören. Ein hilfreiches Werkzeug ist deshalb das aktive Zuhören – begründet von dem amerikanischen Psychologen und Psychotherapeuten Carl L. Rogers mit seiner Forschung zu Gesprächstherapie und -führung.[6]

Warum ist es so wertvoll, aktives Zuhören im individuellen Raum zu verankern? Indem wir hier ansetzen und uns selbst genau reflektieren, haben wir einen großen Einfluss auf Gespräche im zwischenmenschlichen und operativen Raum. Wenn wir lernen, uns wirklich zuzuhören, wird die Empathiefähigkeit gestärkt, Missverständnisse verringern sich, und wir finden deutlich schneller Lösungen für Probleme. Wir können durch Feedback voneinander lernen und stärken zwischenmenschliche Beziehungen. Ein verbessertes Arbeitsklima mit mehr Wertschätzung und Anerkennung entsteht. Zukunftsbereite Unternehmen profitieren davon ungemein. Durch das gegenseitige Einfühlungsvermögen und die Verringerung von Missverständnissen gibt es eine gewisse Nähe zu den Kommunikationsstufen.

Was ist der »aktive« Part beim aktiven Zuhören? Das wird deutlich, wenn wir uns den Unterschied zwischen Hören und Zuhören vergegenwärtigen. Einmal hören wir, wie uns der Kollege am Mittagstisch von einem Gespräch mit seinem Chef erzählt – aber können wir uns am nächsten Tag an den Inhalt erinnern? Nicht, wenn wir selbst gerade in Gedanken vertieft waren und nur höflicherweise ab und zu ein scheinbar interessiertes »Aha« von uns gegeben haben. Diese Form des Zuhörens wollen wir Pseudozuhören nennen – ein rein abstraktes Hören von Worten, ohne den Sinn des Gesagten wirklich zu verstehen.

Beim aufmerksamen Zuhören versuchen wir, dem Gesprächspartner bewusst zu folgen – immer noch passiv, ohne dabei aktiv tätig zu werden und ohne eine eigene Meinung oder anderes beizusteuern. Obwohl es ein wertschätzender Ansatz ist, ist auch diese Form des Zuhörens erst ein Zwischenschritt zwischen Hören und aktivem Zuhören, da es auch noch zu Missverständnissen und Eigeninterpretationen kommen kann.

Beim aktiven Zuhören sind wir nicht nur am Hören, sondern am Zuhören. Hier versuchen wir aktiv, die Worte des Kollegen so zu verstehen, wie er sie tatsächlich gemeint hat, also seine Meinung und Motive zu ergründen. Um das zu erreichen, müssen wir oft zwischen den Zeilen hören – und filtern dafür die Emotionen aus dem Gesagten heraus. Kurz, wir halten dabei unsere eigenen Ansichten zu dem Thema für den Moment zurück und stellen uns somit vollkommen auf unser Gegenüber ein. Durch aktives Nachfragen können wir herausfinden, ob unser gewonnenes Verständnis stimmt, ob wir weiter nachfragen sollten oder ob ein unterschiedliches Verständnis vorliegt. Durch die dafür nötige Empathie und Fähigkeit, eigene Ansichten zurückzustellen, stellt das aktive Zuhören die Königsdisziplin des Zuhörens dar. Sie lässt sich mit ein wenig Übung schnell erlernen.

IM DETAIL

Es gibt mehrere Techniken, um das Gehörte nicht nur zu interpretieren, sondern richtig zu verstehen.

Paraphrasieren: inhaltliche Rückmeldung. Beim Paraphrasieren wiederholen wir als Zuhörer das Verstandene mit unseren eigenen Worten. So können wir gemeinsam mit dem Gegenüber prüfen, ob wir alles richtig verstanden haben. Wichtig: Wir müssen darauf achten, wirklich eigene Worte zu finden und nicht den reinen Wortlaut unseres Gesprächspartners zu wiederholen. Mögliche Satzanfänge für das Nachfragen: »Habe ich dich richtig verstanden ...«, »Ich habe gehört, dass ...«, »Du meinst also ...«

»Wir müssen in dem Projekt einen Zahn zulegen. Wenn wir für die Analysen weiterhin so viel Zeit brauchen, hat schon die Markteinführung stattgefunden. Dann kräht kein Hahn mehr danach, wie wir das Marktpotenzial einschätzen. Der Kunde hat uns eine Deadline zum 1. Oktober gesetzt.«

AKTIVER ZUHÖRER: »Habe ich dich richtig verstanden, dass wir in dem Projekt zu langsam sind und uns der Kunde abzuspringen droht, weil er keinen Mehrwert nach der Markteinführung mehr sieht?«

ANTWORT KOLLEGE: »Nein, ich glaube nicht, dass der Kunde gleich abspringt. Dafür hat er schon zu viel investiert. Aber er wird viel Druck machen, und dann haben wir intern wieder die nächste Kündigungswelle. Wir brauchen mehr Leute.«

Im Beispiel wäre ohne ein aktives Zuhören und Nachfragen wohl Folgendes passiert: Der Zuhörer hätte entweder so weitergemacht wie zuvor, weil er seinen Kollegen für einen Pessimisten hält und nicht richtig hinhört. Oder er hätte hingehört und selbst interpretiert, dass der Kunde abzuspringen droht. Diese Info hätte in der Kaffeeküche die Runde gemacht. Dabei hat der Kollege lediglich Sorge, dass wegen steigendem Druck die nächste Kündigungswelle droht.

Reflektieren: emotionale Rückmeldung. Beim Reflektieren versuchen wir, als Spiegel die für den Sprechenden meist nicht offensichtlichen Emotionen wiederzugeben und dadurch für unser Gegenüber sichtbar und greifbar zu machen. So können wir sichergehen, ob unsere Annahme stimmt oder ob den Kollegen etwas anderes bewegt. Beim Reflektieren ist jedoch Vorsicht geboten: Bitte keine reinen Spekulationen oder psychologische Schlussfolgerungen treffen, gerade wenn es um sensible und private Themen geht.

 »Ich glaube nicht, dass der Kunde gleich abspringt. Dafür hat er schon zu viel investiert. Aber er wird viel Druck machen, und dann haben wir intern wieder die nächste Kündigungswelle. Wir brauchen mehr Leute.«

INDIVIDUELLER RAUM

AKTIVER ZUHÖRER: »Ich sehe dir richtig an, wie unsicher die Situation mit deinem Team ist. Du hast wahrscheinlich Angst, dass deine Mitarbeiter bei steigendem Druck kündigen und du wieder die ganze Arbeit selbst an der Backe hast. Letztes Frühjahr war sicher der Horror, als du die Wochenenden durchgearbeitet hast, obwohl dein Sohn gerade erst vier Wochen alt war.«

Zusammenfassen. Hierbei geht es darum, gegen Ende eines Gesprächs alles Gehörte vor dem anderen zu rekapitulieren. Dies ist sinnvoll, wenn das Gespräch aus vielen Details bestand. So kann sichergestellt werden, dass wir alle Aspekte wahrgenommen, nichts vergessen und auch richtig verstanden haben. Der Kollege bekommt damit noch einmal Gelegenheit, etwas hinzuzufügen oder klarzustellen.

AKTIVER ZUHÖRER: »Damit wissen wir, dass wir einen Zahn zulegen müssen und eventuell neue Leute einstellen, damit der Druck nicht zu hoch wird. Der Kunde will eigentlich nicht abspringen, aber wir müssen es auf möglichst vielen Schultern so stemmen, dass es für alle tragbar bleibt und niemand kündigt. Und ich soll bei HR konkret eine Stellenfreigabe anfragen. Habe ich das richtig verstanden oder etwas vergessen?«

Wichtig beim aktiven Zuhören ist, dass die Gesprächstechniken nicht losgelöst von dem Gesamtmindset erfolgen. Damit würden sie als reine Hülle sinnentleert, und wir merken als Gegenüber, dass sie nur kognitiv angewendet werden. Dann können wir sie nicht ernst nehmen oder fühlen uns im schlimmsten Fall sogar manipuliert.

Zum gesamten Mindset gehören neben einer empathischen und wertschätzenden Grundhaltung, die eigene Ratschläge zurückstellt, nonverbale Rückmeldungen wie eine zugewandte Körperhaltung, Blickkontakt oder Nicken – authentisch und nicht gestellt. Generell sollten wir uns als Zuhörer vollkommen auf die andere Person einstellen. Das bedeutet etwa, ablenkende Faktoren wie das Handy wegzulegen und genügend Zeit zur Verfügung zu haben. Auch sollten wir uns stets bewusst machen, dass es nicht um die eigenen Überzeugungen oder Ratschläge geht, sondern darum, die Person richtig zu verstehen. Das lohnende Ergebnis: Bei der Zusammenarbeit kommt es zu weniger Missverständnissen.

ÜBUNG

Wenn wir mit einem Arbeitskollegen oder im privaten Kontext mit einem Freund oder Familienmitglied diese Technik üben wollen, suchen wir uns ein beliebiges Thema.

Auf das Gegenüber einstellen	Als Zuhörender stellen wir uns auf unser Gegenüber ein. Wir signalisieren mit unserer Körpersprache, dass wir zuhören, und halten uns bewusst mit Ratschlägen zurück.
Inhaltliche Rückmeldung	Nachdem oder während das Gegenüber erzählt, geben wir inhaltliche Rückmeldung. Was erlebt diese Person gerade? Was genau berichtet sie? Wir beginnen, das Gehörte mit eigenen Worten wiederzugeben.
Emotionale Rückmeldung	Welcher Wunsch steckt hinter den Worten? Welche Gefühle hat das Gegenüber wohl dabei? Wenn wir die Rückmeldung bekommen haben, dass wir das Thema inhaltlich verstanden haben, versuchen wir, eine emotionale Rückmeldung zu geben sowie Gefühle und Wünsche zu spiegeln, die hinter dem Thema stecken.

 ARTFUL PARTICIPATION

Besprechungen oder Workshops gehören für viele zum Arbeitsalltag. Oft haben wir danach das Gefühl, die investierte Zeit nicht effizient und wirklich produktiv genutzt zu haben. Woran liegt das? Obwohl wir zu wissen meinen, wie die »Regeln für eine gesunde Kommunikation« lauten, unterbrechen wir uns in Meetings gegenseitig, wechseln mitten im Gespräch das Thema, halten wissentlich wichtige Informationen zurück oder diskutieren über Nichtigkeiten. Wir alle begehen diesen »Kommunikationsfauxpas« immer wieder, bekommen es oft aber selbst nicht mit. Wenn aber andere so handeln, fällt es uns schnell auf, und wir weisen sie zurecht oder kritisieren sie.

Um auf Augenhöhe und respektvoll miteinander zu arbeiten, müssen wir diese Verhaltensweisen in den Griff bekommen. Wir brauchen ein Arbeitsumfeld, in dem sich jeder Einzelne bewusst ist, welchen Beitrag er gerade leistet. Das Werkzeug Artful Participation bietet eine Grundlage zur Selbstreflexion und hilft dabei, uns in Gruppensituationen zu orientieren. Hierbei handelt es sich um kein Hexenwerk. Indem wir unseren eigenen Beitrag überprüfen, vollbringen wir manchmal Wunder.

IM DETAIL
Grundlegendes

Sichtbar machen. Wir drucken folgendes Statement auf Poster, Postkarten oder auf ein Flipchart: »Ist mein Verhalten in diesem Moment der beste Beitrag, den ich zur Effektivität dieser Zusammenarbeit leisten kann?« Wichtig ist, dass das für alle sichtbar ist.

Der beste Beitrag. Unseren besten Beitrag in einem Meeting zu leisten bedeutet je nach Situation etwas anderes. Als Orientierung können wir vier Handlungsmustern folgen.

- **Wir halten uns bewusst raus,** indem wir unsere Aussagen zurückhalten, eigene Beiträge zurückstellen oder diese bewusst nur recht kurz halten.
- **Wir greifen bewusst ein,** indem wir das Vorgehen, den Prozess und das Handeln der Gruppe hinterfragen oder indem wir unterbrechen, innehalten oder das Gespräch auf eine Metaebene bringen.
- **Wir erheben bewusst Einspruch,** wenn wir die Befürchtung haben, dass eine Entscheidung oder eine Diskussion gerade in die falsche Richtung läuft.
- **Wir brechen bewusst Vereinbarungen,** wenn wir der Überzeugung sind, dass es für das gemeinsame Ziel der Gruppe notwendig ist.

Unterschiedliche Typen Mensch. Das bewusste Raushalten fällt den eher Dominanten und Mitteilungsbedürftigen unter uns schwer – vor allem, wenn wir gewohnt sind, uns in einer Organisation mit Ellenbogenmentalität zu bewegen. Dahinter steht meistens das Bedürfnis, Präsenz oder Kompetenz zu zeigen, in der Gruppe nicht unterzugehen und die eigene Position zu festigen. Wir wiederholen etwas, dass schon drei Mal gesagt wurde, noch ein viertes Mal und erklären es in unseren eigenen Worten. Wenn das auf uns zutrifft, sollten wir uns vor allem an den ersten Punkt der Artful Participation halten und üben, uns zurückzunehmen. Gehören wir zu den Menschen, die sich eher zurückhalten, verhält es sich genau anders: Wir sollten üben, mehr einzugreifen. Das bewusste Stören fällt uns schwer, da uns die Harmonie im Team wichtig ist oder wir eher eine introvertierte Natur haben. Wir akzeptieren Entscheidungen, von denen wir nicht überzeugt sind, um einen möglichen Konflikt oder eine Konfrontation zu vermeiden. Wir sprechen wichtige Themen nicht an, weil wir befürchten, sie könnten eine schwierige Debatte auslösen, oder weil wir uns nicht trauen, in das Geschehen einzugreifen. Wenn wir fortan der Artful Participation folgen, sollten wir unseren Kollegen kommunizieren, warum und mit welchem Ziel oder Bedenken wir gerade eingreifen.

Start in ein Meeting

Wenn wir in einer Besprechung oder einem Workshop zusammenkommen, gibt es grundsätzlich immer eine Einführung: Warum sind wir hier? Was wollen wir heute erreichen? Dieser Moment bietet sich an, um das Artful-Participation-Statement einzuführen. Wir erinnern daran, dass der »beste Beitrag«, den jeder leistet, in unterschiedlichen Momenten anders ausfallen kann und dass es wichtig ist, selbst darüber nachzudenken, wie wir uns verhalten wollen. Wir bauen damit das Vertrauen auf, dass jeder sein Möglichstes tut, damit die wertvolle Zeit, die wir in den gemeinsamen Termin investieren, so gut wie möglich genutzt wird. Wenn es einen Moderator gibt, kann er zusätzlich zu jedem Beteiligten auf die Einhaltung der Artful Participation achten.

AUS DER PRAXIS

Die Marketingabteilung eines mittelständischen Verpackungsherstellers kommt in einem Workshop zusammen, um die Social-Media-Strategie für das nächste Quartal zu besprechen. Eingeladen sind auch Kollegen aus anderen Abteilungen, da sie bewusst andere Perspektiven beisteuern sollen.

Die Gruppe trifft sich zu ersten Mal in dieser Konstellation, daher stellt Martin, ein Kollege aus dem Marketing, nach einem Einstieg das Prinzip der Artful Participation anhand eines Posters vor. So holt er zum einen die beiden Gäste ab und erinnert zum anderen die Marketingkollegen an die abgemachten Regeln. Er betont, dass nicht nur erlaubt, sondern explizit erwünscht ist, dass sich jeder auf die beste Art und Weise einbringt, sei es durch Zurückhaltung und/oder durch einen bewussten Eingriff.

Bewusste Zurückhaltung, bewusste Intervention

Der Workshop beginnt damit, dass Laura aus dem Marketingteam die Zahlen der letzten Marktstudie vorstellt. Bei jedem Fakt, den sie erläutert, ergänzt Sabine aus der Vertriebsabteilung die von ihr präsentierten Informationen: »Bei meinen Kunden ist das auch so. Ich habe da jemanden in der Modebranche, der mir immer wieder bestätigt, dass wir auf dem Holzweg sind.« Oder: »Ja, bei diesem Punkt sind wir der Konkurrenz absolut hinterher! Ich treffe ja regelmäßig die Leute anderer Firmen, und die sind da alle viel weiter als wir.« Nach einer Weile fällt Laura auf, dass sie gar nicht richtig dazu kommt, ihre Inhalte vorzustellen. Sie hat den Eindruck, dass der Gesamtüberblick durch die Wortmitteilungen verloren geht. In ihren Augen bringen diese auch keinen inhaltlichen Mehrwert für die Gruppe.

Sie spricht es an: »Entschuldige, Sabine, wäre es möglich im Sinn der Artful Participation, dass ich meine Präsentation erst einmal vorstelle und du uns anschließend sagst, ob deine Erfahrungen von dem abweichen, was die Studien ausweisen?« Sabine schaut auf das Poster und liest den Punkt der Zurückhaltung. Sie sieht ein, dass sie zu oft interveniert hat. »Ja, klar, entschuldige! Ich wollte die Einsichten nur bestätigen, die sind genau richtig. Aber du hast recht, das wisst ihr ja schon.« Als Laura mit der Präsentation fertig ist, fragt sie in die Runde und auch Sabine, ob es Fragen oder Anmerkungen zu den Inhalten gibt. Die Kollegen schütteln den Kopf. Sabine meldet sich: »Ich glaube, es wäre wichtig, über den letzten Punkt zu sprechen, bevor wir in die Strategiethemen einsteigen. Ich bin da anderer Meinung. Passt es, wenn ich euch meinen Eindruck schildere?« Der Moment scheint für alle der richtige zu sein, und Sabine schildert ihre Erfahrungen.

Sich ausklinken dürfen

Schon während Lauras Präsentation rutscht ihr Kollege Leo unruhig auf seinem Platz herum und schaut immer wieder auf die Uhr. Am Morgen hat er eine E-Mail der Geschäftsführung erhalten mit der dringenden Bitte um eine Auswertung der letzten Messe. Auch die Kollegen bemerken, dass er nicht ganz bei der Sache ist.

Leo schildert den anderen seine Situation und fragt: »Ist es für euch okay, wenn ich das Meeting verlasse? Ich merke, dass ich gedanklich die ganze Zeit woanders bin. Vielleicht könnte mich im Nachgang jemand abholen.« Die Gruppe erfährt, dass es für ihn wohl ein wichtiges und dringendes Thema im Hintergrund gibt – ansonsten hätte er es wohl nicht so offen angesprochen. Alle sind einverstanden, und Leo verlässt den Termin.

Blinde Flecken ansprechen

Die Gruppe spricht nun über die Inhalte der Facebook-Seite des Unternehmens, die sie, basierend auf den Ergebnissen der Marktforschung, anpassen will. Sie redet sehr detailliert über Headlines. Da meint Björn, ein Gast aus der IT-Abteilung: »Entschuldigt, ich habe den Eindruck, dass wir schon sehr konkret über die Umsetzung sprechen statt über den großen Masterplan. Ist das die richtige Flughöhe für diesen Termin? Vielleicht bin ich auch auf dem falschen Dampfer, aber ihr habt ja am Anfang gemeint, dass ich mich melden soll, wenn mir etwas auffällt.« Die Kollegen halten kurz inne, merken, dass sie sich im Gespräch verrannt haben, und lenken es wieder in die nötigen Bahnen.

Sich selbst zusammenreißen

Während des Workshops fällt Martin ein, dass er von Sabine noch keine Antwort auf eine Mail bekommen hat, die er ihr gestern geschickt hat. Er möchte sie kurz und leise darauf anzusprechen, ohne die anderen zu stören. Da fällt ihm selbst auf, dass dieses Verhalten nicht im besten Sinn des Workshops wäre, sondern dass es besser ist, bis zur Pause zu warten.

Feedback der Teilnehmer

Der Workshop endet mit einer Feedbackrunde. Von den Gästen möchte das Marketingteam wissen ob sie Artful Participation hilfreich fanden.

Sabine meint: »Am Anfang fand ich es irgendwie komisch, dass ihr so etwas nutzt, um effektiver in euren Meetings zusammenzuarbeiten. Aber als Laura mich auf meine Unterbrechungen angesprochen hat, wurde mir das selbst erst bewusst. Da wir uns am Anfang darauf geeinigt hatten, konnte ich dieses Feedback gut annehmen.«

Björn aus der IT-Abteilung äußert: »Weil wir am Anfang gesagt haben, dass wir das Beste tun wollen, um zu unserem gemeinsamen Ziel zu gelangen, habe ich mehr Verantwortung für mich selbst und für den Prozess an sich übernommen.«

ZU BEACHTEN

Automatismusfalle vermeiden. Die Anwendung dieses Werkzeugs mag fast schon banal wirken – wir sollten jedoch darauf achten, nicht in die Falle eines Automatismus zu tappen. Wenn wir das Prinzip nicht mehr ansprechen, weil wir davon ausgehen, dass es selbstverständlich ist, verliert es schnell an Wirkung.

Kritische Beiträge zulassen. Wir brauchen eine Kultur des Vertrauens, in der kritische Beiträge der Teilnehmer von den anderen nicht geahndet werden. Wir wollen den Mut eines Bedenkenträgers, der sich zu äußern traut, wertschätzen. Eine andere Meinung muss nicht jedem schmecken, man sollte aber offen sein, sie anzuhören. Tendenziell haben Menschen, die kritisch, aber nicht zynisch sind, ein hohes Interesse an Qualität und guten Ergebnissen, und das sollten wir nutzen.

SELBSTEINSCHÄTZUNG MIT MPS

Wir reflektieren unsere Fähigkeiten und Motivationen im Lauf unseres Lebens zu selten oder zu wenig. Dies hat den Effekt, dass wir Berufe oder Tätigkeiten ausüben, in denen wir nicht unser volles Potenzial entfalten und die wir als wenig sinnvoll oder freudebringend empfinden. Dies kann zu Unzufriedenheit mit der Arbeit führen, die sich auf unsere allgemeine Lebenszufriedenheit auswirkt. Wir sollten uns also unserer individuellen Fähigkeiten bewusst werden und die Motive für unser Handeln oder Nichthandeln besser verstehen.

Ein sinnvolles Werkzeug für die Selbsteinschätzung ist MPS. Diese Abkürzung steht für die englischen Begriffe »Meaning« (Sinnhaftigkeit), »Pleasure« (Freude) und »Strength« (Stärke). Damit können wir schrittweise Themen, Bereiche und Fähigkeiten identifizieren, die alle drei Kriterien erfüllen. Das, was wir gut können, können wir anschließend daraufhin abklopfen, ob es von der Organisation gebraucht wird. Wenn dies der Fall ist, können wir gute Leistungen erbringen, und es steigt die Wahrscheinlichkeit, dass der so gefundene Fokus als sinnvoll und bereichernd empfunden wird – und das hat natürlich auch einen Mehrwert für Unternehmen.

IM DETAIL

Für die Durchführung nehmen wir drei Blätter zur Hand, um unterschiedliche Themensammlungen zu erstellen. Wir versuchen, bei allen drei Listen wirklich in die Breite zu denken und erst einmal alles zuzulassen, was uns einfällt.

Schritt 1: Themensammlung Sinnhaftigkeit

Wir listen ungefiltert alle Themen, Inhalte und Tätigkeiten auf, die für uns sinn- und bedeutungsvoll sind.

Schritt 2: Themensammlung Interesse/Leidenschaft

Wir listen alle Themen, Inhalte und Tätigkeiten auf, die uns Freude bereiten, für die wir Interesse oder sogar Leidenschaft empfinden.

Schritt 3: Themensammlung Stärken

Wir erstellen eine Liste unserer Stärken und Begabungen, denn diese haben den größten Einfluss auf unseren beruflichen Erfolg. Der Ratschlag »Mach, was dich interessiert« ist allein genommen kein guter Ratgeber – was uns interessiert, ist nicht automatisch das, was wir besonders gut können. Nur wenn wir auf unseren Talenten aufbauen – den Dingen, die wir gut können –, steigt die Chance, dass wir außerordentliche Leistungen erbringen. Leider sind Talente nicht ohne Weiteres erkennbar, einige sind uns selbst manchmal gar nicht bewusst. Wir lassen uns dabei von folgenden Fragen leiten:

- Was können wir besonders gut?
- Bei welchen Tätigkeiten oder Situationen bekommen wir von anderen immer wieder positive Rückmeldungen?
- Welche Fähigkeiten und Denkweisen sind bei uns besonders ausgeprägt (logisch-mathematisch, räumlich, sprachlich, kreativ, interpersonal, intrapersonal, musisch, ästhetisch, kinästhetisch)?

Schritt 4: Kombinationsmöglichkeiten und/oder Überschneidungen

Wir suchen nach Überschneidungen und Ähnlichkeiten von einzelnen Punkten in unseren drei Themensammlungen. Es ist nämlich möglich, dass eine unserer Leidenschaften gleichzeitig eine Stärke ist. Um diese Überschneidungen zu finden, können wir unsere Liste wie ein Schnittmengendiagramm (siehe Abbildung) darstellen. Aus der Kombination zweier ähnlicher Punkte kann so eine neue Möglichkeit entstehen.

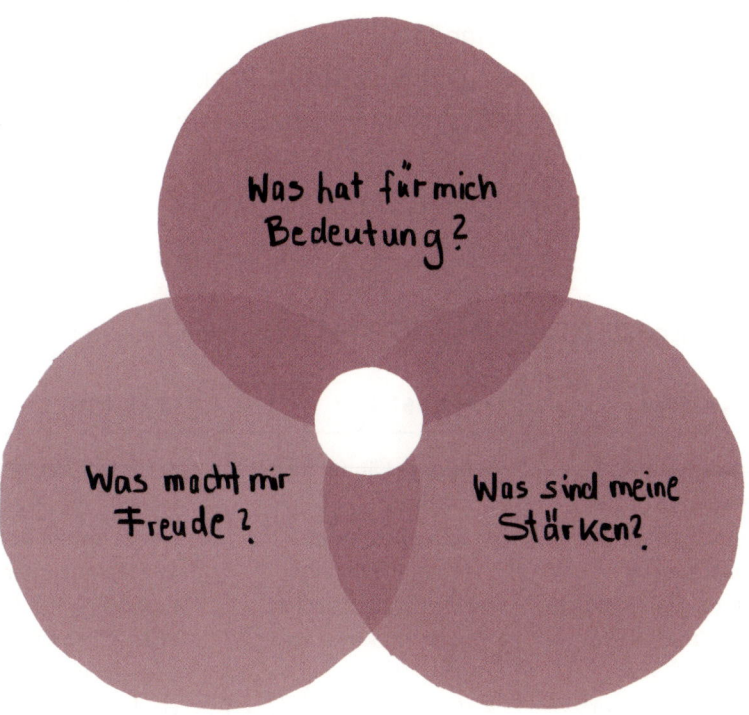

Schnittmengen sollten wir sowohl auf der Makroebene als auch auf der Mikroebene suchen. Auf der Makroebene stellen wir uns die großen Fragen, was wir mit unserem Leben anfangen möchten und was ein sinnvolles Leben ausmacht. Auf der Mikroebene beschäftigen wir uns mit den einzelnen Tätigkeiten der täglichen Arbeit.

Schritt 5: Mit Bedarf der Organisation abgleichen

Damit wir die Schnittmengen aus den drei Bereichen auch in unserem beruflichen Kontext sinnvoll einsetzen können, prüfen wir, welche der Punkte sich mit dem Bedarf der Organisation decken. Welche Fertigkeiten und Tätigkeiten und Wissensgebiete braucht unser Unternehmen? Wie lässt sich unsere Schnittmenge andocken?

Wenn wir es schaffen, eine Tätigkeit in der Organisation auszufüllen, die unserer Schnittmenge aus Sinnhaftigkeit, Interesse und Stärke nahekommt, haben wir eine fantastische Ausgangsvoraussetzung, um unsere Talente mit Freude und Engagement im Berufsleben zu entfalten und Mehrwert für die Organisation zu stiften.

AUS DER PRAXIS

Zur Veranschaulichung hier die MPS-Auflistung von Florian Rustler:

»MEANING«	»PLEASURE«	»STRENGHTS«
• Umweltschutz • Gelungene Beziehungen zu anderen Menschen • Selbstorganisation in der Wirtschaft voranbringen • Nachhaltiges Wirtschaften • Ausbildung, Erziehung • Völkerverständigung • Lesen • Texte schreiben und Wissen weitergeben	• Andere Länder bereisen • Selbstbestimmt arbeiten können • Nach Wegen suchen, noch effektiver zu sein • Vorträge und Trainings geben • Gruppen moderieren • Neues schaffen, unternehmerisch tätig sein • Lesen • Texte schreiben	• Fremde Sprachen lernen und sprechen • Neues lernen und sich Wissen aneignen • Ideen entwickeln • Wissen organisieren und strukturieren • Höchstleistung bei sich und anderen fördern • Vor Leuten stehen

Schnittmenge

- Inhalte mündlich und schriftlich anderen vermitteln
- Gruppen dabei unterstützen, produktiv und effektiv neue Lösungen zu schaffen
- Neue Trainings- und Workshopangebote entwickeln

Aus den drei Listen »Meaning«, »Pleasure« und »Strenghts« wurde die Schnittmenge gebildet. Florian Rustler ist in der glücklichen Situation, seine Schnittmenge sehr passend in den Beruf einbringen zu können – als Gründer eines international tätigen Beratungs- und Trainingsunternehmens. Entsprechend der Schnittmenge arbeitet er viel bei und mit Kunden vor Ort und konzipiert häufig neue Angebote und Beratungsleistungen. Die Schnittmenge zeigt jedoch auch das Potenzial auf, mehr Texte und Bücher zu schreiben und damit eine breitere Zielgruppe zu erreichen.

ZU BEACHTEN

Fremdbild einholen. Es ist hilfreich, wenn wir vertrauten Menschen unsere Listen zeigen und uns ein Fremdbild einholen und etwa Freunde und Bekannte ergänzen lassen.

Veränderungen angehen. Wenn wir als Ergebnis dieser Liste erhalten, dass unsere MPS-Schnittmenge sich nicht mit unseren beruflichen Tätigkeiten oder dem Bedarf der Organisation deckt, kann dies als Startpunkt dienen, bewusst nach Anpassungen und Veränderungen von Tätigkeiten zu suchen oder darauf hinzuwirken.

SWITCH

Menschen tun sich oft schwer damit, eine Veränderung durch überlegtes und bewusstes Handeln herbeizuführen. So bleibt es oft bei guten Vorsätzen. Wir empfehlen deshalb Switch als Werkzeug, das aus dem Englischen übersetzt etwa »den Schalter umlegen« bedeutet. Dabei handelt es sich um eine Vorgehensweise, die es Menschen erleichtert, ins Handeln zu kommen und damit eine geplante Veränderung zu initiieren und auch durchzuführen.

Switch[7] unterscheidet drei Elemente, welche die Wahrscheinlichkeit einer Veränderung erhöhen: den rationalen Verstand, die emotionale Komponente und die Umgebung eines Menschen. Je nach Situation und Ausgangslage können wir als Anwender dieses Werkzeugs in einem oder allen Bereichen bestimmte Maßnahmen ableiten, um damit die Wahrscheinlichkeit zu erhöhen, ins Handeln zu kommen.

IM DETAIL

Wir versuchen zunächst, unsere Gedanken schriftlich festzuhalten anhand der folgenden Schritte:

Schritt 1: Fragen, warum wir nicht ins Handeln kommen

Gründe, nicht zu handeln, gibt es viele. Es kann auch eine Kombination mehrerer Aspekte sein:

Den Verstand überzeugen. Verstehen wir das Problem nicht, können wir es gedanklich nicht vollständig greifen? Sehen wir Gründe, warum es nicht klappen kann? Sehen wir Probleme, die uns zögern lassen? Sind wir selbst noch nicht ganz überzeugt?

Motivation erzeugen. Ist es ein emotionales Problem? Haben wir es zwar intellektuell verstanden, packt uns emotional aber nicht? Fühlen wir uns überwältigt von der Situation? Wenn ja, warum? Haben wir Angst vor dem Loslegen? Wenn ja, warum?

Die Situation anpassen. Ist es eine Herausforderung der umgebenden Situation? Gibt es Faktoren unserer Umwelt, welche die Veränderung erschweren und verkomplizieren?

Wir formulieren schriftlich, was uns davon abhält, die ersten Schritte zu unternehmen oder eine Veränderung zu beginnen. Wir ordnen dabei unsere Gründe den obigen drei Kategorien zu.

Schritt 2: Unterstützungsmaßnahmen auswählen

Je nachdem, was wir als wahrscheinliche Ursache(n) identifiziert haben, gibt es unterschiedliche Möglichkeiten, die Hürden zu überwinden.

Den Verstand überzeugen. Wir brauchen rationale Schritte, um unseren Verstand aus dem Problemmodus in den Handlungsmodus zu bringen:

Fortführen, was funktioniert. Wir suchen nach Situationen von uns selbst oder aus unserem Umfeld, wo das Verhalten oder die Veränderung, die wir uns wünschen, bereits funktioniert. Wir versuchen dann, diese Beispiele nachzuahmen und zu übertragen. Wenn wir uns etwa vornehmen, Besprechungen im Team besser zu gestalten, könnten wir im Unternehmen schauen, ob es bereits Teams gibt, die sehr effektive Besprechungen durchführen. Daraus können wir lernen und das Vorgehen vielleicht kopieren oder für uns anpassen.

Kritische Schritte definieren. Manchmal werden wir vom großen Ganzen überwältigt, und es ist unklar, welche Handlungen konkret einen positiven Effekt haben werden. Wir definieren daher nur wenige kritische Schritte, die einen Unterschied ausmachen und die wir konkret gehen können. Dazu betrachten wir mögliche nächste Schritte und wählen die aus, die einfach erscheinen und dennoch einen großen Effekt haben. Im Beispiel der effektiveren Meetings könnte ein kritischer Schritt lauten, einen für alle sichtbaren Timer aufzustellen, damit alle Teilnehmer ein Gefühl dafür bekommen, wie die Zeit fortschreitet, und damit in Zukunft bewusster mit ihr umgehen.

Auf die Zielrichtung verweisen. Wir sollten ein klares, nicht allzu langfristiges Ziel formulieren, das sowohl für den logisch-rationalen Verstand verständlich als auch motivierend ist und die Warum-Frage beantwortet. Dieses Ziel hilft, uns und anderen eine Richtung vorzugeben. Im Fall der effektiveren Besprechungen könnte unser Ziel lauten: Besprechungen sollen maximal nur noch 90 Minuten dauern und alle Teilnehmer das Gefühl haben, in der Besprechung wirklich etwas geschafft zu haben.

<u>**Motivation schaffen.**</u> Die Schwierigkeit ist, dass wir den Grund für eine Veränderung möglicherweise rational nachvollziehen können, es aber emotionale Aspekte gibt, die eine Handlung erschweren. Das Gefühl zu handeln ist noch nicht spürbar. Zwei Möglichkeiten, die uns hierbei unterstützen:

Ein emotionales Erlebnis schaffen. Hier versuchen wir, ein Argument emotional berührend und erlebbar zu machen. Dies kann ein Film, eine Zeichnung oder ein haptisches Erlebnis sein, das Menschen auf einer nichtsachlichen Ebene anspricht. Am Beispiel der effektiven Besprechungen könnten wir die übers Jahr gesparte Zeit summieren und verdeutlichen, wie viele Arbeitsstunden wir dadurch gewinnen. Nehmen wir an, wir würden durch effektivere Besprechungen aufs Jahr gerechnet das Äquivalent zu einer Vollzeitstelle sparen: Dann laden wir die hauptsächlich betroffenen Personen ein und verdeutlichen das Potenzial an realen Personen. Eine Person im Raum könnte für die gewonnenen Ressourcen stehen – eine zusätzliche Arbeitskraft, die viele wertvolle Dinge für uns tun könnte.

Herausforderung verkleinern. Wir scheitern an Veränderungen oft, bevor wir den ersten Schritt tun – die Herausforderung wirkt einfach zu groß und einschüchternd. Und so schieben wir sie vor uns her, anstatt sie anzupacken. Im Gegensatz zu den kritischen nächsten Schritten wissen wir grundsätzlich, was zu tun ist, können uns jedoch nicht überwinden anzufangen. Wir können die psychologische Hürde verkleinern, indem wir einen ersten einfachen kleinen Schritt identifizieren, den wir uns auf jeden Fall zu gehen trauen. Im Beispiel der effektiven Besprechungen könnte dieser erste einfache Schritt sein: Wir notieren vor jedem Agendapunkt, wie lange wir uns dafür Zeit nehmen möchten, und am Ende, wie lange wir tatsächlich gebraucht haben.

Situation anpassen. Auch das Umfeld beeinflusst uns und erschwert eine Veränderung. Daher möchten wir selbst das Umfeld verändern, damit uns das Handeln leichter fällt.

Veränderungen in der Umwelt vornehmen. Die Psychologie zeigt, dass wir unser Verhalten ändern, wenn sich die Situation verändert. Wenn in einem Raum lauter ungesunde zuckerhaltige Getränke stehen, erhöht das die Wahrscheinlichkeit, dass wir irgendwann zu diesen greifen. Wollen wir uns also gesund ernähren, wäre ein einfacher Weg, die ungesunden Nahrungsmittel erst gar nicht im Raum zu haben. Am Beispiel der produktiven Meetings könnte eine Veränderung der Umwelt so aussehen, dass wir die Besprechung im Stehen statt im Sitzen abhalten. Denn wenn wir stehen, fassen wir uns in der Regel kürzer und kommen schneller auf den Punkt. Wir sollten also analysieren, welche Umweltfaktoren uns immer wieder negativ beeinflussen, und diese kreativ verändern.

Gewohnheiten entwickeln. Wir alle haben die Gewohnheit, mindestens zweimal täglich die Zähne zu putzen – was uns deshalb wohl auch nicht schwerfällt. Gewohnheiten haben die tolle Eigenschaft, dass sie über die Zeit keine weitere Belastung für unseren Geist darstellen. Es ist keine Willenskraft mehr notwendig, da es sozusagen automatisch passiert, ohne dass wir groß darüber nachdenken. So wie es schlechte Angewohnheiten gibt, können wir uns bewusst gute und förderliche Gewohnheiten antrainieren. Ein fantastisches Mittel hierfür sind Checklisten: Sie erinnern uns daran, was zu tun ist – wir brauchen keine Angst haben, etwas zu vergessen. Bei unseren effektiven Meetings könnten wir etwa Checklisten entwickeln mit bestimmten Aktionen, die bei jeder Besprechung durchgeführt werden.

Schritt 3: Loslegen

Sobald wir identifiziert haben, worauf unser Zögern zurückzuführen ist, können wir konkrete Schritte festgelegen – und sollten alsbald loslegen. Zu Beginn nehmen wir uns nur ein paar wenige Dinge vor und tun diese wirklich. Wir sollten dann beobachten, was passiert, und gegebenenfalls erneut Veränderungen vornehmen.

AUS DER PRAXIS

In der Hauptverwaltung einer asiatischen Fluggesellschaft gab es die Herausforderung, dass die Mitarbeiter zu wenig Sport machten, was sich negativ auf die Gesundheit der Menschen auswirkte. Die meisten kamen mit dem Auto oder dem Motorroller zur Arbeit und verbrachten lange Arbeitstage sitzend vor dem Computer.

Eine Gruppe aus unterschiedlichen Abteilungen machte sich daran, das Problem zu analysieren, und befragte dazu Mitarbeiter, um die Situation besser zu verstehen. Aufgrund der langen Arbeitszeiten und der oft langen Anfahrt war es für viele abends nach oder morgens vor der Arbeit keine Option, auch noch zum Sport zu gehen.

So entstand die Idee, dass man die Mitarbeiter während der Arbeitszeit zu mehr Bewegung animieren könne. Es wurde unter anderem die

Einrichtung eines Fitnessstudios diskutiert. Hier ergaben weitere Gespräche mit Kollegen, dass die wenigsten bereit waren, in der Hektik des Arbeitsalltags noch eine Stunde für einen Gang ins Fitnessstudio frei zu machen. So kam die Idee auf, dass die Menschen sich während der Arbeit im Gebäude mehr bewegen könnten und statt der Fahrstühle die Treppen nehmen.

Kern des Problems war es nun, den Kollegen konkret die kritischen Schritte an die Hand zu geben, damit diese sich sicher sein konnten, sich »ausreichend« zu bewegen. Aus einer Studie wurde die Zahl von 10 000 Schritten ins Spiel gebracht und als Zielgröße definiert. Dazu wurde dann ein Pilotprojekt gestartet, bei dem eine Gruppe von Freiwilligen mit Fitnesstrackern ausgestattet wurde und fortan versuchte, 10 000 Schritte während der Arbeitszeit zu gehen. Es stellte sich heraus, dass dies nicht schwer war – und so wurden nach der Probephase einfach alle Mitarbeiter mit Fitnessarmbändern ausgestattet. Mehr Bewegung für alle war das positive Ergebnis.

ZU BEACHTEN

Mit einem Buddy arbeiten. Wir wählen uns eine Person unseres Vertrauens, die uns bei der Umsetzung unserer definierten Maßnahmen unterstützt. Diese Unterstützung kann zum Beispiel so aussehen, dass wir mit dieser Person unsere Pläne besprechen und uns Feedback einholen.

Weniger ist mehr! Wir suchen uns ein bis zwei Maßnahmen heraus und beginnen mit diesen: ganz nach dem Prinzip »die identifizierte Herausforderung verkleinern«. Wir fügen schrittweise weitere Maßnahmen hinzu.

ZWISCHENMENSCHLICHER RAUM

Im zwischenmenschlichen Raum begegnen sich Individuen, unabhängig von den Rollen und Funktionen, die sie bei der Arbeit erfüllen, und interagieren miteinander. Die Mitglieder unserer Organisation sollen sich als »ganze Menschen« einbringen, statt sich nur als Zahnräder in einer großen Maschine zu fühlen. Wir ermöglichen es Mitarbeitern, einfach Vertrauen zueinander zu fassen, effektiv zu kommunizieren, von sich aus Probleme anzusprechen und erfolgreich Konflikte zu lösen.  Im zwischenmenschlichen Raum soll eine Gemeinschaft entstehen, weshalb der Begriff im Englischen auch häufig als »Tribe-Space« bezeichnet wird: Ein »Tribe« oder »Stamm« ist auch eine Bezeichnung für eine Gruppe von Menschen, die gemeinsame Interessen teilen. Wir wollen uns als Menschen im Arbeitskontext so wohlfühlen, dass wir dort gerne sind und das gerne tun, was wir tun.

Wir erwarten von unseren Mitarbeitern ein professionelles Verhalten, entsprechend der jeweiligen Kultur und Mentalität –, und wir alle schlüpfen in verschiedene Rollen, um genau solche Erwartungen zu erfüllen. Wir reduzieren sie aber nicht auf ihre beruflichen Rollen und Funktionen. Wir alle bringen enorme Erfahrungsschätze mit, die an andere Rollen gebunden sind, egal in welchem Kontext: Mütter können ihre Belastbarkeit und ihr Organisationstalent einbringen, Musiker ihre Übungsdisziplin und Improvisationsfähigkeit, Fußballer ihren Kampf- und Teamgeist. Wenn wir von unseren Mitarbeitern verlangen, all diese Aspekte ihrer Persönlichkeit an der Eingangstür abzugeben, verliert auch das Unternehmen als Ganzes.

Die meisten Organisationen erwarten, dass Themen im zwischenmenschlichen Raum »zwischendurch« geregelt werden. Es mangelt uns oft an Bewusstsein für den Wert der aktiven Beschäftigung mit dem zwischenmenschlichen Raum. Wenn wir fit für die Zukunft werden wollen, müssen wir unsere Organisation ganzheitlich und unternehmensweit betrachten. Der Einstieg bietet sich oft auf der Teamebene an. In diesen meist kleineren Gruppen ist es leichter, mit Maßnahmen zu starten, die zur Pflege des zwischenmenschlichen Raums beitragen. Hier setzen viele der Werkzeuge an.

WORK-LIFE-INTEGRATION

Im zwischenmenschlichen Raum brauchen wir eine gesunde Balance zwischen privatem und beruflichem Kontext. Nicht für jede Organisation ist es gleichermaßen passend, dass sich Kollegen erzählen, wie es zu Hause läuft, wie es den Kindern in der Schule geht oder dass sie gerade mit ihrem Leben unzufrieden sind. Es ist absolut legitim, wenn wir diese beiden Ebenen nicht vermischen möchten und voneinander getrennt halten. Wir müssen aber eines verstehen: Im operativen Raum, der ja das »rein berufliche« Miteinander am ehesten repräsentiert, laufen die Prozesse, Übergaben und Absprachen desto geschmeidiger, je besser wir uns persönlich kennen.

Der Zusammenhang von zwischenmenschlichem und operativem Raum ist also sehr eng. Unsere geschäftlichen Tätigkeiten bilden den Ausgangspunkt, um überhaupt als Gruppe zusammenzukommen – und genau das ist das Ziel. Wir wollen darauf achten, dass wir von der Ist-Situation starten, also von dort, wo wir aktuell mit unserem Team, unserer Abteilung und unserer Unternehmenskultur stehen, und entsprechend unsere Erwartungen an die Geschwindigkeit der Veränderung anpassen. Wir können nicht erwarten, dass wir schon morgen unternehmensweit alle »beste Freunde« sind, wenn wir uns heute auf dem Flur nicht grüßen oder uns im engen Teamkreis siezen. Den Aufbau und die Pflege von persönlichen Beziehungen sollten wir mit besonderer Behutsamkeit angehen und nicht übers Knie brechen.

VERTRAUENSVOLLER UMGANG MITEINANDER

Wir wollen eine vertrauensvolle Basis zwischen den Menschen schaffen, die den Umgang untereinander erleichtert und dazu einlädt, aufeinander zuzugehen. Das ist die erste Hürde, die wir nehmen müssen, um dauerhaft fließende Kommunikation zu ermöglichen. Diese hat direkten Einfluss auf weitere zwischenmenschliche Themen, zum Beispiel den Umgang mit Konflikten: Die Wahrscheinlichkeit, dass sich kleine Reibungen zu großen Konflikten aufstauen, sinkt, und auch der generelle Umgang mit aufkommenden Konflikten fällt leichter.

Ein großer Vorteil fließender Kommunikation ist besseres Feedback innerhalb unseres Teams. In hierarchisch geprägten Organisationen, in denen die Distanz zwischen Mitarbeitern und Führungskräften groß ist, fällt es oft schwer, Feedback zu geben und anzunehmen – das gilt sowohl für unterstützende als auch kritische Töne. Wir haben Angst, uns eine Blöße zu geben, wenn wir jemanden loben, und wir wollen niemandem auf die Füße treten, wenn wir einen Rat geben, eine bessere Idee mitteilen oder sogar Kritik ausdrücken wollen. Auch hier sind der Umgang miteinander, der Zugang und die Haltung der Gruppe ausschlaggebend: Je mehr wir einen Austausch auf dieser Ebene von Mensch zu Mensch gewohnt sind, desto leichter fällt uns der Umgang mit eigenen und fremden Fehlern und dem Weitergeben von Wissen – Themen, die auch im operativen Raum relevant sind.

AUCH SPASS DARF SEIN

Klassische Teamevents, bei denen wir gemeinsam ein Bierchen trinken, in den Hochseilgarten gehen oder Seifenkisten bauen und fahren, tragen zur Pflege des zwischenmenschlichen Raums bei. Es sind Veranstaltungen, bei denen wir entspannt und abseits des beruflichen Alltags miteinander Zeit verbringen. Wir unternehmen gemeinsam etwas, das wenig mit unserer täglichen Arbeit zu tun hat. Auf dieser Ebene lernen wir einander anders kennen, und unsere Gespräche können vertrauensvoller werden.

Manchmal basiert das Konzept solcher Events auf einem direkten oder indirekten Lernziel: Wie funktionieren wir als Team? Wie lösen wir Probleme gemeinsam? Welche verschiedenen Persönlichkeiten haben wir an Bord? Solche Formate können dem Team eine gute Basis für die Selbstreflexion geben. Andere Formate dienen nur dem Spaßfaktor und beinhalten kein weitergehendes Lernziel als »Socializing« und »Bonding«, wie man auf Neudeutsch sagt, also Gemeinschaftsbildung und Stärkung des Zusammenhalts.

PRINZIPIEN IM ZWISCHENMENSCHLICHEN RAUM

PRINZIPIEN	AUSPRÄGUNG IM ZWISCHENMENSCHLICHEN RAUM
Transparenz	In der Gruppe ist es etabliert, dass wir Konflikte mit anderen Kollegen offen ansprechen.
	Wir bemühen uns darum, in der Gruppe aktiv zu kommunizieren, welche Stärken, Vorlieben und Motivationen wir gemeinsam haben.
	Wir legen offen, wenn uns private Themen bei der Arbeit beeinflussen, damit sich andere darauf einstellen können.
Effektivität	In der Gruppe haben wir ein Bewusstsein für die Trennung von operativer Tätigkeit und zwischenmenschlichen Themen und erkennen den Wert von beiden für den Erfolg des Unternehmens an.

ZWISCHENMENSCHLICHER RAUM

PRINZIPIEN	AUSPRÄGUNG IM ZWISCHENMENSCHLICHEN RAUM
Empirismus	In der Kommunikation mit anderen trennen wir bewusst beobachtetes Verhalten von eigenen Interpretationen.
	In der Gruppe schaffen wir eine Atmosphäre für Humor und verspieltes Arbeiten. So erleichtern und unterstützen wir das Ausprobieren von Neuem.
	Wir schaffen in der Gruppe eine Atmosphäre, in der wir Fehler eingestehen und daraus lernen können.
Verantwortlichkeit	In der Gruppe stehen wir gemeinsam für Fehler ein, statt mit Fingern auf Einzelne zu zeigen.
Fairness	Jeder hat die Möglichkeit, in der Gruppe gehört zu werden.
	Wenn ein Ungleichgewicht entsteht oder jemand temporär ausfällt, packt das gesamte Team oder die Gruppe gemeinsam an.
Offenheit	Wir betrachten Standpunkte von anderen und versuchen, sie zu verstehen, statt sie sofort zu verwerfen.
	Wir erkennen den Wert anderer, auch andersdenkender und anders handelnder Menschen an.
Vertrauen	Wir schaffen in der Gruppe eine Atmosphäre, in der niemand Angst vor Sanktionen haben muss, wenn er anderer Meinung ist.
	Wir schaffen in der Gruppe eine Atmosphäre, in der jeder offen die eigene Meinung äußern darf und kann.
Kohäsion	Wir meiden Konflikte in der Gruppe nicht, sondern geben ihnen Raum und Wichtigkeit.
	Wir verfügen über Mechanismen zur Lösung von zwischenmenschlichen Konflikten.
	Bei der Zusammenstellung von Teams berücksichtigen wir Diversität, Passung und Motivation.

WEITERFÜHRENDE INFORMATIONEN

Klaus Karstädt: *Gewaltfreie Kommunikation – das Basistraining*. DGVT, 2018. Eine gute Einführung zum Thema mit vielen praktischen Beispielen. Sie bildet das vollständige dreitägige Seminar des Autors zur gewaltfreien Kommunikation ab.

Florian Rustler: *Denkwerkzeuge der Kreativität und Innovation*. Midas, 2014. Hier sind Ekvalls Klimadimensionen (Innovationsklima), aber auch ein optimales Umfeld für Innovation sowie zwölf strategische Handlungsfelder zur Förderung von Innovation beschrieben.

Anja von Kanitz: *Feedbackgespräche*. Haufe, 2015. Gute Hintergrundinformationen und Beispiele zum Thema Feedbackgeben und Feedbackstruktur.

Roas Zubizarreta: *Dynamic Facilitation. Die erfolgreiche Moderationsmethode für schwierige und verfahrene Situationen*. Beltz, 2014. Hier finden wir alle wichtigen Informationen zur Methode »Dynamic Facilitation«, welche die Grundlage für das Klärungsmeeting bietet. Es erklärt die Hintergründe und Kontexte dieser Form der Arbeit. Wir können es auch zur Vertiefung des Moderationsablaufs eines Klärungsmeetings nutzen.

CHECK-IN

Es gibt viele Gründe, warum wir oftmals nicht in der Lage sind, aufmerksam an einem Meeting teilzunehmen. Meist handelt es sich dabei um Aspekte, die nichts mit diesem Treffen zu tun haben, die aber unsere Aufmerksamkeit binden. Jeder Teilnehmer kommt aus einer anderen Situation, in einer anderen Stimmung, mit anderen Gedanken und Gefühlen zu einer Besprechung. So abgelenkt, geraten Meetings häufig ins Stocken, wir entwickeln weniger kreative Ideen, und die Entscheidungsfindung gestaltet sich oftmals schwierig.

Wir brauchen zu Beginn eines Arbeitstreffens Raum und Zeit, um kurz zu reflektieren, was in uns vorgeht, was uns bewegt und umtreibt. Indem wir uns dies ins Bewusstsein rufen, sind wir nicht nur physisch im Meeting anwesend, sondern können auch geistig präsent sein. Manchmal führen wir das Werkzeug bereits ganz intuitiv durch – und zwar immer dann, wenn wir den Kollegen erklären, warum wir verspätet in das Meeting platzen: wenn der Stau schuld war, das Kind noch in die Kita gebracht werden musste oder ein dringendes Telefonat hereinkam. Das Werkzeug Check-in etabliert ein solches Ritual jedoch fix zu Beginn von Meetings. Dann kommt es nicht auf den Zufall an, ob wir uns heute mitteilen oder nicht. Wir bekommen dabei bewusst Zeit, kurz zu reflektieren und zu äußern, was gerade bei uns los ist. Dabei finden sowohl berufliche als auch private Themen Platz.

Ziel des Check-ins ist es, unser volles Potenzial zu heben, unbewusste Gedankenschleifen aufzudecken und gegebenenfalls Verständnis für die Hintergründe zu schaffen. Wenn wir Raum schaffen für Aspekte und Gedanken, die offensichtlich nicht Thema des bevorstehenden Meetings oder Workshops sind und diese auch aussprechen, sind sie weniger präsent und treten automatisch weiter in den Hintergrund. Der Grundstein für ein produktives Miteinander ist gelegt. Ein weiterer positiver Effekt: In einem solchen Klima der Offenheit und des Vertrauens wachsen wir auf zwischenmenschlicher Ebene stärker zusammen.

IM DETAIL

Ein Check-in sollte immer dann routiniert erfolgen, wenn wir mit anderen produktiv zusammenarbeiten wollen; der Regelfall wird ein längeres Meeting sein. Der zeitliche Aufwand beschränkt sich auf etwa fünf bis zehn Minuten, bringt aber erfahrungsgemäß einen großen Mehrwert.

Für Anfänger. Wenn wir das Werkzeug neu ausprobieren, bestimmen wir am besten im Vorfeld einen Moderator, der den Check-in leitet. Er fragt jeden Teilnehmer: »Was braucht es, damit du heute optimal an diesem Treffen teilnehmen kannst? Gibt es etwas, das dir nicht aus dem Kopf geht? Oder etwas, das dich stark beschäftigt und das du kurz mit der Runde teilen möchtest?« Jeder bekommt der Reihe nach Gelegenheit, kurz in sich zu gehen, die Frage für sich zu beantworten und bei Bedarf mit der Gruppe zu teilen. Sollte es nichts geben oder wollen wir unsere Gedanken an diesem Tag nicht teilen, sagen wir: »Ich brauche nichts heute« oder »Passe«. Der Moderator behält auch die Zeit im Blick. Nachdem alle gehört wurden, startet das Meeting wie gewohnt.

Für Geübte. Wenn wir Check-ins schon länger praktizieren, brauchen wir im Grunde keinen Moderator mehr. Wir stellen einen Timer oder eine Stoppuhr auf den Tisch, jeder geht kurz in sich, und wer etwas mitteilen möchte, tut dies. Es gibt keine strikte Reihenfolge. Sobald der Timer abgelaufen ist, startet das Meeting.

AUS DER PRAXIS

Wir Autoren begleiten als Coaches eine Einheit bei einem großen Automobilhersteller, die sich um die Einführung von agilen Arbeitsweisen kümmert. Das Team reflektiert viel und hat uns im Rahmen von Verbesserungsmaßnahmen beauftragt, seine Meetingkultur zu beobachten. Wir nehmen daher an Arbeitstreffen teil, um konkrete Maßnahmen abzuleiten und Werkzeuge zur Verbesserung des Arbeitsklimas beziehungsweise der Effizienz einzuführen.

Um neun Uhr saßen in besagtem Projekt alle Teilnehmer im Besprechungsraum und stiegen sofort inhaltlich ein. Normalerweise verstanden sich die Teammitglieder sehr gut, und für gewöhnlich gingen sie auch sehr offen und vertrauensvoll miteinander um, doch an diesem Tag bemerkten wir, dass die Stimmung auffallend schlecht und angespannt war. Die Teamkollegen schienen gereizt zu sein, und bisweilen schaukelten sich Diskussionen ohne wahrnehmbaren Grund hoch.

Nach etwa 30 Minuten stillen Beobachtens meldeten wir uns zu Wort. Wir teilten unsere Wahrnehmung mit und fragten die Teammitglieder, ob sie das Gleiche spürten. Nachdem dies von allen bejaht wurde, führten wir spontan das Werkzeug Check-in ein und schlugen vor, es gleich anzuwenden. Wir vermuteten, dass es ganz andere Themen gab, die hier in der Luft lagen. Das Ergebnis des Check-ins war, dass drei von sechs Teammitgliedern aus unterschiedlichen Gründen schlecht geschlafen hatten und sich dadurch gestresst fühlten. Bei einer Kollegin spukte noch ein schwieriger Termin vom Vortag im Kopf herum und ein Kollege war vom Verkehr auf der Fahrt ins Büro und von einem Beinaheunfall genervt. Nur ein Kollege war mit sich und der Welt im Reinen, immerhin einer.

Nachdem all diese Themen an- und ausgesprochen waren, stellte ein Teilnehmer treffend fest: »Kein Wunder, dass die Stimmung mies ist. Aber das liegt ja gar nicht an dem Thema, das wir hier behandeln wollen.« Mit dieser neuen Erkenntnis und nach dem Dampfablassen jedes Einzelnen konnten sich alle besser auf die Besprechung konzentrieren. Es war spürbar mehr Aufmerksamkeit und Präsenz, aber auch Empathie und Offenheit im Raum.

Seitdem führt das Team vor Beginn eines Meetings oder Workshops (meistens morgens) einen Check-in durch. Inzwischen ist das Format sogar im C-Level angekommen.

ZU BEACHTEN

Respekt. Der Check-in kann sensible persönliche Bereiche berühren. Daher sollten wir akzeptieren, wenn ein Teilnehmer sich dazu entschließt, nichts beizutragen. An dieser Stelle insistieren wir nicht, dass jeder eine kurze Wortmeldung abzugeben hat.

Routine. Je regelmäßiger wir einen Check-in nutzen, desto fester verankert er sich. Das Werkzeug fügt sich als natürlicher Bestandteil in unsere Meetingkultur ein. Dann braucht es nicht mehr viel, und wir reflektieren automatisch zu Beginn eines Meetings oder Workshops über unser Befinden und mögliche Ablenkungsfaktoren.

FEEDBACKSTRUKTUR

Es fällt uns meist sehr schwer, Heikles oder Konflikträchtiges in Feedbackgesprächen zu thematisieren. Warum bloß? Eigentlich wünschen wir uns doch offenes Feedback im Unternehmen. Hand aufs Herz – stimmt das wirklich? In vielen hierarchisch organisierten Organisationen ohne etablierte Feedbackkultur kann es karriereschädlich sein, offenes Feedback zu geben. Mit gewöhnlichem Feedback und dem Aufdecken von Unzulänglichkeiten wird Macht verbunden und gelebt. Die Angst sitzt tief, dass wir angegriffen werden und alles auf uns zurückfällt.

Konflikte und schwierige Themen werden daher oft vertuscht oder nicht angesprochen – über einen längeren Zeitraum einfach unter den Teppich gekehrt. Dies behindert die Zusammenarbeit und führt dazu, dass wir kaum voneinander lernen. Das Arbeitsklima leidet und damit die Arbeitsergebnisse. Ebenso gilt natürlich, Feedback im positiven Sinn als Lob zu geben. Dies fällt uns zwar leichter – aber tun wir das regelmäßig? Sagen wir dem Kollegen wirklich, wenn wir etwas besonders schätzen? Geeignete Formate helfen uns dabei, gegenseitig Feedback zu geben. Zum einen, damit wir wissen, wie wir das tun, und zum anderen, damit wir anschließend möglichst wenig Hürden haben, es tatsächlich zu tun. Dann kann sich eine Kultur etablieren, in der Konflikte authentisch angesprochen und rechtzeitig gelöst werden können.

Die Feedbackstruktur dient als Werkzeug zur unmittelbaren Klimapflege zwischen zwei Personen oder innerhalb einer Gruppe. Durch diese

Form der Firmenhygiene beugen wir Unzufriedenheit, Stagnation und negativen Emotionen vor. Umgekehrt stärken wir unser zwischenmenschliches Miteinander, indem wir loben oder uns bedanken. So entsteht ein fruchtbares Miteinander – auch wenn wir nicht immer einer Meinung sind.

Die Feedbackstruktur hilft uns, Schritt für Schritt aktiv zu werden, und unterstützt zugleich den Gedanken des lebenslangen Lernens. Indem wir uns selbst reflektieren und gut kommunizieren, lernen wir an- und voneinander und entwickeln uns weiter. Besonders für Unternehmen, die sich von starren Hierarchien lösen wollen, sind eine gelebte und wertschätzende Feedbackstruktur und -kultur dringend zu empfehlen – ein wichtiger team- und unternehmensinterner Hygienefaktor.

IM DETAIL

Das Werkzeug Feedbackstruktur sollte einen persönlichen Rahmen haben. Um Missverständnisse zu vermeiden, nutzen wir ein persönliches Treffen. Dabei ist es egal, ob es sich lediglich um zwei Personen oder um eine ganze Gruppe handelt, die einander Feedback geben. Dieses ist inhaltlich so strukturiert:

1. **Thema:** Worum geht es? Dieses Thema legt der Feedbackgeber fest.
2. **Selbsteinschätzung** der Person, die das Feedback bekommt:
    a Was ist gut gelaufen?
    b Wo gibt es Verbesserungspotenzial?
    Die Person, die Feedback erhält, beginnt mit ihrer Sicht der Dinge. Diese Reihenfolge ist wichtig, so kann der Feedbackgeber die Situation besser verstehen und einordnen. Auch starten wir mit der positiven Brille, was eine Negativspirale verhindert.
3. **Fremdeinschätzung** der Person, die das Feedback gibt:
    a Was ist gut gelaufen?
    b Wo gibt es Verbesserungspotenzial?

Für den Fall, dass sich zwei Personen gleichermaßen Feedback geben, etwa zur Reflexion eines Ereignisses, wenn es also nicht den klassischen Feedbackgeber und -empfänger gibt, wird der Ablauf etwas angepasst: Wir besprechen zuerst kurz das Thema, und dann sagen beide, was gut gelaufen ist. Anschließend besprechen wir in einem dritten Schritt, wo es noch Verbesserungspotenzial gibt.

Wie bei jedem Feedbackwerkzeug ist zu beachten, dass wir konstruktives Feedback wertschätzend vermitteln. Wertschätzend heißt nicht diffamierend, aber trotzdem klar, transparent und deutlich – es geht nicht um einen »Weichspülgang«. Wir achten jedoch auf ein umfassendes Feedback, das konstruktive wie positive Aspekte enthält. Wir starten dabei immer mit den positiven. Gerade in Gruppen, in denen mehrere Personen Feedback geben, ist es wichtig, dass dieses Prinzip beachtet wird – damit beugen wir dem Risiko einer Negativspirale vor.

Es empfiehlt sich, in großen Gruppen einen firmeninternen, am besten teamfremden, Moderator zu bestimmen, der sich um die Einhaltung des beschriebenen Ablaufs kümmert. Er nimmt rechtzeitig wahr, wenn die wertschätzende Grundhaltung zu kippen droht und Personen das Format als »Mülleimer« nutzen oder sich gegenseitig mit Negativfeedback übertrumpfen. Bei regelmäßigem Feedback geschieht dies gewöhnlich nicht, da sich Unzufriedenheit gar nicht erst anstaut.

Wichtig ist generell, dass wir das Werkzeug Feedbackstruktur in allen Konstellationen und Hierarchieebenen nutzen. Wenn wir es uns zur Routine machen und selbstverständlich und intuitiv nutzen, entsteht eine echte Feedbackkultur mit Lob ebenso wie mit konstruktiver Kritik. Wir stellen damit die Weichen für eine gelebte Fehlerkultur, die eng damit verknüpft ist. Das Werkzeug der ==Kommunikationsstufen== hilft uns dabei, unser Feedback in die passenden Worte zu kleiden und uns unserer Gefühle und Bedürfnisse bewusst zu sein.

AUS DER PRAXIS

In einer Unternehmensberatung lief ein Kick-off-Workshop, geleitet von zwei internen Mitarbeitern, für ein neues Projekt beim Kunden nicht gut. Das Projekt war auf ein Jahr angelegt, das Budget fest eingeplant, der Auftrag für sie wichtig. Der Kunde verlangte ein Nachgespräch, um zu klären, ob und wie das Projekt weitergehen kann und soll.

Die Kritik an dem missglückten Kick-off stellte eine echte Herausforderung für die beiden Mitarbeiter und das Team dar. Wer war schuld? Wie ließ sich erklären, dass der Kunde abzuspringen drohte? Der erste, sehr menschliche Impuls war, jeweils den anderen für die Schieflage des Workshops zu beschuldigen. Damit es aber nicht so weit kam, setzten sich die beiden vor dem Nachgespräch mit dem Kunden zusammen und nutzten die beschriebene Feedbackstruktur.

Den Kollegen war klar, um welches Thema es ging. Sie schilderten beide den Tag des Kick-off-Workshops und zuerst, was ihrer Meinung nach trotz allem gut gelaufen war. Dann war der zweite Schritt an der Reihe: Was an dem Tag hatte Verbesserungspotenzial? Dadurch, dass beide Mitarbeiter ihre Sicht der Dinge schilderten, kamen sie einigen Missverständnissen und Unklarheiten des Workshops auf die Spur. Sie hatten sich schlecht abgesprochen beziehungsweise waren von verschiedenem Vorgehen ausgegangen und hatten erwartet, dass der andere sich darum kümmern würde. Stück für Stück konnten sie klären, was tatsächlich bei dem Workshop passiert war.

Durch ihre so gewonnene Klarheit konnten sie im anschließenden Kundengespräch offen und transparent schildern, woran es lag, dass der Workshop unglücklich verlaufen war. Der Kunde war nach wie vor von dem Ergebnis des Workshops verärgert, schätzte aber die Transparenz in der Kommunikation. Das Projekt ging weiter und entwickelte sich sehr erfolgreich.

ZU BEACHTEN

Kommunikationskanäle. Für kleinere Feedbackaspekte muss nicht immer ein physisches Treffen stattfinden. Wir Autoren haben bei creaffective auch Kanäle zwischen den jeweiligen Personen in der Kommunikationssoftware eingerichtet, beziehungsweise wir verfassen einfach Nachrichten in dieser Software oder senden eine E-Mail.

INNOVATIONSKLIMA

Wenn wir uns in unserem Job wohlfühlen, sprudeln Ideen nur so aus uns heraus. Den gegenteiligen Zustand kennen wir leider ebenfalls allzu gut. Stress, Druck, Überarbeitung, Langeweile, Misstrauen, starre, enge Strukturen und viel Kritik sind echte Kreativitätskiller – dann sprudelt bei uns nichts mehr.

Viele Unternehmen merken nicht oder zu spät, dass das interne Klima sich verschlechtert – oder nie wirklich gut war. Damit sinkt auch die Fähigkeit der Mitarbeiter, Innovationen zu schaffen. Sind wir unzufrieden, hören wir auf, neue Ideen einzubringen. Zu oft schon wurden sie abgelehnt, oder wir haben schlicht und einfach keine Zeit und keine Ressourcen, um über Neues nachzudenken. Wir fangen viel eher an, uns gegenseitig unser Leid zu klagen oder nach einem neuen Job zu suchen. Eine schwache Innovationskraft des Unternehmens ist die Folge. Wir sollten also wissen, welche Faktoren das Innovationsklima stärken. Damit schaffen wir Umstände, die Freiräume und Unterstützung ermöglichen, damit Mitarbeiter sich wohlfühlen und Innovationen vorantreiben.

Das Werkzeug Innovationsklima ermöglicht uns, aktuell zu sehen, wie zufrieden wir mit dem internen Klima der Kreativität und Innovation sind. Haben wir genug Freiräume? Sind wir gestresst? Bekommen wir Ressourcen und Rückhalt, um unterschiedliche neue Ansätze auszuprobieren?

Wenn wir das wissen, können wir schnell reagieren und an der richtigen Stelle ansetzen, sollten sich einzelne Faktoren in Schieflage befinden.

IM DETAIL
Zehn Klimadimensionen

Der schwedische Forscher Göran Ekvall hat sich intensiv damit beschäftigt, welche Faktoren ein gutes Klima der Kreativität ausmachen.[8] Er hat zehn Klimadimensionen identifiziert, deren Vorhandensein oder Abwesenheit einen Hinweis darauf liefert, wie kreativ Menschen in einer Organisation sein können. Diese Dimensionen bilden den Rahmen, mit dem wir das Innovationsklima in unserem Team einschätzen können.

Dimension 1: *Herausforderung.* Sie beschreibt unsere emotionale Beteiligung an den vielfältigen Aufgaben und Zielen unseres Teams. Ein Klima, in dem diese Dimension ausgeprägt vorhanden ist, erkennt man daran, dass wir die Freude und den Sinn in unserer Tätigkeit sehen und viel Energie in die Tätigkeit investieren. Wir sind stets gut gefordert und lernen Neues dazu. Aber wir sind nicht dauerhaft über- oder unterfordert.

Dimension 2: *Freiheit.* Freiheit ist vorhanden, wenn wir beeinflussen können, wie wir unsere eigenen Ziele erreichen, und wir auch unabhängig handeln können. Das Gegenteil ist der Fall, wenn jeder Handgriff genau vorgegeben ist.

Dimension 3: *Unterstützung neuer Ideen.* Wie werden unsere neuen Ideen von Kollegen und Vorgesetzten behandelt? Wird unseren neuen Ideen Wertschätzung entgegengebracht, und nehmen sich Kollegen auch Zeit, über sie zu sprechen? Oder werden unsere Ideen nur als lästige Mehrarbeit betrachtet, die man gerne vermeidet?

Dimension 4: *Vertrauen und Offenheit.* Hier geht es beispielsweise um die Fehlerkultur. Dies kann man daran erkennen, wie sicher wir uns in einer Organisation in den Beziehungen zu anderen fühlen: In einem Klima der Offenheit trauen wir uns, neue Ideen und Meinungen auszusprechen. In einem Klima des Vertrauens muss niemand Angst haben, sich bloßzustellen oder für Fehler verurteilt zu werden.

Dimension 5: *Dynamik und Lebendigkeit.* Hiermit ist gemeint, wie ereignisreich das Leben in unserem Team ist: Passiert ab und zu auch einmal etwas Unvorhergesehenes, und gibt es positive Überraschungen? Oder können wir am Montagmorgen schon genau voraussagen, was kommende Woche bis Freitagabend passieren wird?

Dimension 6: *Verspieltheit und Humor.* Wenn Verspieltheit und Humor vorhanden sind, entsteht eine Atmosphäre, in der wir uns nicht allzu ernst nehmen und eine gewisse Gelassenheit herrscht. Auf diese Weise entstehen ganz spielerisch neue Ideen und Ansätze, die wir nicht gleich wieder verwerfen.

Dimension 7: *Diskussionen.* Gemeint ist hier der Zusammenstoß von Sichtweisen und Ideen. In einem Klima, das Diskussionen zulässt, trauen wir uns, unterschiedliche Sichtweisen zur Sprache zu bringen. Gleichzeitig können wir gemeinsam nach besseren Lösungen suchen, basierend auf diesen unterschiedlichen Sichtweisen.

Dimension 8: *Risikobereitschaft.* In einem Klima der Risikobereitschaft herrscht eine Toleranz gegenüber Unsicherheit und Mehrdeutigkeit. Wir treffen schnell Entscheidungen, selbst wenn das Ergebnis noch unsicher ist. Das Lernen aus Experimenten bekommt den Vorzug vor langen Analysen und Planungen. In einem Klima von geringer Risikobereitschaft versuchen wir dagegen, eher auf Nummer sicher zu gehen. Statt Entscheidungen zu treffen, werden Gremien eingesetzt, in denen wir alles ausgiebig diskutieren – ohne dass am Ende jemand die Verantwortung übernehmen will.

Dimension 9: *Ideenzeit.* Sie gibt an, wie viel Zeit wir effektiv nutzen können, um neue Ideen zu entwickeln oder an bestehenden weiterzuarbeiten. Die Entwicklung von Neuem erfordert Mut. Auch müssen wir mit der Ungewissheit leben, dass wir im Vorhinein nicht wissen, welche Option die Lösung sein wird. Deshalb benötigen wir Zeit, um einen funktionierenden Weg zu finden.

Dimension 10: *Konflikte.* Gemeint sind persönliche und emotionale Spannungen, also Auseinandersetzung auf persönlicher Ebene, nicht auf fachlicher wie etwa bei Diskussionen. Im Gegensatz zu solchen fachlichen Diskussionen wirkt ein Konflikt immer kreativitätshemmend, weil anstelle eines fruchtbaren Austauschs in der Regel Ablehnung erfolgt. In einem Klima des Konflikts lässt sich gegenseitige Ablehnung von einzelnen Personen oder ganzen Gruppen beobachten, was viel Aufmerksamkeit und Energien bindet.

Fragebogen

Um das Betriebsklima anhand der Klimadimensionen von Ekvall abzubilden, entwickeln wir einen Kurzfragebogen zu den zehn Klimadimensionen, entweder digital oder analog. So hat jeder Mitarbeiter noch einmal kompakt alle Hintergründe zusammengestellt. Eine Software hat den Vorteil, dass es ohne weiteren Aufwand eine unproblematische Zusammenstellung und visuelle Aufbereitung der Ergebnisse gibt. Wir Autoren haben gute Erfahrungen mit einer schwedischen Software gemacht.[9]

__1.__ Die Klimadimension ist nicht vorhanden.
__2.__ Die Klimadimension ist schwach ausgeprägt.
__3.__ Die Klimadimension ist mittelmäßig ausgeprägt.
__4.__ Die Klimadimension ist gut ausgeprägt.
__5.__ Die Klimadimension ist sehr gut ausgeprägt, wir fühlen uns rundherum wohl.

DIMENSION		1	2	3	4	5
1. Herausforderung: Fühlen wir uns unter- oder überfordert, oder herrscht gerade eine anregende und horizonterweiternde Herausforderung?	Unter- oder Überforderung					Gute, sinnvolle, freudvolle Herausforderung
2. Freiheit: Ist es möglich, selbstbestimmt zu arbeiten, oder fühlen wir uns aktuell bei den Tätigkeiten durch interne oder externe Faktoren fremdbestimmt?	Fremdbestimmung in allen Bereichen					Absolute Wahl- und Mitbestimmungsfreiheit
3. Unterstützung neuer Ideen: Werden neue Ansätze und Ideen von mir voll unterstützt, oder wird neuen Ideen eher weniger bis gar keine Zeit und Offenheit entgegengebracht?	Mangelnde Unterstützung neuer Ideen					Absolute Unterstützung neuer Ideen

DIMENSION		1	2	3	4	5
4. Vertrauen und Offenheit: Fühlen wir uns frei, intern über vertrauensvolle und sensible Themen zu sprechen?	Fehlendes Vertrauen					Gelebtes Vertrauen
5. Dynamik und Lebendigkeit: Verläuft jeder Tag ähnlich monoton, oder ist der Arbeitsalltag dynamisch und abwechslungsreich?	Keine Dynamik					Sehr hohe Dynamik
6. Verspieltheit und Humor: Bestimmen auch Leichtigkeit und Verspieltheit unseren Arbeitsalltag?	Keine Verspieltheit und Humor					Sehr humorvolles Miteinander
7. Diskussionen: Gibt es bei uns einen regen, fruchtbaren Austausch von Sichtweisen auf einer sachlichen Ebene?	Kein Austausch von Sichtweisen					Ständiger Austausch und fruchtbare Diskussionen
8. Risikobereitschaft: Gehen wir mit Ressourcen, Zeit und Budgets auf Nummer sicher, oder gehen wir ab und zu auch Wagnisse ein?	Keine Risikobereitschaft					Gelebte Risikobereitschaft
9. Ideenzeit: Bekommen wir neben dem Tagesgeschäft Zeit, neue Projekte und Ideen umzusetzen?	Keine Ideenzeit					Gelebte Ideenzeit
10. Konflikte: Kommt es bei uns im Unternehmen vermehrt zu Konflikten auf einer persönlichen Ebene?	Hohes persönliches Konfliktpotenzial					Keine persönlichen Konflikte, nur sachlicher Austausch

Dieser Fragebogen ist ein Vorschlag für eine wöchentliche oder monatliche Befragung aller Teammitglieder. Selbstverständlich können wir ihn individuell an unsere Bedürfnisse anpassen, erweitern oder um weitere Dimensionen ergänzen, die für unser Innovationsklima oder kombiniert mit dem allgemeinen Betriebsklima wichtig sind.

Nachdem jedes Teammitglied den Fragebogen bis zu einem festgelegten Datum ausgefüllt hat, müssen wir ihn auswerten – am besten grafisch mithilfe eines Spinnendiagramms. Dafür müssen wir einmal eine Vorlage erstellen – eine einfache Spinne mit zehn Armen, entsprechend den zehn Klimadimensionen. Im Zentrum der Spinne steht die 1, an den Enden jeweils die 5 der entsprechenden Ausprägung. In diesem Spinnendiagramm können wir nun unsere eigene Einschätzung der einzelnen Dimensionen von 1 bis 5 auf den Strahlen eintragen.

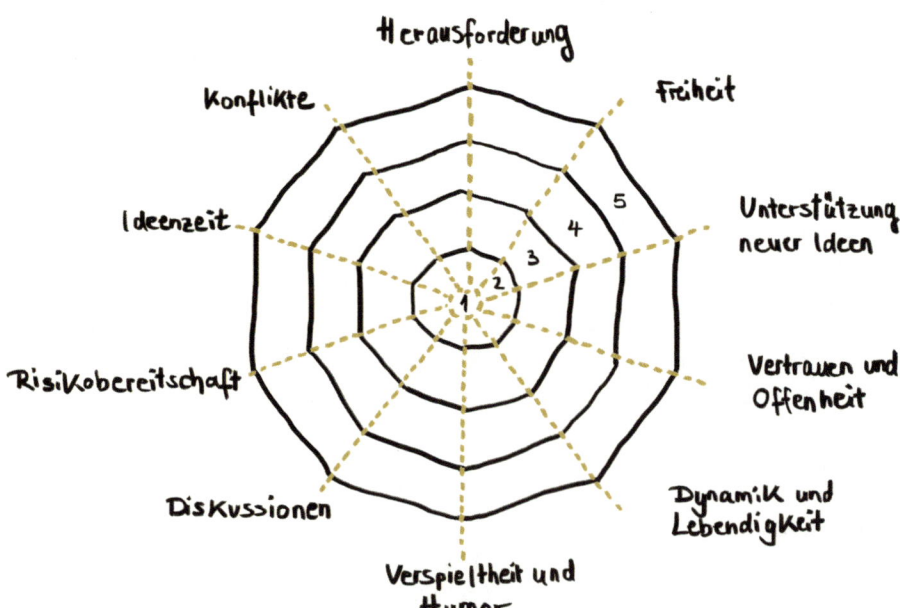

Als Letztes verbinden wir nun die einzelnen Ausprägungen und kreieren damit eine Art Spinnennetz. Sieht unser Innovationsklimanetz gleichförmig aus, oder gibt es Unförmigkeiten? Das heißt, einzelne Dimensionen zeigen eine schwächere Ausprägung als die anderen und sollten vertieft betrachtet werden. Diese Spinnennetzdiagramme sollten wir transparent in einem Meeting besprechen und uns auf Ursachen- beziehungsweise Lösungssuche begeben: Gibt es beispielsweise gerade einen recht unangenehmen Kunden, der viele Ressourcen bindet und das Klima verschlechtert? Herrscht gerade großer Zeitdruck, sodass wir uns fremdbestimmt fühlen? Es ist zudem sinnvoll, die aktuellen Grafiken mit denen vom letzten Mal zu vergleichen, um Veränderungen rechtzeitig wahrzunehmen. So können wir ganz konkret sehen, wo der Schuh drückt und wen wir im Team unterstützen könnten.

ZU BEACHTEN

Regelmäßige Beteiligung. Damit ein repräsentatives Bild entsteht und wir aus diesem Werkzeug tatsächlich einen Mehrwert schöpfen, sollten sich nach Möglichkeit alle Teammitglieder an der Klimaeinschätzung beteiligen. Auch sollten ein regelmäßiger Austausch und eine transparente Reflexion bezüglich des Ergebnisses stattfinden.

Kein Überdruckventil. Manchmal besteht die Sorge, dass das Werkzeug als Ventil missbraucht werden könnte, als ein offener Kummer- oder Jammerkasten sozusagen. Gleichzeitig könnte eine übersteigerte Erwartungshaltung bei Mitarbeitern genährt werden, dass viel geändert werden müsse. Unsere Erfahrung ist: Je ernsthafter, langfristiger und regelmäßiger das Werkzeug genutzt wird, desto mehr spüren Mitarbeiter, dass hier wirklich ein Fokus auf das Thema Innovation und Teamklima gesetzt wird. Es ist keine Gelegenheit, dem eigenen Unmut mithilfe eines Ventils Luft zu verschaffen, weil es ja sonst keine Möglichkeit dazu gibt.

KLÄRUNGSMEETING

Wie in den besten Familien rasseln wir auch im Team mal mit unseren Kollegen aneinander. Im Idealfall gehen wir nach einem Vorfall auf die betreffende Person zu, klären das Thema und die Welt ist wieder in Ordnung. Dann bleibt eine Spannung bestehen, die sich auch auf unsere Arbeit auswirkt. Bei anderen Kollegen treten vielleicht ähnliche Konflikte auf. Die immer gleichen Themen begegnen uns wieder und wieder. Die Stimmung im Team wird nach einer Weile zunehmend angespannt, es herrscht dicke Luft, und es knallt häufig. Eine effiziente und kooperative Zusammenarbeit wird immer schwerer. Uns ist nicht bewusst, dass die ersten Reibungen unterschiedliche Spitzen des gleichen riesigen Eisbergs sind und wir ein grundlegendes Problem haben.

Wir brauchen eine Möglichkeit, die Einzelsituationen und Perspektiven zusammenzubringen, um als Gruppe den Ursprung des Übels zu finden und nachhaltig zu lösen. Wir können einzelne Konflikte bilateral angehen – das würde aber sehr viel Zeit kosten, und der dahinterliegende Eisberg bliebe verborgen. Eine ganzheitliche Perspektive, die aus den einzelnen Sichtweisen aller Beteiligten besteht, enthüllt sowohl Probleme als auch Potenziale. Das Werkzeug Klärungsmeeting eignet sich dafür besonders gut. Es basiert auf der Methode Dynamic Facilitation, die von Jim Rough in den 1980er-Jahren entwickelt wurde.

Ein Klärungsmeeting hilft den Betroffenen einer emotional geladenen Situation, ein tieferes und umfangreicheres Verständnis zu erlangen. Im Gegensatz zur klassischen Mediation, die eine Lösung für zwei in Konflikt stehende Parteien finden will, erarbeiten wir in einem Klärungsmeeting ein differenzierteres Gesamtbild als Gruppe. Es hilft uns dabei, Gedankengänge der Menschen, die eine andere Meinung haben, nachzuvollziehen. Danach müssen wir nicht unbedingt dieselbe Meinung teilen, aber wir schaffen es zumindest, diese anzuerkennen. Dank der Akzeptanz aller Perspektiven können wir gemeinsam Lösungen entwickeln, die alle herausgearbeiteten Aspekte des Problems in Betracht ziehen. Auf diese Weise finden wir als Gruppe kreative Lösungswege, die auf den ersten Blick nicht offensichtlich waren und dennoch für alle Beteiligten gangbar sind.

IM DETAIL

Wir führen in einem Klärungsmeeting als Gruppe ein moderiertes Gespräch, bei dem jeder zu einem gegebenen Zeitpunkt zu Wort kommt. Durch das offene An- und Aussprechen vermeiden wir, dass sich Spannungen über einen langen Zeitraum aufstauen. Diese Form des Meetings könnten wir daher auch als »Auskotzmeeting« bezeichnen, weil es das Bedürfnis befriedigt, mal so richtig Dampf abzulassen. Das Format verläuft aber nicht unkontrolliert, sondern folgt einem geregelten Schema.

Das Werkzeug wird genutzt, wenn wir im Team den Eindruck haben, dass die Zusammenarbeit angespannt ist und unausgesprochene Probleme im Raum stehen. Um ein Klärungsmeeting durchzuführen, bedarf es eines gewissen Leidensdrucks, der uns zum Handeln motiviert. Wir sollten vorab erkennen, dass es einen gemeinsamen Nenner hinter unterschiedlichen Einzelkonflikten zu geben scheint und dass es sinnvoll wäre, diese zusammenzutragen. In vielen Teams gibt es hierfür »natürliche Identifikatoren«: Es sind die Kollegen, mit denen wir ein Gespräch suchen, wenn uns in der Arbeit mit anderen etwas negativ aufstößt. Diese Menschen dienen oft als »Klagemauer« und können so die Gemeinsamkeiten der Konflikte leichter entdecken als andere. Oft sind sie es, die alle Teammitglieder zusammentrommeln und die Existenz des grundlegenden Problems ansprechen.

Wir könnten auch einfach regelmäßige Termine im Team etablieren, um »Betriebsklimaprophylaxe« zu betreiben. Es kann aber kontraproduktiv sein, künstlich nach Problemen zu suchen. Sinnvoller ist es, in regelmäßigen Abständen zu reflektieren, ob sich ein Problem anbahnt – um dann gegebenenfalls schnell mit einem Klärungsmeeting zu reagieren.

Vorbereitung. Die Gruppengröße beträgt maximal 15 Teilnehmer. Als Team benötigen wir vier Pinnwände oder Flipcharts. Wir legen uns für Notizen ausreichend Stifte und Karteikarten, Haftnotizen oder Papier bereit. Wir sollten uns mindestens zwei bis drei Stunden Zeit nehmen und so ungestört wie möglich sein. Die Teilnehmer sitzen in einem Halbkreis mit Blick auf die vier Pinnwände oder Flipcharts. Eine Person in der Rolle des Moderators (siehe Organisationslotsen) steht während der gesamten Sitzung und bewegt sich zwischen den Pinnwänden, an denen er mitschreibt, und den Teilnehmern. Am besten führen wir zu Beginn einen Check-in durch, um das Ankommen in diesem Setting zu erleichtern. Der Moderator erinnert die Teilnehmer einleitend an seine Funktion und Arbeitsweise.

Moderator als Dreh- und Angelpunkt. Der Moderator, der einer der Teammitglieder sein kann, spielt bei diesem Werkzeug eine zentrale Rolle. Alle Gespräche und der gesamte Austausch laufen über ihn. Der Moderator kann aus dem Team kommen. Vor allem bei den ersten Anwendungen sollten wir aber jemanden als Moderator auswählen, der inhaltlich und emotional nicht in die zu besprechenden Themen involviert ist, um die Neutralität zu wahren. Sobald wir geübt sind, können wir uns auch in der Rolle des Moderators abwechseln. Dabei bedarf es großer Klarheit, wer in welchem Moment den Hut des Moderators aufhat.

Koordination der Wortbeiträge. Der Moderator führt und koordiniert das Gespräch mit den Teilnehmern und ist unser einziger Ansprechpartner. Dies führt dazu, dass wir von anderen in der dritten Person sprechen: »Martin hat mir die Ergebnisse zu spät zukommen lassen«, sagt beispielsweise ein Teilnehmer zum Moderator, statt sich direkt an seinen Kollegen zu wenden: »Martin, du hast mir die Ergebnisse zu spät zukommen lassen.« So vermeiden wir eine direkte Konfrontation zwischen den Teilnehmern und eine weitere Eskalation. Bei konfliktgeladenen Themen kann es passieren, dass wir uns doch gegenseitig direkt ansprechen und miteinander diskutieren. Hier greift der Moderator aktiv ein und lenkt das Gespräch wieder über sich.

Da der Moderator nur einer Person seine volle Aufmerksamkeit widmen kann, redet beim Klärungsmeeting immer nur einer. Das garantiert maximale Fairness, denn jeder möchte und wird drankommen. Während unsere Kollegen an der Reihe sind und ihre Perspektiven äußern, machen wir uns gegebenenfalls Notizen. So können wir spontane Einfälle festhalten und dann anbringen, wenn wir selbst an der Reihe sind.

Sammlung und Protokollierung der Aussagen. Der Moderator hält die Beiträge so inhaltsgetreu wie möglich auf den vier Pinnwänden schriftlich fest – ein weiterer Grund dafür, warum im Klärungsmeeting immer nur eine Person spricht. Der Moderator arbeitet an vier Pinnwänden und protokolliert in vier Kategorien: erstens Daten und Fakten, zweitens Ideen und Lösungsvorschläge, drittens Bedenken und Probleme, viertens offene Fragen. Es sollte immer genügend Schreibfläche für die Dokumentation der Inhalte verfügbar sein, und diese sollte für alle Teilnehmer während des gesamten Prozesses sichtbar sein. Der Moderator sollte in der Lage sein, schnell, präzise und leserlich die Aussagen der Teilnehmer mitzuschreiben.

Wer aktuell den höchsten Leidensdruck verspürt, beginnt damit, dem Moderator sein »Leid zu klagen« und von seinen Wahrnehmungen zu berichten. Dieser schreibt alles so inhaltsgetreu wie möglich auf die Pinnwand, in deren Kategorie die Aussage passt. Sollten wir als Sprecher nicht mit der ausgewählten Kategorie oder der geschriebenen Aussage einverstanden sein, passt sie der Moderator an. Denn die Wände gehören den Teilnehmern – der Moderator ist lediglich Diener der Gruppe.

Der Moderator verallgemeinert und anonymisiert die einzelnen Beiträge. Wenn zum Beispiel Lisa sagt: »Wir haben ein Kommunikationsproblem«, schreibt der Moderator: »Manche haben den Eindruck, dass wir ein Kommunikationsproblem haben.« Er bezieht die Aussage also nicht auf die Person wie: »Lisa meint, wir haben ein Kommunikationsproblem.« Es entsteht ein Protokoll, in dem sich alle Aussagen wieder finden, auch wenn sie komplett unterschiedliche Perspektiven darstellen.

Der Moderator kann zeitweise die Gesprächsgeschwindigkeit drosseln und nachfragen, ob er das Gesagte richtig verstanden und aufgeschrieben hat. Die Verlangsamung der Diskussion ist im Klärungsmeeting grundsätzlich erwünscht, denn die Entschleunigung führt dazu, dass sich alle Teilnehmer besser auf neue und gegebenenfalls auch befremdliche Perspektiven einlassen können.

Lösungsorientierung. Der wortgebende Aspekt des Klärungsmeetings, eben die Klärung, wird oft schon durch das simple Ansprechen der Themen erreicht. Gleichzeitig suchen wir eine Lösung. Deshalb fragt der Moderator, wenn wir mit unserer Schilderung fertig sind: »Wenn es in deiner Hand läge und wenn alles möglich wäre: Wie könnten eine Lösung des Problems aussehen?« Dank dieser Frage kommen wir aus dem Modus, ständig »im Problem herumzustochern«, heraus und richten unsere Aufmerksamkeit auf die Zukunft. Die meist intuitive Antwort notiert der Moderator auf der Wand der Ideen und Lösungsvorschläge. Bei einem »Ich weiß nicht« oder »Keine Ahnung« versucht der Moderator zu insistieren, um mindestens einen Vorschlag aus uns herauszukitzeln. Dies schafft er durch Fragen wie: »Wie wäre die Situation in einer idealen Welt? Gibt es eine Notlösung für das Ganze?« Sobald die Person mindestens einen Lösungsansatz hervorgebracht hat, fragt der Moderator in die Runde, wer als Nächstes weitermachen möchte. So verläuft der erste Durchgang, bis jeder mindestens einmal zu Wort gekommen ist.

Ein Durchgang kann je nach Gruppengröße und Thema ein bis zwei Stunden dauern. Der Moderator achtet darauf, dass die Zeit, die sich die Gruppe genommen hat, für alle Wortmeldungen reicht. Außerdem ist es jedem Moderator freigestellt, zwischendurch eine Pause zu machen. Nach dem ersten Durchgang fragt der Moderator, ob es noch offene Punkte gibt. Wenn es keine Wortmeldungen mehr gibt, ist das Sammeln von Aussagen vorüber. Sollte die geplante Zeit nur für das Sammeln der Perspektiven ausreichen, sollte auf jeden Fall ein Folgetermin festgesetzt werden.

Die Inhalte einer Sitzung entwickeln sich dynamisch. Es kann sein, dass wir bei einem Problem starten und über fünf Ecken bei anderen Themen landen, die mit den ersten Aussagen vermeintlich nichts mehr zu tun haben. Genau solche nicht linearen Entwicklungen und Verknüpfungen wollen wir durch das Werkzeug zeigen und dadurch ein detailliertes Gesamtbild zeichnen.

Ernten der wichtigsten Aussagen. Jeder liest für sich alle Aussagen noch einmal durch und markiert, zum Beispiel mit Klebepunkten, die wichtigsten, ohne dass eine Diskussion startet. Dabei gilt: Wir wählen so wenige Aussagen wie möglich und so viele wie nötig.

Die gewählten Punkte schauen wir uns einzeln an. Jeder hat kurz die Möglichkeit zu erklären, warum er diese Aussage ausgewählt hat und warum sie für ihn wichtig ist. Es ist wahrscheinlich, dass wir inhaltliche Zusammenhänge zwischen den einzelnen Punkten erkennen. Zum Beispiel können wir mehrere Aussagen unter der Überschrift »Teamkommunikation«, andere unter der Überschrift »Feedback« und wieder andere unter der Überschrift »Führungsstil« zusammenfassen. Der Moderator hilft uns dabei, die Zusammenhänge zu identifizieren und sichtbar zu machen, etwa mithilfe farblicher Umrandungen. Das Ergebnis ist eine Sammlung der wichtigsten Aussagen aus Sicht der Gruppe.

Reflexion in der Gruppe. Der Moderator leitet eine Gruppendiskussion ein, die sich an folgenden Leitfragen orientieren kann: Was erkennen wir in diesen Ergebnissen? Wo ist unser gemeinsamer Nenner als Gruppe? Wo gibt es noch Meinungsverschiedenheiten? Gibt es eine Quintessenz? Was braucht es als Nächstes in diesem Prozess? Gibt es konkrete Maßnahmen, die wir ableiten können? Es gibt unterschiedliche Maßnahmen, die sich dabei herauskristallisieren können: ein Verhaltenskodex, Kommunikationsregeln, Kreativprozesse, Folgetermine und anderes mehr.

- **Ableiten eines Verhaltenskodex.** Oft geht es im Klärungsmeeting um das Kommunikationsverhalten im Team. Es kann also hilfreich sein, die erarbeiteten Aspekte als eine Art Verhaltenskodex für das Team festzuhalten und einen Zeitraum zu definieren, in dem getestet wird, ob die Kommunikation reibungsfreier verläuft als zuvor.
- **Kreative Lösungsfindung.** Ein weiteres Ergebnis kann sein, dass wir aus einem abstrakten Problem eine konkrete Fragestellung ableiten. Mit dieser Frage können wir als Nächstes in einen Kreativprozess einsteigen, um Lösungsansätze zu finden. Beispiele für solche Fragen können sein: Wie könnten wir mit der aktuellen Überlastung besser umgehen? Wie könnte ein alternativer interner Kommunikationskanal zu E-Mails aussehen? Wie könnten wir sicherstellen, dass alle Teammitglieder Zugang zu wichtigem Wissen haben?

- **Terminierung einer Folgebesprechung.** Wir können einen Folgetermin ansetzen, bei dem wir nochmals als Gruppe reflektieren, ob sich das ursprüngliche Problem gelöst hat oder ob es weiteren Klärungsbedarf gibt.

Check-out. Am Ende des Klärungsmeetings darf sich jeder von uns der Reihe nach äußern, wie es ihm geht und ob und inwiefern dieses Treffen in seinen Augen einen Mehrwert hatte. Abschließend bedankt sich der Moderator bei der Gruppe für die Mitarbeit und das Vertrauen.

AUS DER PRAXIS

Susanne, Mitarbeiterin eines Seminaranbieters, hatte ein nicht ganz greifbares, aber ziemlich ungutes Gefühl. In einem Kundengespräch mit Marianne Schmidt, bei dem es um die Terminplanung für das nächste Jahr ging, hatte diese erwähnt, dass sie in letzter Zeit aufgrund von Schwangerschaft und Mutterschutz mehrere Ausfälle verkraften musste. Darauf hatte Susannes Kollege Lukas gesagt, Frau Schmidt müsse sich keine Sorge um die Einhaltung der Termine machen, weil er notfalls einspringen könne.

Diese Aussage löste bei Susanne große Unsicherheit im Umgang mit dem Thema Schwangerschaft in ihrem generell jungen Team aus. Das Gefühl, als Frau eine potenzielle »Ausfallgefahr« für die Firma zu sein, blieb bei ihr für einige Tage haften und sie merkte dass sich eine Spannung zu Lukas aufbaute. In einem Teammeeting sprach sie das Thema einfach an. Vereinbart wurde, ein Klärungsmeeting einzuberufen. Bei diesem Meeting, das wenige Tage später stattfand, übernahm Conny, eine weitere Kollegin, die Moderation.

Susanne, die die Spannung eingebracht hatte, begann und schilderte die Situation. Daraufhin erläuterte Lukas: Seine Aussage habe sich nicht darauf bezogen, dass nur Frauen ausfielen, sondern dass es natürlich klar sei, dass jeder einmal ausfallen könne. Runde um Runde konnten sich alle Teammitglieder zum Thema äußern. Zuweilen kam es vor, dass das Gesagte bei Conny emotionale Reaktionen auslöste, was eine neutrale und unparteiische Moderation gefährdete. Daher bat sie einen anderen Kollegen, der zu dem Zeitpunkt weniger emotional involviert war, die Moderatorenrolle zu übernehmen.

Schließlich kam das Team zu der Erkenntnis, dass es sich grundsätzlich noch nicht mit dem Thema Ausfälle auseinandergesetzt hatte, die ja durch Schwangerschaft ebenso wie Elternzeit, Urlaube, Sabbaticals, Krankheit oder Pflege von Familienangehörigen verursacht werden. Ein weiterer Aspekt wurde deutlich, da nicht alle die gleichen Bedürfnisse hinsichtlich Arbeitszeit, Aufgabenumfang und Reisetätigkeit hatten. Das Gespräch verhalf zur Klärung von Susannes Spannung, aber auch zur Identifizierung weitreichender Probleme, deren sich das Team zuvor nicht bewusst gewesen war. Als Maßnahme vereinbarte die Gruppe einen Termin, bei dem es um die Erarbeitung von Lösungen der Frage gehen sollte: »Wie können wir als Unternehmen mit geplanten und ungeplanten Ausfällen von Kollegen umgehen?« Letztlich wurden in diesem Workshop flexible Gehalts- und Arbeitszeitmodelle entwickelt, um unterschiedlichen Lebenssituationen gerecht zu werden.

KOMMUNIKATIONSSTUFEN

Im Arbeitsalltag, bei Meetings und generell in jedem Gespräch im Unternehmen erleben wir viele Missverständnisse durch Auslegungen, Wertungen und Fehleinschätzungen – es »menschelt«. Wir sehen durch unsere Erfahrungsbrille und hören durch unseren Erfahrungsfilter. Wir hören aber oftmals nur unsere eigenen Annahmen in den Worten anderer – also das, was andere unserer Ansicht nach meinen könnten und uns bestimmt damit sagen wollten. Dazu kommt, dass wir alle ähnliche Grundbedürfnisse haben, aber unterschiedliche Strategien entwickelt haben, um diese zu befriedigen. Als das führt zu Spannungen. Aber der eigentliche Zündstoff ist: Meist sagen wir nichts, wenn wir solche Spannungen spüren. Wir wollen nicht zu emotional sein oder die Sache eskalieren lassen. Die Dinge stauen sich so lange an, bis eines Tages die Stimmung wegen Nichtigkeiten explodiert und dabei echten Schaden in Teams und zwischenmenschlichen Beziehungen anrichtet.

Wir brauchen also die Fähigkeit, eine gemeinsame, wertungsfreie und aufrichtige Sprache zu sprechen, sowie die Fähigkeit, auch Dinge aktiv und ehrlich anzusprechen. Damit machen wir einerseits klar, dass eines unserer Bedürfnisse zu kurz gekommen ist, andererseits treten wir unseren Kollegen wertschätzend gegenüber und lassen ihnen die Wahl, was sie mit den Informationen anstellen. Wir brauchen also eine Sprache, um im Kleinen regelmäßig und wertschätzend Dampf abzulassen, damit sich mithilfe dieses regelmäßigen Ventils erst gar kein großer Druck aufbauen kann.

Die Kommunikationsstufen der gewaltfreien Kommunikation helfen uns dabei. Ein wichtiger Bestandteil: Wir machen uns bewusst, welche Emotionen und Bedürfnisse konkret hinter der Situation stehen. Denn es ist wichtig, unsere Gefühle und Bedürfnisse zu kennen und ausdrücken zu können. Das Werkzeug der Kommunikationsstufen ist ein Element der gewaltfreien Kommunikation unter vielen.

Der amerikanische Psychologe Marshall B. Rosenberg entwickelte Anfang der 1960er-Jahre das Konzept der gewaltfreien Kommunikation (GfK), um eine wertschätzende Beziehung zwischen Menschen zu fördern, die mehr Kooperation und eine kreative Zusammenarbeit ermöglicht und ein Instrument zur friedlichen Konfliktlösung anbietet. »Gewaltfrei« bedeutet dabei jedoch nicht, dass sonst gewaltvoll im physischen Sinn kommuniziert wird. Wir tendieren aber dazu, kritisierend, beschuldigend und mit Vorwürfen bespickt zu kommunizieren. Man könnte es daher anstatt »gewaltfreie« auch »wertschätzende« oder »reflektierte Kommunikation« nennen. Es geht darum, dass wir ohne Wertung und Vorwürfe miteinander kommunizieren. Doch das ist leichter gesagt als getan. Denn implizite, wenngleich oftmals unbewusste Vorwürfe in unserer Kommunikation können auf subtile Art und Weise Druck und Zwänge beinhalten und manipulativ wirken. Besonders sind hier die Du-Botschaften zu nennen: »Du hast den Kunden richtig warten lassen, das wird der Chef nicht gerne hören.« Oder: »Du hast die Ausschreibung vergeigt, das macht uns jetzt doppelt Arbeit.«

Wenn wir damit anfangen, Kommunikationsgewohnheiten im Sinn der Kommunikationsstufen zu ändern, kann es zu anfänglichen Irritationen kommen: »Das hört sich doch künstlich an.« Wir reden dabei nämlich nicht mehr frei von der Leber weg, sondern nutzen bestimmte gedankliche Schritte und müssen unter Umständen kurz überlegen, wie wir uns ausdrücken. Die Übung macht jedoch den Meister, sodass gewaltfreie Kommunikation mit jedem Mal leichter und flüssiger wird. Dennoch bietet diese Haltung nicht die einzige Wahrheit: Denn selbst wenn wir es schaffen, Zustände, Gefühle und Bedürfnisse für uns zu erkennen und wertfrei zu beschreiben, so sind sie ein Produkt unserer jeweiligen Weltsicht, die wiederum eine Mischung kultureller und individueller Einflüsse ist. Nichtsdestotrotz ist diese Haltung eine große Unterstützung im täglichen Miteinander und hilft, in potenziell konfliktreichen Situationen wertschätzend miteinander umzugehen und zu handeln.

Gerade in selbstorganisierten, aber auch allen anderen Unternehmen ist es essenziell, dass Mitarbeiter ihre Gefühle und Bedürfnisse gut und empathisch ausdrücken können. Was ist die besondere Herausforderung in selbstorganisierten Unternehmen? In Unternehmen mit einer flachen Hierarchie ist es noch dringender, da es keinen Chef gibt, an den man ein Thema zur Entscheidung eskalieren kann. Daher ist es elementar, dass wir unsere »Themen« selbst lösen. Die Kommunikationsstufen bieten genau dafür ein Basiswerkzeug. Generell: Je reflektierter und bewusster die sozialen Räume in Unternehmen gestaltet sind, desto flexibler, kreativer, kooperativer, menschlicher, empathischer, wertschätzender, aufrichtiger und effektiver arbeiten und handeln wir.

IM DETAIL

Bei den Kommunikationsstufen geht es darum, in Gesprächen aus unserer Perspektive folgende vier Bausteine zu nutzen und zu kommunizieren: Beobachtung, Gefühl, Bedürfnis und Bitte. Damit wird unsere Empathiefähigkeit gestärkt, uns selbst und anderen gegenüber. Wir bekommen mehr Klarheit, was in uns selbst vorgeht, und können uns leichter in Kollegen hineinversetzen – da wir konkret hören, was in ihnen vorgeht. Auch verhindern wir damit, unserem Gegenüber unbewusst Vorwürfe zu machen oder ihn unter Druck zu setzen.

Letztlich sind die Kommunikationsstufen eine Grundhaltung, die in jeder Lebenssituation nützlich ist – egal ob es der Nachbarschaftsstreit oder die Situation an der Supermarktkasse ist. Wenn wir die Haltung gewaltfreier Kommunikation in den Alltag integrieren, ist sie auch im beruflichen Kontext einfach zu adaptieren.

Stufe 1: Beobachtung und Bewertung trennen

Wir tendieren im Alltag dazu, Beobachtungen gleich mit einer Bewertung zu versehen und beides nicht zu trennen.

»Deine Präsentation ist unübersichtlich und überladen.« Dieser Satz enthält bereits zwei Wertungen, die über rein beobachtbare Fakten hinausgehen. Rein beobachtbar ist: »Ich sehe, dass du auf deinen Folien mit Schriftgröße 8 arbeitest und die meisten Folien von oben bis unten Text enthalten.«

Bewertungen sind Zündstoff. Somit führen Interpretationen, Verzerrungen und voreilige Schlüsse zu Bewertungen. In unserer alltäglichen Kommunikation stellen diese Bewertungen den Zündstoff dar. Denn meistens fühlen wir uns durch diese Bewertungen angegriffen.

Stufe 2: Gefühle wahrnehmen und benennen
Wahre Gefühle versus Pseudogefühle. Viele von uns haben nicht gelernt, eigene Gefühle erstens wahrzunehmen und zweitens auszudrücken. Oft endet die Beschreibung der eigenen Gefühlswelt mit »gut« oder »schlecht«. Dass dazwischen Gefühle wie »enthusiastisch«, »bewegt«, »gereizt«, »lustlos«, »trotzig« oder »wütend« liegen, ist schon ein weiterer Erkenntnisschritt. Bei diesem geht es darum, ein durch eine Beobachtung ausgelöstes Gefühl klar zu benennen.

> Um bei der Präsentation zu bleiben: »Ich sehe, dass du Schriftgröße 8 verwendest und die Folien von oben bis unten mit Text gefüllt sind. Wenn ich das sehe, bin ich verwirrt und überfordert.« Hiermit hat der Sprecher nun ein klares negatives Gefühl benannt.

Auch gibt es sogenannte »Pseudogefühle«, etwa Gefühle wie »verurteilt«, »bemuttert«, »benachteiligt«, »übersehen«, »betrogen« oder »geringgeschätzt«, die implizit schon wieder werten und dem Gegenüber einen Vorwurf machen. Dabei handelt es sich um Schuldzuweisungen, Vorwürfe, Anklagen, Interpretationen etc., die wir in eine eigene Gefühlsformulierung verpacken.

Hier ist Vorsicht geboten, da diese Pseudogefühle durchaus (unbewusst) manipulativ eingesetzt werden und nur unsere Sicht der Dinge darstellen. Diese Gefühle sind real vorhanden, jedoch bieten sie durch ihre impliziten Vorwürfe viel Zündstoff. Wir interpretieren eine Handlung eines anderen – unser Gegenüber wird sich schnell ungerecht behandelt fühlen. Zusammengefasst hängen Pseudogefühle an einer Interpretation, wie der andere sich uns gegenüber verhalten hat, und beinhalten in der Regel einen Vorwurf.

Den wahren Gefühlen auf der Spur. Vor oder spätestens in der nächsten Konfliktsituation achten wir konkret darauf, was in uns geschieht. Fühlen wir uns »schlecht« oder vielmehr »verletzt«, »frustriert«, »traurig«, »einsam« oder »sauer«? Dafür ist es im Vorfeld hilfreich, wenn wir uns Zeit nehmen, alle Gefühle aufzuschreiben, die wir kennen, positive wie negative.

Sobald wir eine Ahnung haben, welche verschiedenen Gefühle in uns angelegt sind, geht es weiter mit der Forschungsreise. Meist ist nämlich Ärger ein sogenanntes Sekundärgefühl, das wir spüren, wenn ein Bedürfnis nicht erfüllt wird. Es ist quasi unser Warnsignal, dass sich ein Gefühl meldet. Meist steht hinter dem Ärger ein anderes Gefühl wie »Enttäuschung«, »Frust« oder »Angst«.

Stufe 3: Bedürfnisse wahrnehmen und benennen

Bedürfnisse gehen auch oftmals mit Werten einher und sind letztlich Antworten auf die folgenden Fragen: Was brauchen wir? Was ist uns wichtig? Was möchten wir? Was liegt uns am Herzen? Worauf legen wir Wert? Es handelt sich um ein Bedürfnis, wenn die Antworten folgende Kriterien erfüllen: Sie sind allgemein und abstrakt, das heißt nicht auf eine einzelne Person oder Aktivität einer Person bezogen, und positiv formuliert.

Bedürfnisgruppen. Es gibt verschiedene »Bedürfnisgruppen«. Grundbedürfnisse wären demnach unter anderem: Existenz, Sicherheit, Verständnis, Freiheit, Muße, Teilnahme, Verbundenheit, Identität/Bedeutung und Erschaffen von etwas. Unter Teilnahme beispielsweise fassen wir Bedürfnisse wie Zugehörigkeit, Respekt, Gleichwertigkeit, Gegenseitigkeit, Zusammenarbeit, Kommunikation, Gemeinschaft etc. Muße beinhaltet Humor, Freude, Freizeit usw.

Sobald ein Bedürfnis sich nur auf eine einzelne Person richtet, die etwas tun oder lassen soll, geht bei uns die Alarmglocke an. Dann handelt es sich meist nicht um ein Bedürfnis. Beispiel: »Ich habe das Bedürfnis, dass du mir zur Begrüßung die Hand gibst.« Das wahre Bedürfnis wäre hier eher Respekt. Negative Gefühle oder Ärger sind Warnzeichen und Indikatoren, dass eines unserer Bedürfnisse zu kurz gekommen ist.

Strategische Bedürfnisse. Oft kommunizieren wir nicht, um eine Botschaft zu transportieren, sondern um etwas zu erreichen. Grundsätzlich ist jede konkrete Handlung zur Erfüllung eines Bedürfnisses eine Strategie. Wir haben das Bedürfnis nach kollegialer Zusammenarbeit? Dann unterstützen wir unsere Kollegen im Zweifel ebenso, um weiterhin von ihnen unterstützt zu werden – das ist eine valide Strategie. Wir entwickeln daher auch Strategien, um andere Menschen zu bewegen, etwas zu tun, statt lediglich unser subjektives Bedürfnis wahrzunehmen und auszudrücken.

> Wenn der Chef dem Mitarbeiter eine Extraaufgabe gibt, sodass dieser vor Ort sein muss und sich keinen Urlaub nehmen kann, steckt eine Strategie zur Erreichung seines Bedürfnisses dahinter. Im konkreten Fall: »Von meinen sechs Mitarbeitern sind zurzeit vier im Urlaub. Ich brauche Herrn Müller als Ansprechpartner vor Ort für Kundenanfragen.« Hätte der Chef das Bedürfnis ausgedrückt: »Ich habe das Bedürfnis nach Stabilität in meiner Abteilung, dass sich jemand in der Zeit um Anfragen kümmert«, so hätte eine andere Lösung gefunden werden können. Beispielsweise hätte der Mitarbeiter einen Teil der Zeit im Homeoffice verbringen und dort Kundenanfragen beantworten können.

Stufe 4: Eine Bitte zur Erfüllung des Bedürfnisses äußern

Die vier Stufen dienen zum einen als Selbstmitteilung, zum anderen als Einfühlung in unseren Gesprächspartner. Mit ihnen können wir herausfinden, welche Bedürfnisse unser Gegenüber wirklich hat und was lediglich unsere Annahmen sind. Wenn wir konkret wissen, wie Gefühle und Bedürfnisse aussehen, hilft eine konkrete Bitte, das Gefühl zu beachten und das Bedürfnis zu erfüllen.

Bitten sind keine Forderungen. Das geschieht immer unter der Prämisse, dass wir damit nicht manipulieren und die Entscheidungsfreiheit der anderen Person achten. Denn wenn wir bei Nichterfüllung der Bitte durch den anderen selbst ein schlechtes Gefühl haben, wütend sind oder Vorwürfe machen, handelt es sich um eine Forderung und keine Bitte. Wir alle haben jedoch feine Antennen, wenn wir mit einer Forderung konfrontiert werden. Es fühlt sich ungut an, wir verschließen uns und versuchen uns zu entziehen. Bitten sollten deshalb Folgendes beinhalten: eine positive Formulierung, ihr Sinn ist ersichtlich, realistische Handlungen werden konkret benannt, und die Entscheidungsfreiheit des anderen bleibt gewahrt.

> »Ich bitte dich, dass du künftig nicht mehr so mit mir sprichst.« Das ist keine aussichtsreiche Bitte, da sie negativ formuliert ist und wir nicht konkret wissen, wie eine wertschätzende Kommunikation für den anderen genau aussieht. Genauso verhält es sich hier: »Ich bitte dich, dass du nicht ständig auf mir rumhackst.« Ganz anders in dieser Situation: »Könntest du mir bitte einen kurzen Überblick zum Stand des Projekts geben, bevor du gehst«? Hierbei handelt es sich um eine positive, sinnhaltige, konkrete Bitte. Sollte es heute nicht mehr gehen, wäre es eventuell auch am nächsten Morgen möglich.

Wertende versus wertschätzende Kommunikation. Wie eingangs geschildert, ist ein häufiges Problem zuallererst: Es findet lange keine offene, aufrichtige Kommunikation statt, wenn Bedürfnisse aufeinanderprallen. Dabei stauen sich Emotionen immer mehr an. Sobald der Druck zu groß wird, kommen uns im Eifer des Gefechts wertende oder sogar abschätzige Worte über die Lippen.

Ein reales Beispiel aus einem Unternehmen, nachdem über mehrere Monate die Situation hinuntergeschluckt wurde: »Sag mal, du kommst oft erst mittags ins Büro – und heute gehst du auch schon wieder? Glaubst du eigentlich, die Arbeit macht sich von allein? Ich habe echt keine Lust mehr, dass du so faul bist und alles an uns hängen bleibt. Ich arbeite wegen dir gerade doppelt so viel!« Die Folge: Der zurechtgewiesene Kollege fühlt sich persönlich angegriffen und reagiert wütend. Mit den Grundsätzen der gewaltfreien Kommunikation und den vier Schritten wertschätzender Kommunikation können wir unseren Unmut anders und vor allen Dingen wertschätzender ausdrücken:

Stufe 1: Beobachtung. »Du bist heute um 11 Uhr im Büro gewesen und gehst jetzt – um 15 Uhr – wieder nach Hause. Ich habe, wie du weißt, kürzlich deine unbearbeiteten Projekte Zora und Müller übernommen, weil wir sonst die Deadline am 1. Oktober nicht einhalten können.«

Stufe 2: Gefühl. »Ich bin wütend, erschöpft und traurig ...«

Stufe 3: Bedürfnis. »... weil mir wirklich wichtig ist, dass wir die Arbeit im Team gerecht verteilen und uns gegenseitig unterstützen.«

Stufe 4: Bitte. »Ich bitte dich, das Projekt Müller wieder zu übernehmen und bis morgen einen Formulierungsentwurf für unsere Besprechung vorzubereiten.«

Auf diese Art und Weise betonen wir, dass die vorliegende Situation für uns einen Vertrauensbruch darstellt, der die kollegiale Zusammenarbeit beeinträchtigt. Das ist eine ganz andere Gesprächsbasis, auf der sich ein Gespräch aufbauen lässt. Diese Form der Kommunikation ist deutlich empathischer und wirkt konfliktlösend statt konflikterzeugend.

Aufgrund der Komplexität ist es ratsam, die vier beschriebenen Schritte erst einmal getrennt voneinander für sich, mit dem Partner oder in der Familie zu üben. Wir sollten in so vielen Alltagssituationen wie möglich üben, uns unserer Gefühle und Bedürfnisse bewusst zu sein – während der Autofahrt, in der Kaffeeküche, an der Kantinenkasse. Wenn wir unsere Emotionen in den unterschiedlichsten Situationen kennen und benennen können, klappt es auch im Ernstfall mit dem Kollegen.

AUS DER PRAXIS

In einem Softwarekonzern gibt es seit zwei Jahren ein flexibles Arbeitsplatzkonzept und daher keine persönlichen Schreibtische mehr. Jeder Mitarbeiter sucht sich am Morgen einen freien Platz. Es besteht die firmeninterne Vereinbarung, dass jeder Mitarbeiter am Abend seinen Platz ordentlich verlässt – also seine persönlichen Gegenstände mitnimmt, seinen Müll entsorgt und den Schreibtisch kurz abwischt. Das neue Konzept wurde zwar hingenommen, die Vereinbarung aber nicht immer eingehalten. Es hat sich über einen längeren Zeitraum Unmut gegenüber der Regelung und einzelnen Kollegen aufgestaut, die es nicht so genau nehmen. Auch stellt das Fehlen von Privatsphäre und vertrauter Umgebung für viele einen Stressfaktor dar.

Ein langjähriger Mitarbeiter wurde mit der Neuregelung nicht warm – er hätte lieber einen festen Schreibtisch behalten. Eines Tages sah er sich mit einem klebrigen Schreibtisch konfrontiert, der noch Pizzareste sowie Kaffeeflecken vom Vortag aufwies. Er erinnerte sich, dass ein bestimmter Kollege am Vortag an genau diesem Fensterplatz gesessen hatte. Er hatte ihn auch schon ein paar Mal beobachtet, wie er seinen Müll liegen ließ, und so platzte ihm an diesem Tag der Kragen: »Du bist ein Ferkel, der Platz, an dem du gestern gearbeitet hast, ist echt dreckig.«

Der angesprochene Kollege ärgerte sich – er wurde schon um sieben Uhr in der Früh beschimpft. Seine Sicht der Dinge schilderte er Kollegen so: Er hatte zwar seinen Platz mit Essensresten hinterlassen, war aber am Vortag in Eile, weil sein Sohn dringend von der Kita abgeholt werden musste. Er hatte gehofft, dass sich schon jemand anderes um seinen Müll kümmern werde. Er fühlte sich ungerecht behandelt und ärgerte sich über die Unkollegialität – dass es nun ein solches Drama um den Platz gab. Beide waren sich in dem Moment nicht bewusst, dass sich das Thema schon über einen längeren Zeitraum zu einem Problem entwickelt hatte.

Wenige Wochen später gab es einen ähnlich gelagerten Konflikt. Ein Mitarbeiter hatte über Nacht einen guten, weil lärmgeschützten Platz in einer Nische mit seiner Jacke reserviert. Ein anderer Kollege, der extra früher kam, um an diesem »guten« Tisch auch einmal arbeiten zu können, ärgerte sich. Er hatte aber einige Monate zuvor eine Weiterbildung zum Thema gewaltfreie Kommunikation besucht und dort die vier Kommunikationsstufen erlernt. Er erzählte: »Ich habe mich an meine kürzliche GfK-Schulung erinnert und dachte: ›Heute ist vielleicht eine Chance, es mal auszuprobieren.«

Als der Kollege, der den Platz reserviert hatte, ankam, suchte er das Gespräch. »Hey, ich sehe, dass du deine Jacke hier über Nacht auf den Platz gelegt hast. Ich fühle mich gerade echt wütend, genervt, frustriert und bin traurig, weil für mich eine gute Zusammenarbeit unter Kollegen so nicht klappt. Ich habe das Bedürfnis, dass wir einfach aufeinander Rücksicht nehmen. Deshalb bitte ich dich: Kannst du heute Abend deine Jacke mitnehmen und den guten Platz hier wieder für alle freigeben?« Schritt für Schritt hatte er mit der reinen Beschreibung der wertungsfreien Beobachtung angefangen, dann über seine Gefühle und Bedürfnisse gesprochen und zum Schluss eine Bitte angefügt – ohne den Kollegen als Egoisten zu beschimpfen oder sonst irgendwie emotional oder ausfallend zu werden.

Wenn wir beobachten, was in uns vorgeht, und uns nicht vom ersten Impuls zu einer Reaktion verleiten lassen, vermeiden wir rein emotionale

Reaktionen unseres Gegenübers. So können wir mit mehr Einsicht und Verständnis für unsere Bedürfnisse rechnen. Dadurch steigt die Wahrscheinlichkeit, dass der andere unserer Bitte tatsächlich nachkommt.

ZU BEACHTEN

Mitarbeiter schulen. Insbesondere wenn das ganze Team oder gar das ganze Unternehmen mit gewaltfreier Kommunikation arbeitet, empfiehlt es sich, alle Mitarbeiter zu schulen. Das kann ein erfahrener Mitarbeiter im Rahmen eines internen Kick-off-Workshops übernehmen oder ein professioneller Coach, der die Grundsätze, Hintergründe und Fallstricke erläutert und mit dem gesamten Team übt.

SPIEGELN

Die Arbeitswelt stellt hohe Anforderungen an uns, denen wir nur durch ständige Weiterentwicklung begegnen können. In welche Richtung sollen wir uns aber entwickeln? Unser Potenzial können wir nur ausschöpfen, wenn wir Feedback und Anregungen von außen erhalten. Gerade die Rückmeldung derer, die mit uns zusammenarbeiten, ist essenziell. Die direkten Kollegen wissen, wie wir ticken, was wir gut können und wo sich unsere Schwächen zeigen. In den meisten Unternehmen bekommen wir diese Rückmeldung in Form von Mitarbeitergesprächen von unserer direkten Führungskraft ein- oder zweimal pro Jahr. Wenn das klappt, sich die Führungskraft vorbereitet und für uns Zeit nimmt – was nicht immer zutrifft –, bekommen wir also im besten Fall eine einzelne Perspektive zu hören. Dabei kann der Blick der Führungskraft durch die Hierarchieebene gefiltert und verzerrt sein.

Von den Kollegen, mit denen wir täglich zu tun haben, bekommen wir, wenn überhaupt, informell beim Kaffee oder beim Mittagessen etwas zu hören. Echtes, bewusstes Feedback gibt es eigentlich nur, wenn etwas schiefläuft. Für Lob ist in den meisten Unternehmen keine Zeit, kein Raum und keine Kultur. Spaßeshalber bekommen wir zu hören: »Nicht geschimpft ist Lob genug.« Doch der Mangel an positivem Feedback schlägt irgendwann auf unser Gemüt, wenn wir den Eindruck gewinnen, dass unsere Arbeit meistens zwar genügt, aber anscheinend niemanden begeistert. Auch als Führungskräfte bekommen wir selten von unseren Mitarbeitern ehrliche Rückmeldung zu unseren Leistungen oder zu unseren Fehlern.

Wir müssen möglich machen, dass wir uns im Team und hierarchieübergreifend Feedback zu unserer Zusammenarbeit geben und darüber reflektieren. Idealerweise sollte sich diese Rückmeldung nicht nur auf die operative Zusammenarbeit, sondern auch auf die zwischenmenschlichen Aspekte erstrecken. Hier setzt unter anderem das 360-Grad-Feedback an, das ziemlich aufwendig werden kann und dank Feedbackbögen unpersönlich bleibt. Stattdessen bietet uns das Werkzeug Spiegeln eine Möglichkeit, wie sich Gruppen auf strukturierte Weise in kurzer Zeit genau dieses Feedback geben können.

Im Spiegeln sprechen wir Wertschätzung aus, geben aber auch Problemen und Konflikten Raum. Das Werkzeug schafft einen geschützten Rahmen, in dem wir uns wertschätzend für jeden Einzelnen Zeit nehmen. Die Perspektiven unserer Führungskraft und unserer Kollegen zeigen blinde Flecken, derer wir uns selbst nicht bewusst waren.

IM DETAIL

Bei diesem Werkzeug spiegeln wir als Gruppe einem einzelnen Kollegen seine Stärken und Schwächen, indem wir uns über ihn unterhalten, als sei er nicht da. Tatsächlich ist unser Kollege aber anwesend und kann, soll und darf unserer Unterhaltung lauschen. Er sitzt außerhalb unseres Gesprächskreises, damit wir so wenig wie möglich von seiner Anwesenheit beeinflusst werden. Was vielleicht auf den ersten Eindruck wie ein

Rezept für Mord und Totschlag klingt, eröffnet bei korrekter Durchführung neue Perspektiven der Wertschätzung und des gemeinsamen Lernens.

Grundsätze des Spiegelns. Das Gespräch über die gespiegelte Person führen wir strukturiert in zwei Phasen: einmal mit einem positiven Fokus, der das Bisherige wertschätzt, und einmal mit einem kritisch-konstruktiven Fokus, der Potenziale für die Zukunft zeigt. Dabei beachten wir folgende Voraussetzungen:

- **Zeit und Ort.** Damit eine vertrauensvolle Atmosphäre entstehen kann, blocken wir uns etwas Zeit für das gesamte Team. Währenddessen lassen wir keinerlei Störung von außen zu. Ideal ist ein separater Raum, in dem wir nicht durch externe Faktoren behindert werden und in dem wir uns wohlfühlen.
- **Moderation.** Spiegeln wird immer von einem Organisationslotsen in der Form eines Moderators begleitet. Diese Person setzt den Fokus für die beiden Phasen, stellt gezielt Feedbackfragen, achtet auf die Zeit und hilft den Teilnehmern, ihre Aussagen zu formulieren.
- **Freiwilligkeit.** Das für Spiegeln notwendige Vertrauen können wir nicht erzwingen – deswegen ist die aktive Teilnahme freiwillig. Das gilt für diejenigen unter uns, die sich spiegeln lassen, und für die, die spiegeln.
- **Wertschätzung als Ziel.** Beide Phasen des Spiegelns dienen dazu, unserem Kollegen einen Eindruck, eine Wahrnehmung oder einen Gedanken mit auf den Weg zu geben, die seiner Weiterentwicklung dienen. Es geht nicht darum, ihm kritische Themen, Misserfolge oder negative Vorfälle unter die Nase zu reiben.

Wir kommen also für einen festen Zeitraum an einem angemessenen Ort zusammen. Dort sitzen wir entweder um einen Tisch oder in einem Stuhlkreis. Der Moderator erklärt den Ablauf und betont die freiwillige Teilnahme und die Wertschätzung als Ziel. Er erklärt, dass alles Gesagte in diesem vertrauensvollen Rahmen bleibt und den Raum nicht verlässt. Dann bittet er um einen Freiwilligen für die erste Runde des Spiegelns.

Zeitliche Einteilung. Die beiden Phasen benötigen jeweils etwa fünf bis zehn Minuten plus weitere fünf bis zehn Minuten für eine gemeinsame Reflexion im Anschluss – insgesamt planen wir also circa 15 bis 20 Minuten pro Person ein. Auch bei den einzelnen Phasen gilt das Prinzip der Freiwilligkeit: Wir entscheiden bewusst und frei, ob wir das positive, das kritisch-konstruktive oder beide Arten des Feedbacks hören möchten. Manch einer sorgt sich vielleicht gerade wegen des kritisch-konstruktiven Teils. Es lohnt sich aber, beide Teile anzuhören, weil wir so ein ganzheitliches Fremdbild gezeigt bekommen.

Fragen zur Orientierung. In jeder Phase des Spiegelns stellt der Moderator Fragen, die unseren Fokus auf den zu spiegelnden Kollegen richten. Die Fragen müssen wir nicht systematisch beantworten. Sie stimmen uns auf die Person und die gewünschte Art des Feedbacks ein. Für die Phase mit positivem Fokus stellen wir folgende Fragen:

- Wenn wir an die Person denken, was fällt uns Positives an ihr auf?
- Was inspiriert uns an der Person?
- Was können wir von der Person lernen?
- In welchen Situationen stehen wir gut im Kontakt mit der Person?

Für die Phase mit dem kritisch-konstruktiven Fokus nutzen wir diese Fragen:

- Wenn wir nun mit kritischem, aber konstruktivem Fokus an die Person denken: Was fällt uns an ihr auf?
- Was irritiert uns an der Person?
- Wo steht sich die Person eventuell selbst im Weg?
- Steht etwas zwischen der Person und uns, zum Beispiel ein Konflikt, der unseren Kontakt belastet?

Die Fragen werden für alle sichtbar aufgeschrieben und während der jeweiligen Phase gezeigt. Wir können uns also immer wieder an ihnen orientieren. Selbstverständlich können wir die Fragen anpassen oder ergänzen.

Ablauf des Spiegelns. Der Kollege, der sich spiegeln lässt, verlässt die Gruppe und nimmt außerhalb des Kreises Platz. Es soll das Gespräch der anderen aber hören und lediglich den direkten Blickkontakt zur Gruppe vermeiden. Dazu setzt er sich beispielsweise mit dem Rücken zur Gruppe oder verschwindet hinter einer großen Zimmerpflanze. Bei Bedarf nimmt er etwas zum Schreiben mit, damit er sich Aspekte des gehörten Feedbacks notieren kann.

Der Moderator spricht ab jetzt nur noch zur Gruppe. Wir starten bewusst mit dem positiven Fokus. Dadurch wollen wir unserem Kollegen Wertschätzung zeigen, die wir als Geisteshaltung in die zweite Phase übertragen. Der Moderator lädt uns ein, an den Kollegen außerhalb des Kreises und an konkrete Situationen der Zusammenarbeit zu denken. Wir erinnern uns dabei an inhaltliche Themen oder an die persönliche Interaktion. Dann beginnen wir ein Gespräch, das sich voll und ganz um diesen Kollegen dreht. Wir schildern unsere positiven Erfahrungen aus unserer eigenen persönlichen Perspektive und stellen einen Bezug zu unseren Empfindungen her.

POSITIVE ERFAHRUNGEN

> »Sophie ist morgens immer so gut drauf! Das ist richtig ansteckend. Da fällt es mir echt schwer, meinen Morgenmuffel durchzuziehen.«

> »Ich finde es toll, wie penibel Robert seine Skripte schriebt. Ich kann mich immer darauf verlassen, dass ich sie unverändert nutzen kann.«

Das Gespräch verläuft so natürlich wie möglich. Gerät es doch mal ins Stocken, wiederholt der Moderator die Inspirationsfragen, um es wieder in Gang zu bringen. Nähert sich die Zeit der ersten Phase dem Ende, fragt der Moderator, ob es noch etwas zu sagen gibt, ansonsten wechseln wir in die kritisch-konstruktive Phase.

Wir nehmen uns kurz Zeit, an den Kollegen zu denken. Dieses Mal erinnern wir uns an eher schwierige Situationen bei der Zusammenarbeit und sprechen sie an:

SCHWIERIGE SITUATIONEN

> »In den letzten Meetings war Thomas oft zu spät. Das finde ich anstrengend, weil wir dann die ersten Minuten wiederholen müssen.«

> »Neulich gab es eine Situation, in der Sandra irgendwie schroff reagiert hat. Das hat mich verunsichert, da ich nicht weiß, worum es ging.«

In dieser Phase ist es besonders wichtig, dass der Moderator darauf achtet, dass die Aussagen der Kollegen als persönliche Wahrnehmung und nicht als Wahrheiten oder Vorwürfe formuliert sind. Das können wir zum einen durch das Werkzeug ==Kommunikationsstufen== erreichen. Der Moderator kann uns aber auch dabei unterstützen, indem er uns fragt, was der konkrete Vorfall bei uns ausgelöst hat. Solche Informationen geben unserem Kollegen Anhaltspunkte, damit er unsere Aussagen besser einordnen kann.

Sobald alle wichtigen Aussagen ihren Raum bekommen haben und die Zeit vorbei ist, schließt der Moderator die Runde, indem er sich für die Offenheit bedankt. Er lädt den Kollegen ein, in den Kreis zurückzukommen. Er fragt ihn, wie es ihm geht, ob es Aussagen gab, die bei ihm etwas ausgelöst haben, oder ob es etwas gab, das ihn überrascht hat. Meistens fällt es einer gespiegelten Person leichter, nach der Rückkehr einen konkreten Ansprechpartner zu haben, statt mit der Gesamtgruppe zu sprechen. Der Moderator sollte intervenieren, sobald der Kollege dazu übergeht, sich zu rechtfertigen. Das Spiegeln soll zum Reflektieren anregen, weniger zur Diskussion und sicher nicht zur Zuweisung oder Zurückweisung von Schuld.

Wir folgen demselben Prinzip bei allen weiteren Kollegen, die sich spiegeln lassen wollen. Zum Abschluss reflektieren wir gemeinsam darüber, inwiefern uns das Format hilfreich erscheint und was wir für das nächste Mal mitnehmen. Der Moderator erinnert daran, dass alles Gesagte in diesen vier Wänden bleiben muss.

Nach einer solchen Sitzung kann es sein, dass wir das Bedürfnis haben, konkrete Themen bilateral mit dem betroffenen Kollegen zu besprechen. Das Format soll genau diese Möglichkeit eröffnen: vertrauensvoll miteinander in Kontakt zu treten. Deshalb bietet es sich an, das Spiegeln zwei- bis dreimal jährlich im Team durchzuführen.

AUS DER PRAXIS

Ein sehr heterogenes IT-Team eines Automobilherstellers, bestehend aus »alten Hasen«, »jungem Blut«, Teamleiter und Coach, verbrachte zwei Tage miteinander. Ziel der Veranstaltung war, die Kollegen näher zueinander zu bringen und so die Kommunikation und das Klima allgemein zu verbessern. Alle im Team waren überzeugt, ihr Bestes für die Zusammenarbeit zu tun, und sie schätzten einander sehr. Sie hatten aber zugleich den Eindruck, dass es ihnen an Rückmeldung untereinander mangelte. Von ihrem Teamleiter erhielten die Mitarbeiter einmal im Jahr ein ausführliches Feedback. Mehr schien in der derzeitigen Unternehmenskultur nicht möglich, dem Team aber war das zu wenig. Gerne wollten sie sich öfter gegenseitig Rückmeldung geben, wussten aber nicht, wie.

Auch der Teamleiter wünschte sich von seinen Mitarbeitern Feedback. Ohne einen konkreten Rahmen, der den Kollegen die »Erlaubnis« dazu gab, fühlten sie sich nicht in der Lage, ihrem Vorgesetzten zu sagen, was sie an der Zusammenarbeit gut oder schwierig fanden. Es fielen Aussagen wie: »Wenn ich in meiner vorherigen Position meinem Chef gesagt hätte, was ich nicht gut finde, hätte ich am nächsten Tag meine Siebensachen packen können.«

Der Coach schlug das Format Spiegeln vor und erklärte Ablauf und Prinzipien. Einige der »alten Hasen« waren skeptisch: Der Gedanke, sich auf diese Weise Rückmeldung zu geben, fühlte sich für sie erzwungen an. Einer der jüngeren Kollegen war ganz Feuer und Flamme und meldete sich freiwillig. Er verließ den Kreis der Kollegen und nahm hinter einer Pinnwand Platz. Die Kollegen witzelten etwas wegen der Ähnlichkeit zur Fernsehsendung *Herzblatt* – die Stimmung war lustig, aber auch leicht angespannt, weil niemand wusste, was sie nun erwartete.

Der Coach läutete die erste Runde ein: »Wir starten mit dem positiven Feedback für Toni. Nehmt euch einen Moment Zeit, um an eure Zusammenarbeit mit ihm zu denken. Was fällt euch im Positiven an Toni auf?

Euch können Situationen aus konkreten Projekten einfallen, aber auch Situationen beim Kaffeetrinken oder in der Mittagspause. Was bewundert ihr an Toni? Wo könntet ihr euch eine Scheibe von ihm abschneiden?«

Marc, der eng mit Toni zusammenarbeitete, antwortete als Erster: »Ich finde, du bist immer wahnsinnig hilfsbereit!« Der Coach: »Bitte erzähle uns von deinen Erfahrungen mit Toni, ohne ihn direkt anzusprechen. Wir tun jetzt so, als sei er nicht da, und wir unterhalten uns über ihn.« Marc begann also erneut: »Also ich finde, Toni ist immer wahnsinnig hilfsbereit!«

»Was war denn die letzte Situation, in der du diesen Eindruck hattest?«, fragte der Coach, um die Rückmeldung konkreter zu machen. »Wir haben letzten Monat in einem Projekt zusammengearbeitet. Wir sollten einige Features für die App neu programmieren und haben sie untereinander aufgeteilt. Da bei mir noch etwas dazwischenkam, habe ich einen Teil von meinen Aufgaben nicht geschafft. Toni hat mir dann unter die Arme gegriffen«, berichtete Marc.

»Ja, die Erfahrung habe ich auch schon mit Toni gemacht«, antwortete Werner, einer der älteren Kollegen, und erzählte von einer weiteren Situation. Ohne feste Reihenfolge ging es weiter. Der Teamleiter wurde dabei weder außen vor gelassen noch besonders hervorgehoben – er war einfach nur ein weiterer Kollege, der Toni Feedback gab.

Nach etwa zehn Minuten leitete der Coach das Ende der positiven Runde ein: »Vielen Dank für diese positiven Rückmeldungen für Toni. Gibt es noch etwas, das dringend gesagt werden möchte?« Die anderen überlegten kurz, aber es kam nichts mehr. »Gut, dann richten wir den Fokus auf das konstruktive Feedback. Denkt nun bitte an Situationen mit Toni, die nicht so einfach waren, in denen etwas schiefgelaufen ist, sei es bei der Zusammenarbeit oder auf zwischenmenschlicher Ebene. Was irritiert euch an Toni? Gibt es etwas, bei dem ihr den Eindruck habt, dass er sich selbst im Weg steht? Hat es in letzter Zeit eine Situation oder einen Konflikt gegeben, der euch den Kontakt zu Toni erschwert?«

Wieder legte Marc spontan los: »Na ja, die Hilfsbereitschaft, die ich vorhin angesprochen habe, hat natürlich auch ihre Schattenseite. Mir ist es schon öfters aufgefallen, dass Toni sich teilweise überfordert, wenn er anderen so viel hilft. Er macht dann viele Überstunden, um seine eigenen Aufgaben auch noch zu schaffen.« »Und das bereitet dir Sorgen?«, fragte der Coach. »Ein bisschen, ja. Ich weiß ja, dass ihm eine gute Work-Life-Balance und die Zeit mit seiner Familie wichtig ist. Wenn das hinten runterfällt, finde ich das schade.«

»Mir ist es schon ein paar Mal mit Toni passiert, dass er von null auf hundert aufbraust und wütend wird«, ergänzte ein weiterer Kollege. »Und was macht das mit dir? Bist du vielleicht irritiert oder verunsichert?«, versuchte der Coach zu präzisieren. »Im ersten Moment verunsichert, weil ich ihn so nicht kenne. Ich weiß dann nicht, was mit ihm los ist und wie ich ihn am besten ansprechen kann.«

In diesem Modus redeten die Kollegen über schwierige Situationen mit Toni. Der Coach achtete darauf, dass jeder von seinen eigenen Empfindungen sprach. Als auch hier etwa zehn Minuten vorbei waren, beendete er die Runde, bedankte sich für den offenen Austausch und bat Toni wieder in die Runde.

»Wie geht es dir jetzt, Toni? Was hast du von deinen Kollegen gehört, das dir besonders hängen geblieben ist? Hat dich etwas überrascht?«, fragte er ihn. »Das mit dem Aufbrausen war mir klar, dass das kommt. Ich weiß selbst, dass mir das manchmal passiert, und ich versuche, das zu reduzieren. Bitte nehmt es nicht persönlich, meistens bin ich da einfach überfordert. Was mich überrascht hat, waren die ganzen positiven Sachen. Es war ganz ungewohnt, da zuzuhören. So viele tolle Rückmeldungen auf einmal bin ich nicht gewohnt. Vielen Dank euch!«

Nach dieser ersten Runde setzten sich weitere Kollegen hinter die Wand, unter anderem auch der Teamleiter. Andere zogen es vor, sich nicht spiegeln zu lassen. Am Ende der Zeit angelangt, reflektierten sie gemeinsam, wie ihnen das Format gefallen hatte. Es fielen Aussagen wie: »Das sollten wir öfter machen, vielleicht ein- oder zweimal im Jahr!« Oder: »Nach zwanzig Jahren im Beruf ist es schon schön, eine solch positive Rückmeldung von den Kollegen zu bekommen.« Oder: »Ich habe mich dieses Mal nicht spiegeln lassen, mache beim nächsten Mal aber auf jeden Fall mit.« Das Team beschloss, für die nächsten Teamtage, ein halbes Jahr später, wieder eine Sitzung für das Spiegeln einzuplanen.

ZU BEACHTEN

Moderator. Spiegeln ist ein sehr intensives zwischenmenschliches Format. Daher ist es wichtig, jemanden für die Moderation auszuwählen, der gut den wertschätzenden Rahmen schaffen kann. Im Idealfall ist der Moderator mit Werkzeugen aus der gewaltfreien Kommunikation oder einer ähnlichen Methode vertraut.

Faires Zeitmanagement. Eine weitere wichtige Aufgabe unseres Moderators ist es, auf die Einhaltung der Zeit zu achten. Die Einteilung der Slots sollte fair und für alle gleich sein, damit kein Gefühl der Benachteiligung aufkommt.

THE BOX

Täglich wird von uns verlangt, dass wir kreativer werden müssen, wenn wir weiterhin am Markt bestehen wollen – das Neue und Ungewöhnliche soll uns schließlich von der Konkurrenz abheben. Deshalb müssen wir »out of the box« denken! Der Spruch ist zum Synonym geworden für: »Wir müssen kreativer sein.« Oft wissen wir aber gar nicht, was sich hinter dem Begriff dieser Box verbergen soll. Wir alle haben bestimmte Denkmuster, die sich aus unterschiedlichen Einflussfaktoren im Laufe unseres Lebens geformt haben und die uns in unserem Denken, Entscheiden und

Handeln beeinflussen. Das fehlende Bewusstsein für diese Aspekte unserer Persönlichkeit führt dazu, dass wir gar nicht wissen, was genau wir verändern sollen, wenn wir außerhalb dieser Box denken sollen – auch weil wir gar nicht wissen, was genau in der Box steckt.

Wenn wir unsere Box verändern wollen, sei es mit dem Ziel, kreativer zu sein, neue Wege zu gehen oder Bestehendes zu hinterfragen, braucht es einen Prozess der Bewusstwerdung, wer wir jetzt sind. Das ist die Basis, um Dinge anders machen zu können. Dieses Wissen sollten wir mit den Menschen, mit denen wir täglich in Kontakt sind, teilen. So bekommen wir zu unserem Selbst- noch ein Fremdbild und lernen uns als Team besser kennen und einschätzen. Wir erlangen ein besseres Verständnis in der Zusammenarbeit und vermeiden Blockaden oder Konflikte.

Mit seinem Werkzeug »The Box« bietet der Amerikaner Jimbo Clark eine Möglichkeit, um in diese Selbstreflexion zu gehen. Es kombiniert Phasen der Introspektion mit Phasen des Austauschs zu zweit oder in einer Gruppe. Anhand einer realen Kartonbox erarbeiten wir verschiedene Aspekte unserer Persönlichkeit und unseres Charakters mit dem Ziel, uns und andere besser kennenzulernen. Danach leiten wir einen eventuellen Handlungsbedarf für die gewünschte Veränderung ab. Es ist ein sehr interaktives Werkzeug, das uns allein schon durch das ungewöhnliche Format aus dem gewohnten Denken und Handeln holt.

IM DETAIL

Für die Anwendung dieses Werkzeugs braucht es die Box-Vorlage (www.innogreat.com), verschiedenfarbige Stifte, kleine Post-its für die Bearbeitung und etwa zwei bis drei Stunden Zeit.

Zu Beginn einer »Box-Session« sollte es ein grobes Themenfeld für die Gruppe geben, das einen für die Gruppe interessanten Schwerpunkt setzt. Beispiele für Themenfelder können »Unsere Einstellung zur Innovation«, »Unsere Einstellung zur Unternehmenskultur«, »Der Wandel zu einer agileren Organisation« oder »Unsere Expansion in den amerikanischen Markt« sein.

Die Box wird in vier Schritten bearbeitet, immer mit Selbstreflexion und Austausch im Wechsel. Sowohl die Außenseite als auch die verschiedenen Bereiche im Inneren der Box stehen für unterschiedliche Facetten unserer Persönlichkeit, die uns im täglichen Denken und Handeln beeinflussen.

Schritt 1: Ausarbeitung der Box-Außenseite

Schritt 2: Ausarbeitung der Box-Innenseite

Schritt 3: Effekte der eigenen Box erleben

Schritt 4: Gelerntes in den Alltag übertragen

Schritt 1: Ausarbeitung der Box-Außenseite

Jeder von uns bekommt seine Pappschachtel und die erste Aufgabe, in fünf bis zehn Minuten alle vier Außenseiten zu gestalten. Die Außenseite der Box steht für die Außenwahrnehmung, die wir bei anderen bewirken möchten, wenn sie mit uns in Kontakt sind. Dabei sollten wir das vorher definierte Themenfeld, beispielsweise Unternehmenskultur, im Hinterkopf behalten. Es gibt dabei kein Richtig und kein Falsch – jeder darf das darstellen, was ihm wichtig ist, und bestimmen, in welcher Tiefe er sich mit sich selbst auseinandersetzen möchte.

Bei der Gestaltung der Außenseite empfiehlt es sich, zum einfachen Einstieg mit den physischen Merkmalen anzufangen: Wir können unsere blauen Augen, unsere Brille oder unsere schwarzen Locken darstellen. Dann stellen wir die Aspekte unserer Persönlichkeit, unseres Charakters und Lebens dar, die von außen gesehen werden sollen, zum Beispiel die Liebe zur Natur oder zum Reisen, die Rolle der Familie oder die offene Lebenseinstellung. Die Art und Weise, wie wir diese Aspekte darstellen, ist jedem komplett freigestellt. Manche arbeiten mit Symbolen, andere nutzen Worte, andere wiederum arbeiten mit bildlichen Darstellungen dessen, was sie ausdrücken möchten – oft ist es eine Kombination aus allem.

Wenn die Zeit abgelaufen ist, finden wir uns zu zweit zusammen und stellen uns unsere Boxen in jeweils drei bis fünf Minuten gegenseitig vor. Wir reflektieren das Erarbeitete und bekommen Feedback von der anderen Person. Es ist spannend zu beobachten, welche Aspekte unserer Darstellung unserem Gegenüber bekannt und welche eher neu sind.

Schritt 2: Ausarbeitung der Box-Innenseite

Jetzt geht es an die inneren Aspekte unserer Persönlichkeit. Wieder nehmen wir unsere Box und arbeiten zuerst alleine die Innenseiten aus. Die Innenseiten unterteilen sich in drei Phasen. Bei der Bearbeitung der Innenseite der Box sollten wir bewusst in die Selbstverantwortung gehen und entscheiden, in welcher Tiefe wir uns unseren Kollegen zeigen wollen. Jeder entscheidet, was er wie von sich preisgeben möchte.

Phase 1 – Vorderseite (Gesicht): eigene Filter. Bei der Erarbeitung der inneren Vorderseite der Box geht es um die Filter, durch die wir unsere individuelle Realität wahrnehmen. Diese sind zum einen von feststehenden oder schwer veränderbaren Faktoren geprägt wie etwa unserem Alter und Geschlecht, unserer Nationalität und unseren Kindheitserfahrungen, zum anderen von den Umständen unseres späteren Lebens wie unserer Ausbildung, unserem Beruf oder den momentanen Lebensumständen.

Auf Haftnotizen sammeln wir die Filter, die es in unserem Leben gibt. Dann bedenken wir, wie diese, aber auch das grobe Themenfeld, das wir zu Anfang definiert haben, uns beeinflussen. Als Nächstes priorisieren wir die fünf bis acht relevantesten Filter pro Kategorie. Relevant sind vor allem die, von denen wir denken, dass sie den höchsten Einfluss auf unsere Wahrnehmung der Welt und auf unsere Interaktion mit dem Außen haben. Die Post-its, die sich auf die angeborenen Eigenschaften beziehen, kommen in die gelben, orangen und roten Kreise. Die, die durch unser soziales Umfeld geprägt sind, in die grünen, blauen und violetten. Für diese Phase gibt es zehn Minuten individuelle Arbeitszeit.

Hier sind zwei Beispiele für sehr unterschiedliche Mitglieder eines Teams, das mit der Box gearbeitet hat:

ZWISCHENMENSCHLICHER RAUM

Im Anschluss an unsere individuelle Ausarbeitung haben wir drei Minuten pro Person zum Austausch zu zweit. Bei der Erklärung nutzen wir Beispiele aus unserem Alltag, um die Relevanz der Filter für uns festzumachen. Wenn wir, wie im obigen Beispiel, als Kind schwer krank waren, ist unsere Sorge um Überlastung in der Arbeit und einen möglichen Burnout leichter nachzuvollziehen. Die zwei dargestellten Personen haben, aufgrund ihrer Filter, vermutlich auch sonst sehr unterschiedliche Sichtweisen auf die Welt und auf geschäftliche Themen. Im Austausch zu zweit lernen sie sich besser kennen und können sich in Zukunft, in bestimmten Situationen, besser einschätzen.

Phase 2 – linke und rechte Innenseite (linkes und rechtes Ohr): Energiefresser und Energiegeber. Wir widmen uns den Seiten der inneren Box. Auf der rechten Seite ist eine Batterie mit grünem aufgeladenem Akkustand, auf der linken eine mit rotem, niedrigem Akkustand dargestellt. Diese zwei Seiten symbolisieren die Dinge im Leben, die uns Kraft geben, uns motivieren und positiv belegt sind, und die Dinge, die für uns anstrengend, mit Stress verbunden und eher negativ belegt sind.

In fünf Minuten pro Seite sammeln wir nun Aktivitäten, Gedanken, Menschen, Orte und alles andere, was uns in den Sinn kommt, die mit Bezug auf unser Themenfeld Energiegeber oder Energiefresser für uns darstellen. Es kann natürlich auch passieren, dass derselbe Gedanke auf beiden Seiten eine Rolle spielt, denn oft hat dasselbe Erleben zwei Seiten.

Die Energiegeber und Energiefresser der jungen Dame aus den obigen zwei Beispielen:

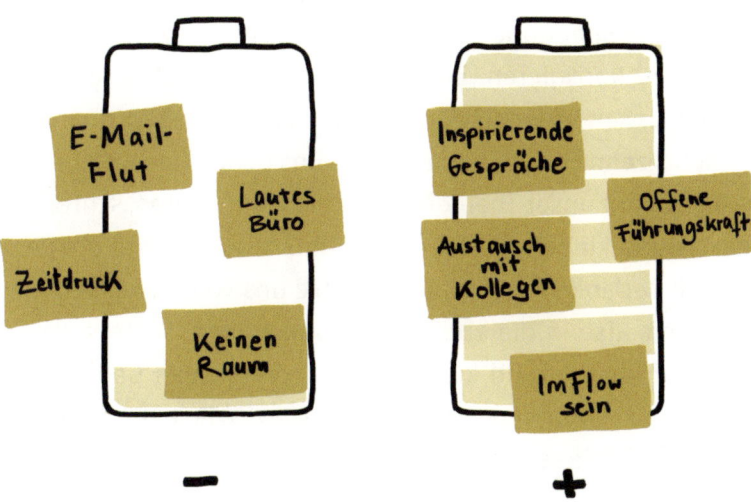

Nach der individuellen Arbeit gehen wir wieder für drei Minuten pro Person in den Austausch zu zweit, gerne auch mit einem neuen Gesprächspartner. An dieser Stelle kann es besonders interessant sein, darauf zu achten, in welchen Punkten der Kollege und wir ähnliche oder unterschiedliche Wahrnehmungen haben. Es kann zum Beispiel sein, dass für einen von uns das Ausfüllen von Excel-Tabellen absolut anstrengend und für das Gegenüber aktivierend ist.

Phase 3 – Rückseite (Hinterkopf): Antrieb und limitierende Glaubenssätze. Die Rückseite der Box wird oft als die persönlichste wahrgenommen, denn hier geht es um Visionen und Gefühle. Es ist ein Mensch dargestellt, der von einem Band nach vorne gezogen wird in Richtung Herz und von einem zweiten nach hinten in Richtung Gedankenblase. Damit wird das Spannungsfeld zwischen unseren inneren Wünschen, Zielen und Visionen sowie den inneren Blockaden und limitierenden Glaubenssätzen dargestellt. So reflektieren wir über den Gefühlszustand, den dieses Spannungsfeld in uns hervorruft. Eine Strategie, die Menschen oft wählen, um die Spannung zu reduzieren, ist es, die Ziele oder Visionen nach unten zu korrigieren. Eine vielleicht bessere Strategie könnte es sein, an den uns momentan limitierenden Einstellungen zu arbeiten.

In acht bis zehn Minuten machen wir uns Gedanken, welche drei Ziele wir mit Bezug auf unser Themenfeld erreichen möchten, schreiben diese auf Post-its und kleben sie auf die Herzen. Anschließend überlegen wir uns, welche Gedanken und Glaubenssätze uns vom Erreichen dieser Vision abhalten, also in die andere Richtung ziehen. Diese schreiben wir ebenfalls auf Post-its und kleben sie auf die grauen Gedankenblasen. Dann versetzen wir uns gedanklich in diesen Zwiespalt und stellen uns die Frage: Wie fühlt es sich an, in diesem Konflikt zu stecken? Dies kann zum Beispiel Ohnmacht, fehlendes Selbstvertrauen, Wut oder Frust sein.

Hier wieder die junge Dame als Beispiel:

Wenn wir wieder zu zweit in den Austausch gehen, teilen wir nur die Aspekte, die wir auch wirklich teilen wollen. In der gesamten Übung, speziell aber in dieser Phase, greift das Prinzip der Freiwilligkeit, sodass sich jeder mit dem, was er von sich preisgibt, wohlfühlt. Im Austausch machen wir uns zu zweit darüber Gedanken, wie wir die limitierenden Glaubenssätze, die uns vom Erreichen unserer Visionen abhalten, überwinden können. Dafür stehen wieder drei Minuten pro Person zur Verfügung.

Damit ist nun die gesamte Vorlage ausgefüllt. Wir haben ein klareres Bild von unserer ganz persönlichen und individuellen Box, die uns in unserem Denken und Handeln beeinflusst.

Schritt 3: Effekte der eigenen Box erleben

Inwiefern beeinflusst uns unsere Box in der Interaktion mit unserer Umwelt und mit anderen? Der dritte Schritt dreht sich darum, genau dies zu erfahren. Wir bauen die Vorlage zu einer geschlossenen Box zusammen und setzen sie uns auf. Für viele fühlt sich das befremdlich oder sogar albern an – es lohnt sich aber, diese Hürde zu überwinden, sodass diese Übung sogar Spaß macht.

Wenn wir unsere Box über dem Kopf tragen, bewegen wir uns zuerst eine Weile durch den Raum, ohne direkt mit anderen zu interagieren. Die ganz Mutigen dürfen den Raum auch verlassen und sich weiter wegbewegen. Dabei sollten wir darauf achten, welchen Effekt das Tragen der Box auf unsere Wahrnehmung der Umwelt hat. Wie sehen wir? Wie hören wir? Wie werden wir gesehen?

Als Nächstes interagieren wir miteinander und achten darauf, welches Bild unser Gegenüber aufgrund des Äußeren der Box von uns bekommt. Wie gut oder schlecht können wir uns durch zwei Boxen hindurch verständigen? Sind wir in der Lage, die Filter, Energiefresser, Energiespender, Antreiber und limitierenden Glaubenssätze des anderen auf den ersten Blick zu erkennen? Kann der andere uns mit unseren Eigenschaften erkennen und einschätzen?

Dieser Zeitpunkt der Übung lädt oft dazu ein, das eine oder andere Erinnerungsfoto zu machen und eventuell mit den Boxen zu »spielen«. Selbstverständlich klären wir vorher, zu welchem Zweck die Bilder genutzt werden dürfen und ob alle damit einverstanden sind.

Schritt 4: Gelerntes in den Alltag übertragen

Im letzten Schritt geht es darum, in der Gesamtgruppe zu diskutieren, wie wir unsere Interaktion mit unserem Umfeld und anderen verändern können. Wir wollen in der Lage sein, unsere Box zeitweise zu verlassen, um Neues zu entdecken und auch Ungewöhnlichem gegenüber offen zu sein. Damit wir das Neuentdeckte integrieren und umsetzen können, muss es wieder in unsere Box hinein. Das schaffen wir, indem sich unsere Box und damit unsere Perspektive erweitert oder indem wir dieses Neue und Unbekannte so anpassen, dass es auch in unserem bestehenden Weltbild funktioniert.

Wir sammeln im Team Ideen auf Post-its, wie wir mit Bezug auf unser anfangs definiertes Themenfeld unsere Boxen verlassen, offener sein und die Bremsen und Hürden aus unserem Hinterkopf überwinden können. Anschließend überlegen wir, wie wir diese Ideen in unsere Alltagsrealität integrieren können, damit sie umsetzbar sind. Auch diese Vorschläge sammeln wir auf Post-its. Dabei lohnt sich ein Blick auf das Werkzeug ==Denkphasen der Kreativität==.

Damit ist die Übung der Box abgeschlossen. Wir haben ein sehr individuelles Ergebnis in puncto Selbstreflexion in Form der physischen Box erhalten und konkrete Ideen und Maßnahmen, wie wir als Team unserem gemeinsamen Ziel näher kommen.

ZU BEACHTEN

Vertraute Gruppen. Das Werkzeug eignet sich besonders gut bei einer Gruppe von Personen, die sich schon kennen und idealerweise auch im Arbeitsalltag miteinander zu tun haben. Bei Gruppen, die sich nicht kennen, kann die Hemmschwelle für einen offenen Austausch etwas höher sein.

Freiwilligkeit und Selbstverantwortung. Diese beiden Prinzipien sollten vor den Phasen des paarweisen Austauschs immer wieder betont werden.

Reflexion. Nach jeder Phase können kurze Reflexionen in der Gesamtgruppe zum gerade abgeschlossenen Schritt hilfreich sein. So haben wir die Möglichkeit, uns kurz darüber auszutauschen, was uns in dem Schritt leicht- und was uns schwergefallen ist.

Diskretion. Damit die Phase des eigenen Erlebens angenommen wird, ist es hilfreich, einen Raum zu wählen, der nicht von außen einsehbar ist. Da die Teilnehmer sich untereinander schon mit den Boxen auf dem Kopf gesehen haben, fällt es ihnen leichter, in der Gruppenkonstellation mit dem Erleben der Box zu experimentieren. Wenn aber Außenstehende zusehen, führt das zu Hemmungen.

STRETCH YOURSELF!

STRUKTURELLER RAUM

STRUKTURELLER RAUM

Im strukturellen Raum befassen wir uns vor allem mit vier »harten« Aspekten: unserer Entscheidungsfindung, der Autorität über die Ressourcen unserer Organisation, der Entlohnung unserer Mitarbeiter und der logischen Aufteilung von Verantwortung und Zuständigkeit. All diese Themen sind eng miteinander verknüpft und beeinflussen sich gegenseitig. Deswegen versuchen viele Unternehmen, alle dahinterstehenden Fragen mit einer zentralen formellen Hierarchie zu beantworten. Konkret bedeutet das: Entscheidungsbefugnisse und die Autorität, Ressourcen freizugeben, hängen mit der Höhe des Gehalts zusammen. Wer die Verantwortung für eine Einheit trägt, wird höher entlohnt als jemand, der in dieser Einheit »nur« mitarbeitet. Und je mehr Untereinheiten existieren, desto mehr Befugnisse und Gehalt gibt es. Wann immer es nicht weitergeht, wenden wir uns an die nächsthöhere Führungsebene. Dadurch treten aber auch Probleme auf wie lange Eskalationswege (und der entsprechende Zeitaufwand für eine Entscheidung), massive Überlastung einzelner Führungskräfte und intransparente Entscheidungen und Strukturen.

Wenn wir die verschiedenen Ebenen unabhängig voneinander betrachten, ohne die Verknüpfung zu ignorieren, eröffnen sich Alternativen. Dann können wir die strukturellen Themen unseres Unternehmens gezielt adressieren. Wie weit wir uns dabei vom Gedanken einer formellen Hierarchie entfernen, hängt von einer Vielzahl an Faktoren ab: Was sind die Ziele der Veränderung, die wir innerhalb der Organisation bewirken wollen? Wie stehen die Mitglieder der oberen Führungsebene oder die Inhaber zu den Strukturen des Unternehmens? Und welche Veränderungen im operativen Raum wollen wir vornehmen, die entsprechende Änderungen im strukturellen Raum nach sich ziehen?

HARTE UND WEICHE ASPEKTE

Unser ultimatives Ziel im strukturellen Raum ist ein lernendes, sich flexibel veränderndes Organisationssystem. Konstante Veränderung darf dabei nicht in Chaos ausarten, weshalb wir eine Art Leitstern brauchen – eine fünfte, immaterielle Ebene hinter den harten sichtbaren Strukturen. Wir brauchen für unser Unternehmen einen Purpose, also Daseinszweck, oder eine Vision, da wir uns nicht nur von Kennzahlen und Quartalsberichten antreiben lassen wollen. Dementsprechend achten wir neben den »harten« Themen auf immaterielle Strukturelemente, die den Mitarbeitern eines Unternehmens Richtung geben. So stellen wir sicher, dass bei aller Veränderung immer noch klar ist, auf welches Ziel sich unsere Organisation hinbewegt.

Die weichen Aspekte umfassen neben dem Daseinszweck auch die Werte unseres Unternehmens. Sie geben jedem, der mit dem Unternehmen zu tun hat, egal ob Mitarbeiter, Kunde oder Partner, eine Orientierung, wie das Unternehmen gestrickt ist und wohin es sich entwickeln möchte. Damit unsere Identifikation in Bezug auf diese Aspekte so hoch wie möglich ist, beziehen wir alle Beteiligten in die Findung und Ausgestaltung von Visionen und Werten ein.

Wir wollen eine Organisation schaffen, in der Werte und Daseinszweck nicht in irgendeinem Dokument oder Wiki-Eintrag verschwinden, sondern in unserer täglichen Aktivität präsent sind. Wenn wir es schaffen, ein einheitliches Bild von diesem Wertegerüst in den Köpfen aller Beteiligen hervorzurufen, fallen uns Veränderungen in allen anderen Räumen leichter, weil sich alle mit dieser gemeinsamen Vorstellung identifizieren, was wiederum die intrinsische Motivation des Einzelnen zu wecken vermag.

STRUKTURELLER RAUM

ZEIT FÜR DIE METAEBENE

Veränderungen im strukturellen Raum nehmen wir sowohl bei Bedarf als auch nach Plan vor. Sich bei Bedarf dem System zu widmen bedeutet, mögliche Spannungen in einem anderen Raum aufzunehmen und zu lösen. Viele Impulse zur Veränderung im strukturellen Raum entstehen im operativen Raum, da uns dort in der Regel am schnellsten auffällt, wenn die Strukturen des Systems nicht klar sind und zu Verwirrung führen. Wenn wir aus diesen Spannungen Maßnahmen für den strukturellen Raum ableiten, stellen wir sicher, dass sie für zukünftige Fälle genauso anwendbar sind. So gestalten wir den strukturellen Raum dauerhaft und nachhaltig.

Daneben brauchen wir aber auch spezifische Formate für den strukturellen Raum wie Workshops und Meetings, die wir in sinnvollen Abständen, etwa über das Jahr verteilt, planen und durchführen. Mit ihrer Hilfe hinterfragen wir aktiv das System als Ganzes oder in Teilen und überarbeiten es bei Bedarf.

PRINZIPIEN IM STRUKTURELLEN RAUM

PRINZIP	AUSPRÄGUNG IM INDIVIDUELLEN RAUM
Transparenz	In unserem System sind Zuständigkeiten klar festgelegt und einsehbar. Entscheidungen werden dokumentiert und stehen jederzeit zur Verfügung.
	Wir entlohnen alle Mitarbeiter der Organisation nach einem nachvollziehbaren und logischen System.
Effektivität	Unsere Entscheidungsstrukturen sind so ausgerichtet, dass die Ziele der Organisation im Vordergrund stehen.
	Unsere Entlohnungssysteme und KPIs orientieren sich an den Zielen der Organisation.

PRINZIP	AUSPRÄGUNG IM INDIVIDUELLEN RAUM
Empirismus	Wir treffen Entscheidungen nicht für alle Ewigkeit, sondern nach der Maßgabe: »Gut genug für den Moment, sicher genug für einen Versuch.« Damit können Entscheidungen bei neuer Datenlage angepasst werden.
	Unser System lernt aus Entscheidungen, statt sie politisch aufzuladen.
Verantwortlichkeit	Unser System der Entscheidungsfindung belohnt das Treffen von Entscheidungen, statt mögliche Fehlschläge zu bestrafen.
	Unsere Strukturen haben klar definierte Verantwortlichkeiten und Zuständigkeiten, die für andere als Referenz dienen und an denen wir gemessen werden.
Fairness	Diejenigen, die von einer Entscheidung betroffen sein werden, haben die Möglichkeit, die Entscheidung zu beeinflussen.
	Verantwortlichkeit gilt nur für Bereiche, in denen wir entscheiden dürfen und können.
Offenheit	Unser System ist dynamisch, offen für Neues und bereit, sich an veränderte Bedingungen anzupassen.
Vertrauen	Unser System basiert auf dem Gedanken, dass Menschen sich nach bestem Wissen und Gewissen einbringen und für das Unternehmen engagieren. Kontrolle findet nur statt, um Fehler zu vermeiden und die Qualität hoch zu halten.
Kohäsion	Die Ziele innerhalb der Organisation sind so widerspruchsfrei wie möglich; wenn es Widersprüche gibt, sind sie entweder bewusst gewählt und transparent, oder wir bemühen uns um Auflösung.
	Unsere funktionalen Strukturen sind ganzheitlich ausgerichtet, das heißt eher auf das finale Endergebnis als auf abstrakte Arbeitsteilung und einzelne Prozessschritte.

WEITERFÜHRENDE INFORMATIONEN

Jurgen Appelo: *Managing for Happiness.* Wiley, 2016. Ein sehr visuelles Buch, das verschiedene Spiele, Werkzeuge und Praktiken vorstellt, um Teams zu motivieren.

Frédéric Laloux: *Reinventing Organizations. Ein Leitfaden zur Gestaltung sinnstiftender Formen der Zusammenarbeit.* Vahlen, 2015. Das Buch hat viel zur neu gewonnenen Popularität des Themas Selbstorganisation beigetragen. Es führt zahlreiche Beispiele für verschiedene Unternehmen und ihre Praktiken an. Thematisiert werden unter anderem verbindliche Rollen und Konsententscheidungen.

Florian Rustler: *Innovationskultur der Zukunft. Wie selbstorganisierte, agile Unternehmen die Digitalisierung meistern.* Midas, 2017. Das Buch stellt dar, wie verschiedene selbstorganisierte Unternehmen ihre Innovationsaktivitäten lenken. Auch werden Themen wie das Arbeiten in Kreisen und Konsententscheidungen aufgegriffen.

Simon Sinek: *Frag immer erst: warum. Wie Top-Firmen und Führungskräfte zum Erfolg inspirieren.* Redline, 2009. Der Autor geht detailliert darauf ein, warum erfolgreiche Unternehmen ihre Vision und damit ihren Daseinszweck klären und kommunizieren sollten (Goldener Kreis), bevor sie über ihre Produkte sprechen.

Barbara Strauch: *Soziokratie. Kreisstrukturen als Organisationsprinzip zur Stärkung der Mitverantwortung des Einzelnen.* Vahlen, 2018. Einführung in die Soziokratie und die Implementierung der soziokratischen Kreisorganisation (Arbeiten in Kreisen) in Unternehmen.

ARBEITEN IN KREISEN

In der Rolle als Mitarbeiter wünschen wir uns, in Entscheidungen eingebunden und von Führungskräften und Kollegen auf Augenhöhe wahrgenommen zu werden. Viele von uns fühlen sich jedoch in starren Organisationen verloren und von unflexiblen Regelwerken und direktiver Führung eingeengt. In der Rolle als Führungskraft wünschen wir uns zunehmend eine Entlastung, beispielsweise durch motivierte und selbstständige Mitarbeiter. Die einen wollen also eingebunden, die anderen entlastet werden. Führungskräfte und Mitarbeiter könnten sich eigentlich ergänzen – doch in hierarchischen Strukturen kommen sie nicht oder weniger gut zusammen.

Woran liegt das? Als Mitarbeiter können wir nicht den Einfluss auf Entscheidungen nehmen, den wir häufig bräuchten. Wichtige Entschlüsse treffen Führungskräfte allein oder in höheren Gremien. Wie sie getroffen werden, ist für uns als Mitarbeiter oft unklar. Es macht häufig den Anschein, als bliebe uns vielerorts nichts anderes übrig, als einfach die Vorgaben umzusetzen. Als Führungskraft schotten wir uns mit dem Gedanken daran, dass nur wir die Entscheidungen treffen können, zu sehr von unseren Mitarbeitern ab. Selbst wenn wir uns nicht ausreichend mit Themen vertraut fühlen, treffen wir Entscheidungen, weil wir das als unsere Aufgabe und unseren Verantwortungsbereich ansehen.

Wir sollten mehr und besser miteinander kommunizieren, über Hierarchien hinweg. Denn Selbstständigkeit und ein gesundes Maß an Verantwortung können in unseren Organisationen nur entstehen, wenn wir Entscheidungen transparent machen und Einfluss delegieren. Das gilt nicht nur von Führungskraft zu Mitarbeiter, sondern auch für Mitarbeiter untereinander. Wir brauchen Rahmenbedingungen für eine Organisationsstruktur, in der die Verantwortung für Entscheidungen auf mehrere Schultern verteilt wird und wir unser Handeln durch Kooperation bestimmen.

All dies sind die Grundgedanken der Arbeit in Kreisen, auch Kreisorganisation genannt. Aufbau und Prinzipien von Kreisen werden in bekannten Organisationsmodellen für mehr Selbstorganisation wie Soziokratie, Holokratie oder Soziokratie 3.0 jeweils etwas anders beschrieben, haben aber immer das gleiche Ziel: Sie verteilen Macht und Einfluss in einem klar definierten Rahmen.

IM DETAIL
Definition und Grundprinzipien

Ein Kreis ist grundsätzlich eine selbstorganisierte Gruppe gleichgestellter Personen. Der Kreis ist für einen bestimmten Verantwortungsbereich zuständig und kann daher innerhalb dieses Bereichs autonom entscheiden. Ein einzelner Kreis kann auch die Gesamtstruktur eines Unternehmens bilden. Wir sollten einen Kreis jedoch nicht größer als zehn Personen werden lassen, weshalb größere Unternehmen aus mehreren Kreisen bestehen. In einem Kreis mit mehreren Hundert Mitgliedern über die eigenen Regeln zu diskutieren ist nicht zielführend.

Selbstverwaltung. Damit sich ein Kreis selbstorganisiert steuern kann, legen wir den Zweck und die Ziele des Kreises sowie die Rahmenbedingungen für unsere Arbeit fest. Dabei gibt es unterschiedliche Ausgangspunkte:

- Sind wir in einem Start-up-Unternehmen, das sich gerade neu findet, legen wir den Zweck des Kreises fest und entscheiden anschließend, welche Personen beziehungsweise welche verbindlichen Rollen Teil des Kreises sind.
- Bauen wir auf einer bestehenden Organisationsstruktur auf, also Abteilungen oder Teams, beginnen wir aus dieser Struktur heraus gemeinsam in Kreisen zu arbeiten.

Zentral ist in beiden Fällen der gemeinsame Zweck, denn er verbindet die Beteiligten miteinander. Der Zweck ist über lange Zeit beständig und beschreibt, warum es den Kreis gibt. Wir treffen uns regelmäßig (alle vier bis sechs Wochen), um gemeinsam Grundsatzentscheidungen zu treffen. In diesem Meeting – in Holokratie und Soziokratie 3.0 auch Governance-Meeting genannt – prüfen und besprechen wir Themen im Bezug auf die Struktur des Kreises, die im Kreis enthaltenen Rollen sowie alle geltenden Regeln. Sind diese Grundsätze klar definiert, protokolliert und einsehbar, können wir im operativen Alltag selbstständiger unseren Aufgaben nachgehen.

Jeder Kreis organisiert und verwaltet sich selbst, um seinen Zweck bestmöglich zu erfüllen. Das bedeutet, dass wir in jedem Kreis darüber entscheiden, welche Rollen hier geschaffen werden und ob wir eventuell weitere Unterkreise bilden. Wir ersetzen also das klassische Prinzip des Planens und Kontrollierens durch eine dynamische Steuerung.

Kreisstruktur. Jedes Kreismitglied ist gleichgestellt, es herrscht keine Hierarchie innerhalb des Kreises. Das unterscheidet Kreise deutlich von unseren bisherigen klassischen Abteilungen, die in der Regel von einer Führungskraft geleitet wurden. Das Kreisprinzip fördert, dass Denken und Handeln nah beieinander bleiben, indem wir hier selbst Entscheidungen initiieren und verantworten können.

Entscheidungsprozesse. Kreise entscheiden nach festgelegten Entscheidungsmustern, die in den Rahmenbedingungen festgelegt werden. Wir Autoren empfehlen Konsententscheidungen. Das bedeutet, dass eine Entscheidung als angenommen gilt, wenn niemand einen berechtigten Einwand hat.

Aufgabenklärung. In Kreisen werden die Aufgaben und Verantwortlichkeiten in Form von verbindlichen Rollen festgelegt. Verzichten wir auf eine feste Rollenverteilung, sollten wir zumindest einen Gesprächsleiter für die regelmäßigen Meetings zur Selbstverwaltung wählen (siehe Organisationslotsen). Außerdem brauchen wir noch einen Sekretär, der die Agenda für die Governance-Meetings vorbereitet, Grundsatzbeschlüsse festhält und für ein regelmäßiges Review der Beschlüsse sorgt.

Verknüpfung von mehreren Kreisen

Wenn in einer Organisation mehr als ein Kreis entsteht oder wir von vornherein mit mehreren Kreisen agieren, sind Kreise immer miteinander verknüpft, sodass wir bei Entscheidungen sicherstellen, dass relevante Stakeholder aus anderen Kreisen ihre Perspektive einbringen können. Wir sorgen auf diese Weise dafür, dass wir für die Organisation die bestmöglichen Entscheidungen treffen. Es gibt zwei grundsätzliche Formen, wie und für welchen Zweck wir Kreise miteinander verknüpfen.

Hierarchisch verschaltete Kreise. Ähnlich wie in einem klassisch organisierten Unternehmen kann es auch in einer Kreisorganisation eine höchste Hierarchieebene geben. Diese wird durch einen die Organisation umfassenden Hauptkreis dargestellt. In diesem Kreis treffen wir Entscheidungen, die alle anderen Kreise im Unternehmen beeinflussen. Innerhalb dieses Gesamtkreises gibt es in der Regel einzelne verbindliche Rollen und Unterkreise.

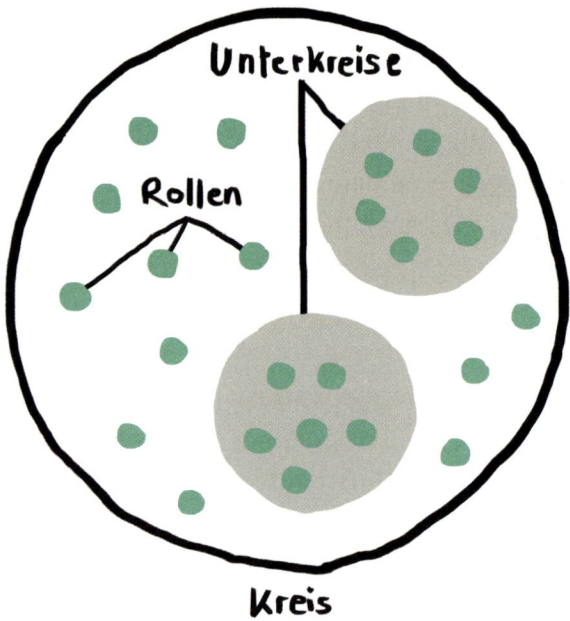

BEISPIEL

Spindle ist ein Softwareunternehmen aus den Niederlanden, das Open-Source-Software entwickelt. Die Organisation nutzt hierarchisch verschachtelte Kreise. Neben einem Hauptkreis mit ein paar wenigen einzelnen Rollen gibt es sechs Unterkreise (zum Beispiel People Operations, Security oder UX), die zum Teil noch weitere Unterkreise haben.

Unterkreise sind ebenfalls selbstverwaltet, haben einen individuellen Zweck und arbeiten auf diesen hin. Findet in einem hierarchisch höheren Kreis eine Besprechung zu Grundsatzentscheidungen statt, nehmen immer zwei Vertreter jedes hierarchisch nächsten Unterkreises daran teil. Diese beiden Vertreter sind voll stimm- und entscheidungsberechtigt. In einem Meeting des Gesamtkreises nehmen also nicht wie in einer klassischen Organisation üblich nur Führungskräfte, sondern beispielsweise auch je zwei Vertreter des Marketing- oder des Produktkreises teil. Einer der Vertreter ist ständiger Teil der Gesamtkreises und gleichzeitig Mitglied in einem oder mehreren Unterkreisen. Aus den Unterkreisen wird ihm jeweils noch ein weiterer Vertreter zur Seite gestellt. Wir sprechen hier von »doppelter Verlinkung« der Kreise.

Koordination durch Delegiertenkreise. Die zweite Form einer Kreisorganisation sieht nebeneinander existierende Kreise vor, die nicht alle in einer Hierarchie zueinander stehen. Jeder Kreis kann im Rahmen seines definierten Zwecks selbstorganisiert handeln und autonom Entscheidungen treffen. Für Entscheidungen, die mehrere Kreise berühren, wird ein sogenannter Delegiertenkreis gebildet.

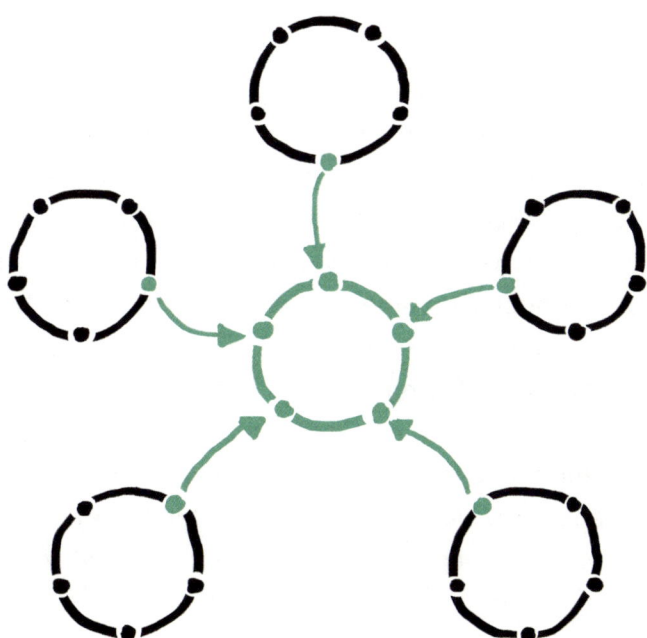

Delegiertenkreise treten im Gegensatz zu hierarchisch verschachtelten Kreisen immer nur kurzzeitig zusammen, etwa wenn wir an gemeinsamen Projekten oder an der Zusammenarbeit zwischen den Kreisen arbeiten möchten. Je nach Thema können dabei Delegiertenkreise gebildet werden, die nur zwei verknüpfte Kreise repräsentieren oder aber alle in der Organisation befindlichen Kreise darstellen. Nach der Entscheidungsfindung gehen die Delegierten wieder zurück in ihre »Herkunftskreise«.

ZU BEACHTEN

Je nach Logik. Eine Besonderheit von in Kreisen organisierten Unternehmen ist, dass es keine einheitliche Logik der Strukturierung geben muss. So können die Kreise eines Unternehmens zum Beispiel regional (Europa, USA, Asien) oder funktional (Forschung & Entwicklung, Vertrieb, Marketing), nach irgendeiner anderen Logik oder einer Mischung verschiedener Logiken gegliedert sein.

GOLDENER KREIS

Warum genau machen wir eigentlich unseren Job? Diese Frage wird immer präsenter und entscheidet darüber, ob wir bei einem Unternehmen bleiben oder nicht. Wir verlangen immer mehr nach Sinnhaftigkeit bei unserer Tätigkeit. Wenn uns jemand zu unserem Unternehmen und unserer Arbeit dort befragt, können wir schnell erklären, welche Produkte und Dienstleistungen wir anbieten. Wofür wir als Unternehmen stehen und wie unsere Tätigkeit damit verknüpft ist, können wir hingegen oft nicht so leicht in Worte fassen.

Wir brauchen einen klar formulierten Daseinszweck, der ausdrückt, was uns als Unternehmen ausmacht und bewegt. Wenn wir den Zweck unserer Organisation nicht greifen können, fehlt ein Kernaspekt einer gesunden und attraktiven Firma. Gleiches gilt, wenn wir zwar einen Daseinszweck formuliert haben, diesen aber nicht kommunizieren oder schlichtweg nicht leben. Warum sollten Kunden unsere Angebote annehmen und Menschen für uns arbeiten?

Es geht dabei nicht zwangsläufig darum, dass jedes Unternehmen – überspitzt gesagt – die Welt retten muss oder ein Wohltätigkeitsverein werden soll. Jedoch fordern wir einen größeren und ganzheitlichen Ansatz: Wir brauchen ein »Know-why« und nicht nur Know-how. Das Werkzeug Goldener Kreis (Golden Circle) hilft uns, eine gemeinsame Bestimmung zu finden und die Zusammenhänge zwischen Daseinszweck, unseren Vorgehensweisen und unseren konkreten Angeboten besser zu verstehen. So entsteht mehr Zusammengehörigkeitsgefühl, Stabilität, Sinnfindung und Zufriedenheit. Bei Bedarf können wir nach einem gewissen Zeitraum überprüfen, ob unser Daseinszweck noch aktuell ist oder ob er sich verändert hat.

IM DETAIL

Das Werkzeug basiert auf dem Konzept des Goldenen Kreises von US-Autor Simon Sinek. Es beschreibt eine einfache und effektive Herangehensweise, um den Daseinszweck, also das Warum eines Unternehmens, zu definieren. Sein Ansatz lautet ebenso wie der Titel seines Buchs: »Frag immer erst: warum«.[10] Das bedeutet, bei der Beschreibung unseres Unternehmens geht es als Erstes um das Warum, erst dann kommen das Wie und das Was.

Die authentische Beantwortung der Warum-Frage (und damit die nach unserem Daseinszweck) führt zu einer stark wachsenden intrinsischen Motivation der Mitarbeiter. Durch eine Identifikation mit den Werten unseres Unternehmens setzen wir mehr Ressourcen frei und sind motivierter als bei einem Nullachtfünfzehn-Job ohne persönliche Begeisterung. Denn wir wissen, wofür wir es tun. Bei der Beherzigung des Goldenen Kreises geschieht zweierlei: Wir ziehen als inspirierendes Unternehmen automatisch sowohl begeisterte und mit unserem Daseinszweck übereinstimmende Kunden als auch dauerhaft intrinsisch motivierte Mitarbeiter an. Zudem sind künftige Entscheidungen über neue Produkte und Dienstleistungen und unsere Firmenkultur leichter zu treffen, wenn wir unser Warum kennen.

Apple hat genau diese Kommunikationsweise beherzigt und spricht damit sowohl Mitarbeiter wie auch Kunden an. Anstatt bei einer Produktpräsentation zu sagen: »Wir stellen gute Computer her, die nutzerfreundlich und schön gestaltet sind. Wollen Sie einen Computer kaufen?«, steht immer das Warum im Mittelpunkt.[11]

Warum?	Wir stehen dafür, den vorherrschenden Status quo mit allem, was wir tun, infrage zu stellen.
Wie?	Indem wir schön designte und nutzerfreundliche Produkte herstellen.
Was?	Wir stellen konkret Computer, Smartphones, Apps und andere Geräte her.

Der Fokus liegt also viel mehr auf der langfristigen Vision und dem Image von Apple, Innovationen zu treiben und Dinge zu hinterfragen, als allein ein spezielles Produkt zu bewerben.

Dabei steht außer Frage, dass Unternehmen mit einem klaren Daseinszweck gemäß dem Goldenen Kreis trotzdem wirtschaftlich denken. Nehmen wir zum Beispiel Patagonia: Das Unternehmen wollte nicht nur Spitzenreiter im Bereich Outdoorbekleidung sein, sondern zudem unnötige Umweltverschmutzung verhindern und dazu entsprechende Lösungen entwickeln. Der Daseinszweck von Patagonia lautet: »Wir sind auf dem Markt, um unseren Heimatplaneten zu schützen. Wir stellen das beste Produkt her, verursachen keinen unnötigen Schaden, setzen unser Business als Möglichkeit ein, die Umwelt zu schützen, und sind dabei nicht an gängige Konventionen gebunden.«[12] Trotzdem schreibt das Unternehmen schwarze Zahlen und besteht als Outdoorriese erfolgreich am Markt.

Der Daseinszweck kann auch überraschen und so Mitarbeiter und Kunden begeistern. Unternehmen stehen also nicht nur für die naheliegendsten Aspekte.

> Tesla sieht in sich deutlich mehr als nur einen Sportwagenhersteller; es steht für die Beschleunigung des Übergangs zu nachhaltiger Energie.[13] Elon Musk fasste diese Absicht so in Worte: »Unser Ziel, als wir Tesla vor einem Jahrzehnt gegründet haben, war das gleiche wie heute: das Aufkommen von nachhaltigen Verkehrsmitteln zu beschleunigen, indem wir so schnell wie möglich überzeugende Elektroautos auf den Massenmarkt bringen.«[14] Wer den Artikel weiterliest, erfährt, dass die Entscheidung, als Erstes einen Sportwagen herzustellen, viel später fiel. Nämlich als klar war, dass die Produktion des ersten Tesla eine sehr kostspielige Angelegenheit werden würde und auf diese Weise eine schnellere Serienreife erreicht werden könnte. Der Daseinszweck des Konzerns lautet aber trotzdem nicht: »Wir bauen schicke Sportwagen.«

Eine Bestimmung des Daseinszwecks gemäß dem Goldenen Kreis findet in der Regel unternehmensweit statt. Im Idealfall beziehen wir möglichst viele Mitarbeiter bei der Findung und Definition des Daseinszwecks ein – doch bei nicht selbstorganisierten Firmen wird dies häufig auf Managementebene geschehen. Sind wir uns über unseren Daseinszweck nicht ausreichend im Klaren oder wollen diesen schärfen, regen wir daher an geeigneter Stelle im Management ein entsprechendes Vorgehen an, um diese Fragen zu beantworten: Warum gibt es unser Unternehmen? Warum produzieren wir etwas? Warum stellen wir eine Dienstleistung zur Verfügung? Was wollen wir erreichen? Oder wir nehmen das Heft selbst in die Hand und setzen uns mit Kollegen hierzu zusammen. Mit einem bereits erarbeiteten Vorschlag können wir uns auf Managementebene oft Gehör verschaffen und darauf aufbauen.

 KONSENTENTSCHEIDUNG

Wenn es darum geht, in einer Gruppe von Gleichberechtigten eine Entscheidung zu treffen, fühlen wir uns während eines Meetingmarathons oft hilflos, weil wir kein angemessenes Vorgehen haben, um zu einer Entscheidung zu kommen. Wir drehen uns im Kreis und binden wichtige Ressourcen – Zeit wie Geld. Viele unterschiedliche Meinungen, Machtspiele und starke Persönlichkeiten können verhindern, dass effektiv entschieden und effizient umgesetzt wird. Wir fällen Entscheidungen manchmal mehr aus politischen Beweggründen, nicht immer im Interesse des Teams oder des Unternehmens. Oder wir fällen aus Unklarheit über Zuständigkeiten gar keine Entscheidung. Ein legitimer Versuch, aus diesem Dilemma herauszukommen, ist die Suche nach einem Konsens. Doch unsere Meinungen gehen oftmals so weit auseinander, dass wir wieder nur lang und breit diskutieren und viele Ressourcen binden. Ein Teufelskreis!
Wir brauchen ein Vorgehen in der Gruppe, um schnell, flexibel und unkompliziert Entscheidungen zu treffen. Besonders wichtig ist dies in Situationen, in denen wir eine Entscheidung nicht von einer Führungskraft treffen lassen können oder wollen, etwa wenn wir in einem Team oder unter Führungskräften keine Hierarchie haben und trotzdem entscheiden müssen. Die Konsententscheidung hilft uns, zügig zu entscheiden, obwohl – oder gerade weil – nicht alle Beteiligten derselben Meinung sind. So sind wir schnell handlungsfähig. Dieses Entscheidungswerkzeug ist der Soziokratie entnommen, die von dem niederländischen Reformpädagogen Kees Boeke begründet wurde.[15] Das Vorgehen der Konsententscheidung ist eine erprobte Mischung aus Soziokratie 3.0 und Holokratie.

IM DETAIL

Begriffsklärung

Die Konsententscheidung basiert exakt auf dem Gegensatz des Konsenses. Wenn wir nach Konsens streben, diskutieren wir so lange, bis alle Beteiligten einem bestimmten Vorschlag aktiv zustimmen. Bei einer Konsententscheidung eruieren wir stattdessen, ob jemand den Vorschlag aktiv ablehnt und aus welchem Beweggrund er das tut. Das bedeutet: Wir müssen gar nicht alle einer Meinung sein, der Vorschlag muss nur »gut genug für den Moment, sicher genug für einen Versuch« sein. Mit der Grundhaltung, dass Vorschläge angenommen werden, wenn es keinen berechtigten Einwand gibt, können wir leichter Entscheidungen mittragen, auch wenn wir selbst anderer Meinung sind.

Berechtigter Einwand. Die nötige aktive Ablehnung nennen wir einen »berechtigten Einwand«. Berechtigt ist er nur, wenn wir einen triftigen Grund dafür anführen können.

Triftiger Grund. Ein triftiger Grund für den Einwand besteht, wenn unserem Unternehmen durch die Annahme eines Vorschlags ein konkreter Schaden oder nicht kalkulierte Konsequenzen drohen.

Konkreter Schaden. Ein Schaden droht, wenn die Organisation oder das Team durch den Vorschlag nicht mehr oder schlechter in der Lage ist, seinen Zweck zu erfüllen. Konkret ist der Schaden, wenn es empirische oder bereits beobachtbare Daten gibt, die das Argument untermauern. Die reine Überzeugung, es einfach anders besser zu machen, reicht nicht. Das wäre nur ein unschädliches Bedenken.

Kalkulierte Konsequenzen. Manchmal kann es sein, dass zwar ein Schaden mit dem Vorschlag einhergeht. Ein anderer Vorteil überwiegt jedoch den Schaden, sodass wir ihn bewusst in Kauf nehmen. Dann besteht kein berechtigter Einwand, da die Konsequenzen kalkuliert sind und uns nicht überraschen können.

Unschädliches Bedenken. Der Vorschlag ist unserer persönlichen Meinung nach zwar noch verbesserungswürdig, oder wir würden das Problem anders lösen und angehen. Es würde dem Unternehmen jedoch bei Annahme des Vorschlags kein konkreter Schaden entstehen. Damit handelt es sich nicht um einen Einwand, sondern nur um ein unschädliches Bedenken.

Konsent Entscheidungen – der Prozess

Vorbereitung (Spannung vorstellen/Relevanz abfragen)
↓
Entscheidungsvorschlag unterbreiten
↓
Verständnisfragen klären
↓
Reaktionen äußern
↻
↓
Einwände abfragen
↻
↓
Einwände prüfen und integrieren
↻
↓
Beschluss feiern
↓
(Bedenken adressieren)

Im Folgenden durchlaufen wir den Prozess anhand eines Beispiels. Für alle Schritte gilt: Ein interner Moderator (siehe Organisationslotsen) führt die Gruppe und achtet auf die Einhaltung der einzelnen Schritte.

Schritt 1: Spannung oder Treiber vorstellen

Warum wollen wir überhaupt eine Entscheidung herbeiführen? Wir empfinden meist eine innere Spannung, es »zwickt« irgendwo, wenn es einen Treiber gibt.

| »In unserem Team arbeiten die Mitarbeiter unterschiedlich viele Stunden pro Monat. Alle haben jedoch das gleiche Weiterbildungsbudget an Geld und Zeit. Dadurch entsteht Unzufriedenheit, und Mitarbeiter mit wenigen Arbeitsstunden sind überproportional oft auf Fortbildung. Wir müssen eine Möglichkeit finden, die unterschiedlichen Arbeitszeiten zu berücksichtigen, um auf individuelle Verhältnisse besser einzugehen.«

Schritt 2: Relevanz abfragen

Der Moderator erkundigt sich im anberaumten Meeting oder Workshop, ob auch andere Teilnehmer das Thema als relevant erachten.

»Ist der Treiber relevant für die Organisation? Seht ihr die Relevanz des Treibers für unseren gemeinsamen Arbeitskontext?«

Dies wird nicht der Fall sein, wenn es nur einen Mitarbeiter persönlich betrifft, also das Team nicht tangiert. Wie etwa die Frage, ob wir ein Fach für Hundefutter für den Office-Hund im Büro einrichten. Anders sieht es jedoch mit der Grundsatzfrage aus, ob überhaupt Hunde mit ins Büro gebracht werden dürfen. Hier ist die Wahrscheinlichkeit hoch, dass die Spannung von mehreren Mitarbeitern gesehen und gefühlt wird.

Schritt 3: Entscheidungsvorschlag unterbreiten

Der Vorschlaggeber präsentiert seinen Vorschlag, mit dem er den Treiber adressiert. Entweder erarbeitet er die Formulierung alleine und stellt sie vor, oder wir erarbeiten sie im Team gemeinsam. Dazu können wir ein weiteres Werkzeug einsetzen, beispielsweise den Kreativprozess.

ENTSCHEIDUNGSVORSCHLAG
»Das individuelle Weiterbildungsbudget (Zeit und Geld) jedes Mitarbeiters wird anhand der Arbeitsstunden pro Woche festgelegt. Dazu nutzen wir einen festen Berechnungsschlüssel (siehe Anhang). Für einen 40-Stunden-Vertrag ergeben sich daraus 2000 Euro und 4 Tage pro Jahr.«

Schritt 4: Verständnisfragen klären

Jeder Teilnehmer hat nun die Gelegenheit, Verständnisfragen zu stellen, allerdings einzeln der Reihe nach, nicht als Diskussion. Kann der Vorschlaggeber keine Antwort geben, bleibt die Frage offen.

VERSTÄNDNISFRAGE 1
»Zählen zu den Wochenarbeitsstunden auch Überstunden?« Antwort Vorschlaggeber: »Ich habe lange überlegt, aber nein, es sollen explizit keine Überstunden hineingerechnet werden. Sie sind schwer vorhersehbar, und es wäre purer Zufall, wer in großen Projekten mit vielen Überstunden steckt und wer nicht.«

VERSTÄNDNISFRAGE 2
»Wäre es möglich, das Budget von einem Jahr in das nächste mitzunehmen, sollte es nicht ausgeschöpft werden?« Antwort: »Ja, das sollte möglich sein. So könnte auch für eine teurere Aus- oder Weiterbildung gespart werden. Jedoch nur bis zum 31. Dezember des zweiten Jahres. Dann verfällt das restliche Budget.«

Schritt 5: Reaktionen äußern

Wir können jede Reaktion hier äußern: Wie sieht unsere Gruppenstimmung aus? Es spricht der Reihe nach immer nur ein Teilnehmer. Diskussionen und Reaktionen auf den Vorredner sind vom Moderator zu unterbinden. Wenn wir keine Reaktion haben, sagen wir kurz: »Ich passe.«

REAKTION 1 | »Ich finde den Vorschlag gut, es fühlt sich stimmig an, gerade das Übertragen des Budgets ins nächste Jahr.«

REAKTION 2 | »Ich weiß nicht … Ich finde es irgendwie nicht gut, dass mein Kollege nur noch Fortbildungen im kleinen Stil machen kann, weil er nach der Elternzeit seine Arbeitszeit auf 20 Wochenstunden reduziert hat.«

An dieser Stelle steht es dem Vorschlaggeber frei, Verbesserungsvorschläge aufzunehmen, die in der Reaktionsrunde gefallen sind und die er als sinnvoll ansieht. Freiwillig deshalb, weil diese Verbesserungsvorschläge oder Bauchgefühle in der Regel nur Bedenken darstellen und für die spätere Annahme des Vorschlags unschädlich sein werden.

FREIWILLIGE ERGÄNZUNG

»Das persönlich ermittelte Weiterbildungsbudget kann in das nächste Kalenderjahr mitgenommen werden, sollte es nicht verbraucht sein. Es verfällt jedoch zum 31. Dezember des zweiten Jahres.«

Schritt 6: Einwände abfragen

Nun kommen wir zur eigentlichen Konsententscheidung. Sofern nicht alle Teilnehmer mit dem Vorgehen vertraut sind, erklärt der Moderator die drei Handzeichen und die Checkfrage. Wir machen uns auch noch einmal bewusst, dass es an dieser Stelle nicht um eine Zustimmung geht, sondern um die Frage, ob wir berechtigte Einwände haben.

Auf Kommando des Moderators (er zählt bis drei: »Eins, zwei, drei.«) geben wir alle gleichzeitig unser Handzeichen:

Daumen nach oben: Wir haben kein Bedenken und keine Einwände.
Flache Hand, Handfläche nach unten, wackelt von rechts nach links:
Wir haben ein Bedenken. Die Checkfrage »Würde uns die Annahme des Vorschlags konkreten Schaden oder nicht kalkulierte Konsequenzen zufügen?« verneinen wir zwar, sind aber in einigen Punkten anderer Meinung oder sehen andere Aspekte. Doch der Vorschlag an sich ist »gut genug für den Moment, sicher genug für einen Versuch«. Daher ist das Bedenken unschädlich für die Annahme des Vorschlags.
Flache Hand, Handfläche nach oben: Wir haben einen Einwand. Wir beantworten die Checkfrage mit Ja. Wir meinen, einen triftigen Grund vorbringen zu können, der für einen konkreten Schaden oder nicht kalkulierte Konsequenzen spricht. Die Handgeste hat auch eine sinnbildliche Bedeutung. Indem wir die Handfläche nach oben

öffnen, reichen wir einen Einwand an die Gruppe weiter, der sich gewissermaßen als »Geschenk« auf unserer Handfläche befindet.

Handzeichen 1 und 2 sind für die Annahme unseres Vorschlags nicht hinderlich. Denn selbst Bedenken fügen dem Unternehmen letztlich keinen konkreten Schaden zu, der Teilnehmer ist nur anderer Meinung. Jeden vorgebrachten Einwand müssen wir jedoch der Reihe nach hören, auf Berechtigung prüfen und integrieren.

ABSTIMMUNGSERGEBNIS | Der Moderator hat hinsichtlich des Vorschlags zur Änderung des Weiterbildungsbudgets zur Abstimmung aufgerufen: Wir sehen vier Daumen nach oben – also keine Einwände. Zudem ein Bedenken und einen Einwand.

Schritt 7: Einwände prüfen und integrieren

Bei diesem Schritt sind Fingerspitzengefühl und eine gute Auffassungsgabe seitens des Moderators gefragt. Denn wir tendieren manchmal dazu, ein Bedenken als Einwand zu verkaufen. Es ist nur menschlich, dass wir unsere Meinung stark vertreten. Doch die Stärke der Konsententscheidung liegt genau darin, dass zügig Entscheidungen getroffen werden, die im Sinne des großen Ganzen sind, und weniger egoistisch oder firmenpolitisch motivierte Entscheidungen getroffen werden, nur weil wir eben »auch« eine starke Meinung haben.

Wir arbeiten bei der Prüfung von Einwänden mit folgenden Checkfragen:

- Basiert der drohende Schaden auf vergangenen Daten und Fakten – oder nehmen wir vielmehr an, dass er künftig so eintreten könnte?

- Betrifft der Einwand das vorliegende oder ein ganz anderes Thema? Anders ausgedrückt: Ist der Einwand aufgrund des Vorschlags entstanden, oder besteht der Einwand auch ohne den Vorschlag? (Wenn es ein anderes Thema ist, können wir es später als eigenen Treiber einbringen.)

Der Moderator fragt anschließend den Vorschlaggeber, ob er den berechtigten Einwand integrieren kann. Findet der Vorschlaggeber keinen Weg, den Vorschlag zu modifizieren, wird der Einwandgeber gefragt, ob er eine entsprechende Idee hat. Als letzte Möglichkeit für eine Anpassung des Vorschlags kann danach auch die Gruppe nach Ideen gefragt werden. Einwandintegration bedeutet also, dass wir eine Erweiterung oder Veränderung des Vorschlags vornehmen, bis der berechtigte Einwand ausgeräumt ist und kein Schaden mehr droht.

»Ich habe laut Vertrag nur zehn Wochenstunden. Das würde laut dem Schlüssel bedeuten, dass ich 500 Euro Budget und einen Fortbildungstag pro Jahr bekomme. Das kann ich so nicht nutzen, da es keine Fortbildungsmöglichkeit in dieser Preiskategorie gibt. Selbst wenn ich die Budgetübertragung ins nächste Jahr nutze, stehen mir nur 1000 Euro zu. Das reicht aber auch nicht. Ich sehe den konkreten Schaden darin, dass einige Teilzeitmitarbeiter sich nicht fortbilden können und das Unternehmen dadurch weniger Zusatzkompetenzen erwirbt und sich weniger entwickelt.«

Der Moderator fragt, ob die Gruppe den Einwand nachvollziehen kann. In der Diskussion wird klar, dass die meisten Fortbildungen der Firmenakademie tatsächlich mindestens 1100 oder 1200 Euro kosten. Somit ist die Faktenlage richtig. Auch betrifft der Einwand das vorliegende Thema. Der Einwand ist berechtigt.

ERGÄNZUNG/EINWAND

Ergänzung aufgrund des berechtigten Einwands:
»Minimum für ein individuelles Fortbildungsbudget von Teilzeitmitarbeitern sind 1100 Euro und zwei Tage pro Jahr – unabhängig davon, ob dieser Betrag laut Berechnungsschlüssel erreicht wird.«

Nachdem der Vorschlaggeber Änderungen und Anpassungen vorgenommen hat, erfolgt eine erneute Abstimmung per Handzeichen. Gibt es keine Einwände mehr, gilt der Vorschlag als angenommen.

Schritt 8: Beschluss feiern

Bei diesem Schritt handelt es sich mehr um eine gemeinschaftliche Geste. Wir freuen uns und zeigen uns gegenseitige Wertschätzung und Anerkennung dafür, dass wir gemeinsam eine Lösung gefunden haben, der keine Einwände entgegenstehen.

Schritt 9: Bedenken adressieren

Wenn am Ende des Meetings noch Zeit bleibt, sollten wir auch die unschädlichen Bedenken ausführlicher in der Gruppe besprechen, die teilweise bereits in der Reaktionsrunde kurz zur Sprache gekommen sind. Für einen runden Abschluss ist es ratsam, dass wir noch einmal kurz aufmerksam zuhören und die Bedenken unserer Kollegen anerkennen.

»Ich habe Bedenken, dass sich Teilzeitmitarbeiter herabgestuft und weniger wertgeschätzt fühlen, wenn sie weniger Fortbildungsbudget bekommen als Vollzeitangestellte. Das ist aber nur meine persönliche Meinung, ich habe keine belegbaren Daten oder Fakten dafür. Vielleicht ist es auch ganz anders ...«

ZU BEACHTEN

Widerstand gegen den Wandel. Die Konsententscheidung ist unpolitisch, faktenbasiert und lässt keinen Raum für reine »Egoentscheidungen«, da diese nur unschädliche Bedenken sind. Grundlagen für das Funktionieren sind Offenheit und die Bereitschaft, auf nachvollziehbare Argumente zu hören. In Unternehmen, die bis dato stark politische Entscheidungen treffen und in denen diese Grundlagen noch nicht verankert sind, müssen wir durchaus mit anfänglichem Gegenwind und einem zähen Umstellungsprozess rechnen.

Staunende, fröhliche Gesichter. Entscheidungen mithilfe der Konsentmethode sind in der Praxis sehr effektiv. Auch Menschen, die sie bis dato nicht kannten, bringen ihr in der Regel einen hohen Grad an Akzeptanz entgegen. Unserer Erfahrung nach sind das Erstaunen und die Freude nach der ersten Anwendung dieses Werkzeugs groß, wenn nach wenigen Stunden ein tragfähiges Ergebnis gefeiert werden kann – denn die meisten Teilnehmer stellen sich wie gewohnt auf eine übliche (langatmige und anstrengende) Diskussionsrunde mit offenem Ausgang (ergebnislos und nervtötend) ein und werden zu ihrem Erstaunen eines Besseren belehrt. Das macht Lust auf mehr!

LOGBUCH

Je schwerwiegender eine Entscheidung, desto größer sind die Konsequenzen für unser Unternehmen. Es ist verständlich, dass wir uns in solchen Fällen viele Gedanken machen. Oft überkommt uns dabei das Gefühl, dass es um alles oder nichts geht. Entweder wir liegen richtig, oder alles geht den Bach runter. Als Entscheidungsträger sehen wir auch unsere eigene Karriere von den Resultaten berührt: Eine Entscheidung zurücknehmen zu müssen würde schließlich bedeuten, dass wir einen Fehler gemacht haben. Solche Ängste und Sorgen, die bei Entscheidungen mitschwingen, hindern uns daran, objektiv und entspannt die Fakten zu betrachten und im Sinne des Unternehmens zu entscheiden. Stattdessen treffen wir Entscheidungen auf der Basis der Meinungen, die sich durchsetzen konnten, weil sie mehrheitsfähig sind und bei niemandem anecken – was häufig ein Zeichen für einen verwässerten Kompromiss ist – oder aber weil die Lautstärke einzelner meinungsstarker Akteure alles andere übertönt.

Für die Organisation gesünder und nachhaltiger wäre ein reflektiertes Ausprobieren als Basis für die Entscheidungsfindung. Bei vielen Herausforderungen können wir ohnehin nicht wissen, wie das Endergebnis aussehen wird. Warum also von vornherein ausschließen, dass eine Entscheidung zurückgenommen werden kann? Wir müssen Vertrauen schaffen, dass Entscheidungen nicht ein für alle Mal getroffen werden, sondern in absehbarer Zeit erneut evaluiert werden können.

Beim Aufbau dieses Vertrauens kann ein System helfen, das uns regelrecht dazu zwingt, Entscheidungen auf Wiedervorlage zu setzen: das Logbuch. Es dokumentiert unsere Entscheidungen mit dem Ziel, die Resultate zu prüfen, daraus zu lernen und gegebenenfalls auf der Basis dieser Erkenntnisse neu zu entscheiden. Wir können dieses Werkzeug auf jeder Ebene der Organisation einsetzen – im Prinzip immer dort, wo eine Gruppe von Personen zusammenkommt, um gemeinsam über Lösungsvorschläge zu diskutieren und Entscheidungen zu treffen. In einer solchen Gruppe können wir ein Logbuch etablieren und verwenden, um die Entscheidungsmeetings und damit den Prozess der Entscheidungsfindung zu begleiten, zu dokumentieren und zu reflektieren.

IM DETAIL
Schritt 1: Vorbereitung

Plattform zur Dokumentation. Wir brauchen eine konkrete, verbindliche Form für das Festhalten von Vorschlägen und Entscheidungen. Im Idealfall ist ein Logbuch kein schriftlich fixiertes analoges Dokument. Ähnlich wie bei einem Kanban-System sollte ein Logbuch dynamisch, also veränderbar sein. Dementsprechend sind die beiden üblichsten Formen eine digitale Plattform, die flexibel editierbar ist, oder eine (Stell-)Wand mit Post-its oder ähnlich einfach handhabbaren Elementen.

Wichtig ist, dass wir die Plattform für alle Teammitglieder zugänglich machen. Im Idealfall ist sie sogar während der Entscheidungsfindung für alle Beteiligten sichtbar. So können wir sowohl Vorschlag als auch Entscheidung live protokollieren. Alle Beteiligten haben damit die Möglichkeit, während des Meetings zu prüfen, ob die erfassten Informationen korrekt sind, und es entstehen im Nachhinein keine Missverständnisse.

Format für Entscheidungen. Indem wir ein festes Format für Entscheidungsvorlagen festlegen, erreichen wir zum einen eine gewisse Vergleichbarkeit, zum anderen garantieren wir, dass die wichtigsten Aspekte einer Entscheidung stets berücksichtigt sind. Im Kern sind drei Bausteine essenziell: eine verbindliche Vorlage für Vorschläge, ein Datum für das Review-Meeting und klare Bewertungskriterien.

- Eine verbindliche Vorlage für Vorschläge, über die wir entscheiden wollen, hält einen Vorschlag im Detail fest, sodass möglichst keine Fragen offenbleiben. Wann immer wir ein Thema zur Entscheidung bringen möchten, können wir uns daran orientieren. Die Entscheidungsfindung wird leichter, weil alle Beteiligten sofort alle nötigen Informationen finden. Das ist essenziell, denn ist uns im Nachhinein nicht klar, worüber wir eigentlich entschieden haben, sehen wir uns womöglich nicht verpflichtet, uns an die getroffene Vereinbarung zu halten. Außerdem: Wie wollen wir über eine einmal getroffene Entscheidung urteilen, wenn wir nicht mehr genau wissen, was eigentlich entschieden wurde?

- Für jede Entscheidung legen wir ein sinnvoll gewähltes Datum fest, an dem eine Überprüfung (Review) stattfindet. Ein früheres Datum ist im Zweifel besser als ein späteres. Können wir zum früheren Datum noch keine Aussage treffen, können wir das Review notfalls verschieben. Bei einem späteren Datum kam es vielleicht schon zu negativen Auswirkungen der Entscheidung und zu Unmut bei beteiligten Personen.
- Um eine Entscheidung und deren Folgen bewerten zu können, brauchen wir klare Kriterien. Andernfalls messen wir mit völlig verschiedenen Maßstäben, und es wird keine Einigung geben, ob die getroffene Entscheidung richtig war oder ob eine neue Entscheidung getroffen werden sollte. Ein Kriterium muss dabei nicht zwangsläufig in Zahlen messbar sein. Solange klar ist, welche Aspekte wir betrachten wollen und welches Ergebnis wir uns erhoffen, können wir eine Bewertung vornehmen.

VORSCHLÄGE ERARBEITEN

Die Effektivität unserer Entscheidungsfindung hängt stark vom Detailgrad der Vorschläge ab, die wir in ein Meeting einbringen. In der Praxis passiert es oft, dass Vorschlaggeber nur mit einer groben Idee in ein Entscheidungsmeeting gehen. Dann müssen alle Beteiligten gemeinsam viel Zeit und Energie investieren, um den Vorschlag überhaupt so zu präzisieren, dass wir entscheiden können. Wenn wir ein konkretes, verbindliches Format im Rahmen unseres Logbuchs definieren, kann uns das dabei helfen, schneller zum Punkt und damit zur Entscheidung zu kommen. Im Idealfall verpflichten wir uns selbst, das gewählte Format strikt und gewissenhaft einzuhalten. Auch andere Werkzeuge können uns hier unterstützen: Treiber formulieren die Beweggründe hinter einem Vorschlag kurz und prägnant, und Kreativprozesse helfen uns beim Erarbeiten von Vorschlägen.

Schritt 2: Entscheidungsfindung und -prüfung

Vorschläge mitsamt Entscheidungen festhalten. Wer und wie entscheidet, ist nicht durch das Logbuch selbst vorgegeben. Wir können autokratisch, nach Mehrheit, Konsens oder per Konsententscheidung Entschlüsse fassen. Sobald wir eine Entscheidung getroffen und damit einen Vorschlag angenommen haben, halten wir beides in unserem Logbuchsystem fest.

Regelmäßige Reviews durchführen. Hat eine frühere Entscheidung ihr Review-Datum erreicht oder überschritten, greifen wir sie im nächsten Meeting auf. Anhand der festgelegten Kriterien bewerten wir, ob wir die gewünschten Resultate erzielt haben. Gegebenenfalls bessern wir nach oder setzen das Thema auf Wiedervorlage.

Damit das System funktioniert, müssen wir in jedem Entscheidungsmeeting Zeit für Reviews einplanen. Im Idealfall passiert das automatisch, beispielsweise durch eine Sortierung von Entscheidungen nach Review-Datum in einer digitalen Plattform. So sehen wir auf einen Blick, welche Themen »fällig« sind, und setzen sie auf die Agenda. Alternativ gibt es eine verantwortliche Person, die getroffene Entscheidungen sichtet und Themen auf die Agenda setzt, deren Review-Datum erreicht ist.

Logbuch füllen. Sind Entscheidungen überprüft (gegebenenfalls auch mehr als einmal) und als valide eingestuft worden, landen sie im eigentlichen Logbuch. Dort sind sie für alle einsehbar und können bei Bedarf wieder herangezogen werden. Das kommt vor allem vor,

- wenn ein neu eingereichter Vorschlag direkten Bezug auf eine frühere Entscheidung nimmt,
- wenn eine früher getroffene Entscheidung erneut diskutiert werden muss, etwa weil sich bestimmte Rahmenbedingungen geändert haben,
- um zu klären, warum bestimmte Dinge so gehandhabt werden, wie es derzeit der Fall ist, wenn etwa neue Kollegen zum Team stoßen.

AUS DER PRAXIS

Bei creaffective nutzen wir eine digitale Darstellung in Kanban-Form als Plattform, um unsere Vorschläge und Entscheidungen im Blick zu behalten.

Wenn Termine in der Spalte »Review« überfällig sind – in unserem System werden diese farblich hervorgehoben –, landen sie auf der Agenda für das nächste Meeting. Im Meeting prüfen wir sie dann anhand der festgelegten Kriterien und schieben sie, wenn wir keinen Grund für ein weiteres Review sehen, ins Logbuch.

Wir verwenden zudem ein grundlegendes, universell einsetzbares Format für Vorschläge, über die wir entscheiden wollen:

Titel:	Regelmäßige Abstimmung bei Weiterbildungen		
Beschreibung:	Alle Teammitglieder posten im Kanal namens »Weiterbildung« im Team »Verwaltung«, sobald sie eine Weiterbildung besuchen, mitsamt weiterführenden Infos (Inhalte, Datum, Ort, für welche Rolle etc.). Im Governance-Backlog gibt es außerdem ein Review-Item, das quartalsweise terminiert ist und damit automatisch in das Review des darauffolgenden Governance-Meetings fällt. Im Review erzählt jeder kurz, welche Weiterbildungen und Urlaubszeiten im nächsten Quartal geplant sind.		
Kriterien:	Bringt uns der Kanal einen Mehrwert? Nutzen wir ihn aktiv?	Review-Datum:	10.09.2018
	Ist das quartalsweise Review ausreichend, oder fallen kurzfristig geplante Weiterbildungen durchs Raster?		
Verantwortliche:	Daniel (in seiner Rolle als Teamster)		

Der Titel macht unsere Vorschläge und Entscheidungen in unserer Plattform leicht erkennbar und auffindbar. Wir halten ihn so kurz wie möglich und so ausführlich wie nötig. Die Beschreibung hingegen ist so detailliert wie möglich, folgt dabei aber keinem festen Format. Kriterien und Review-Datum sind Pflicht. Wir formulieren unsere Kriterien gerne in Frageform, damit wir uns während des Reviews diese Fragen stellen und für uns beantworten können. Auf diese Weise prüfen wir, ob unsere Entscheidung valide ist oder ob wir eine neue Entscheidung zu diesem Thema treffen sollten. Darüber hinaus machen wir uns Gedanken, wer für den Vorschlag verantwortlich ist. Damit garantieren wir, dass die Umsetzung des Vorschlags, sofern er angenommen wird, von einer oder mehreren Personen vorangetrieben wird. Verantwortliche haben auch ein Auge auf das anstehende Review und stellen sicher, dass es nicht aus irgendwelchen Gründen unter den Tisch fällt.

TRANSPARENTE GEHALTSMODELLE

Mit der Auszahlung von Gehältern belohnen wir das Engagement, die Kreativität und die gebündelte Erfahrung unserer Mitarbeiter. Bei Tarifverträgen sind die Gehälter gesetzlich geregelt. In anderen Fällen sprechen wir gerne von Gehaltsstrukturen und vom Marktvergleich. Dabei rühmen wir uns damit, dass unsere Gehälter angemessen, fair und kompetitiv seien. Oft höhlen wir diese Strukturen aber selbst durch unsere täglichen Praktiken aus – im schlimmsten Fall entspricht das Gehalt dann nicht mehr der tatsächlichen Wertschöpfung für die Organisation. Ein Softwareentwickler beispielsweise sollte vor allem hervorragenden Code schreiben; Verhandlungsgeschick verlangen wir nicht von ihm als Kernqualifikation. Und doch belohnen wir die Entwickler, die gut verhandeln, mit höheren Gehältern. Wenn Führungskräfte dann noch unterschiedliche Vergleichswerte heranziehen, unterschiedliche Tätigkeiten in einen Topf werfen oder den Wert ähnlicher Ausbildungen verschieden einschätzen, ist das Chaos komplett.

Innerhalb eines Teams können eklatante Gehaltsunterschiede verheerend wirken. Wenn wir feststellen, dass ein Kollege für genau dieselben Tätigkeiten mehr verdient, fühlen wir uns betrogen. Auch über Teamgrenzen hinweg sorgt das Thema für Unsicherheit. Viele von uns verknüpfen Bezahlung mit Fairness. Sind Gehaltsstrukturen nicht nachvollziehbar, schwindet unser Vertrauen in die Organisation. Auch wenn wir Transparenz in anderen Bereichen leben wollen, untergräbt das Tabuthema Gehalt diese Bemühungen. Wieso sollte jemand den Ruf nach Transparenz im Projekt ernst nehmen, wenn wir nicht auch unsere Gehälter offenlegen?

Aus diesen Gründen beschäftigen sich mehr und mehr privatwirtschaftliche Unternehmen mit transparenten Gehaltsmodellen. Sie wollen ihren Mitarbeitern zeigen, dass sie es mit Transparenz und Fairness ernst meinen. Mit einsehbaren Gehaltsmodellen legen wir offen, welche Leistung wir wertschätzen und in welchem Maße wir diese entlohnen. Das Gehalt kann dabei verschiedene Aspekte der Wertschätzung ausdrücken: erbrachte Leistung und Hingabe, Loyalität, gesammelte Erfahrung oder einen relativen Marktwert. Im Idealfall macht das Gehaltsmodell deutlich, wie wir diese unterschiedlichen Aspekte gewichten und wie sie sich auf die Gehälter auswirken.

Eingesetzt werden transparente Gehaltsmodelle häufig von selbstorganisierten Unternehmen, die Transparenz, Vertrauen und Fairness bis in die letzten Bereiche der Organisation leben möchten. Prinzipiell kann das Werkzeug aber auch in anderen Organisationsformen angewendet werden. Bekannte Beispiele finden wir auch bei Firmen mit klassischen, wenn auch eher flachen Hierarchien.

IM DETAIL

Schritt 1: Prüfung der Ausgangssituation

In der Theorie hört sich das Vorgehen ganz einfach an: Wir legen sämtliche Gehälter offen. In der Praxis merken wir jedoch schnell, dass ein Rattenschwanz an Hürden und Bedenken am Thema Gehaltsstruktur hängt. Abgesehen von Unternehmen mit Tarifverträgen sind die Gehaltsstrukturen einer Organisation in der Regel historisch gewachsen und entsprechen häufig nicht dem Prinzip der Fairness. Das kann verschiedene Gründe haben. Unser Gehalt kann geringer ausfallen, weil wir nicht hart genug verhandelt haben. Oder wir haben das Glück, zum Zeitpunkt der Einstellung eine stark gefragte Expertise im Markt zu bieten – dann haben wir in Verhandlungsgesprächen mehr Trümpfe in der Hand. Vieles lässt sich, objektiv betrachtet, nicht erklären oder argumentativ untermauern, weil es auf Einzelentscheidungen beruht. Ein weiteres Problem: Das Thema Bezahlung ist je nach Persönlichkeit mehr oder weniger stark mit unserem Selbstbewusstsein und Selbstwert verknüpft, was unter Umständen Unsicherheit oder Neid hervorruft. Daher gilt noch zu oft das Motto »Über Geld redet man nicht«. Das Thema ist tabu.

Die Änderung von Gehaltsmodellen wird auch durch gesetzliche Regelungen erschwert. Das deutsche Arbeitsrecht kennt diverse Schutzklauseln, die es Unternehmen nur erlauben, Gehälter nach oben anzupassen. Was dem Arbeitnehmerschutz dient, sorgt in selbstorganisierten Unternehmen oft für Kopfschmerzen. Sind gewisse Ungereimtheiten – oder vielleicht sogar Ungerechtigkeiten – erst einmal entstanden, müssen wir manche davon als Organisation schlichtweg hinnehmen.

Schritt 2: Konzeptionierung von Gehaltsmodellen

Bevor es überhaupt zu irgendwelchen Änderungen kommen kann, müssen wir einiges an Arbeit in die Konzeptionierung der Gehaltsmodelle stecken. Das Ziel ist eine strukturierte Vorgehensweise, die garantiert, dass unsere Gehälter transparent festgelegt werden, damit wir sie dann auch transparent kommunizieren können.

Bei der Festlegung von Gehältern unterliegen wir verschiedenen, teils gegensätzlichen Beschränkungen. Gehälter sind immer davon abhängig,

- was wir uns im Sinne der Wirtschaftlichkeit und Profitabilität leisten können,
- was wir an finanziellen Mitteln bereit sind, für die Tätigkeiten und Verantwortlichkeiten – relativ zu anderen Aufgaben – zur Verfügung zu stellen,
- was dem üblichen Marktwert für vergleichbare Tätigkeiten, Expertise, Ausbildung und Erfahrung entspricht,

- welche finanziellen Ansprüche wir haben, etwa im Hinblick auf unsere Lebenshaltungskosten,
- was wir als fair empfinden.

Alle diese Aspekte fallen je nach Organisation und Branche unterschiedlich aus. Gerade der letzte Punkt, Fairness, ist stark interpretationsbedürftig. Fairness ist nicht identisch mit Gleichheit. Wir können diesen Aspekt daher auch durch ein noch so geniales Gehaltsmodell nicht ohne Diskussion final beantworten. Es ist also durchaus ein gewisser Verhandlungsbedarf vorhanden – nur eben nicht zwischen Führungskraft und Mitarbeiter hinter verschlossenen Türen, sondern im Idealfall transparent innerhalb der gesamten Organisation. Unser Ziel bei einer solchen Diskussion ist dann nicht die Festsetzung einzelner Gehälter, sondern eine Einigung auf bestimmte Grundwerte und Glaubenssätze, die wir als Organisation in Bezug auf Gehälter vertreten möchten.

Schritt 3: Festlegung der Gehaltsebenen

Woran machen wir das Gehalt fest? Hier entscheiden wir, in welchem Verhältnis wir welche Faktoren und Maßstäbe in unserem Unternehmen entlohnen wollen.

Wie legen wir es fest? Hier geht es um die Vorgehensweise, die uns vorgibt, wer wann und wie Einfluss auf die Festlegung des Gehaltes nimmt.

Wer legt es fest? Wir müssen entscheiden, wer die ersten beiden Ebenen zusammenführen und das Gehalt am Ende konkret festlegen darf.

AUS DER PRAXIS
Pioniere der transparenten Gehälter

Eines der bekanntesten Beispiele für Selbstorganisation ist die brasilianische Firma Semco mit mehreren Tausend Mitarbeitern.[16] Eng verbunden damit ist der Name Ricardo Semler, der 1982 die Führung des Unternehmens von seinem Vater übernahm. Nachdem er mit althergebrachten Managementmethoden nicht die gewünschten Erfolge erzielte, begann er mit alternativen Vorgehensweisen zu experimentieren. Dazu zählte auch ein veränderter Umgang mit dem Thema Gehalt. Semco ging dabei etwas radikaler vor als viele andere Unternehmen, indem die Gehälter schon zu Beginn der Experimente offengelegt wurden, ohne das System zu ändern. Erst danach kam die Idee auf, dass auch die Festlegung der Gehälter den partizipativen, transparenten und demokratischen Prinzipien des Unternehmens folgen sollte.

Der erste Schritt in diese Richtung kam in Form von selbstbestimmten Boni für Manager. Lange Zeit hatte Semco mit herkömmlichen Systemen der Bonizuteilung gearbeitet: Die nächsthöhere Hierarchieebene hatte Ziele vorgegeben und deren Einhaltung kontrolliert. Um die Selbstverantwortung der Mitarbeiter zu stärken, entschied man sich dazu, Führungspersonen eigene Ziele setzen und am Ende des Jahres bewerten zu lassen. So bestimmte jeder effektiv über die Boni, die er am Ende des Jahres ausgezahlt bekam. Da die Gehälter bereits transparent waren, kam es auch zu keinem Missbrauch. Wenn sämtliche Kollegen Einblicke in das eigene Gehalt haben, überlegt sich jeder Einzelne sehr gut, wie realistisch oder großzügig er den eigenen Bonus setzen möchte.

Die nächste Stufe sah die Ausweitung auf andere Rollen und Positionen vor. Und die Übertragung auf das Basisgehalt, nicht nur auf Boni. Im Zentrum stand dabei nach wie vor das Gespräch zwischen Führungskraft und Mitarbeiter – mit dem kleinen, aber essenziellen Unterschied, dass der Mitarbeiter das finale Gehalt festlegte, nicht die Führungskraft!

Um einen sauberen Ablauf zu gewähren, etablierten die Verantwortlichen bei Semco folgenden Prozess:

Selbstbewertung. Die Basis bildet eine Selbstbewertung des einzelnen Mitarbeiters anhand eines Fragebogens. Dieser sorgt für Struktur und stellt sicher, dass im Verlauf des Prozesses mehr über Rollen, Aufgaben, Verantwortlichkeiten und Leistung gesprochen wird als über Geld.

Fremdbewertung. Die Führungskraft nutzt dieselbe Struktur, um ihre Einschätzung abzugeben.

Besprechung. Mitarbeiter und Führungskraft sprechen über eventuelle Abweichungen zwischen den beiden Einschätzungen.

Beantwortung zentraler Fragen. Der Mitarbeiter soll, bevor er das Gehalt festlegt, folgende Fragen für sich beantworten:

- Wie viel könnte ich anderswo verdienen?
- Wie viel verdienen Kollegen mit ähnlichen Aufgaben hier bei Semco?
- Wie viel verdienen Freunde von mir in ähnlichen Positionen?
- Wie viel brauche ich, um meinen Lebensunterhalt bestreiten zu können?

Festlegung des Gehalts. Auf dieser Grundlage entscheidet der Mitarbeiter über die Höhe seines Gehalts.

Bei Semco wurde den Führungskräften zu Beginn des Programms noch ein letztes Machtwort eingeräumt, falls die Gehaltsvorstellung vollkommen absurd war. Da dies aber nie eintrat, wurde das Veto wieder abgeschafft.

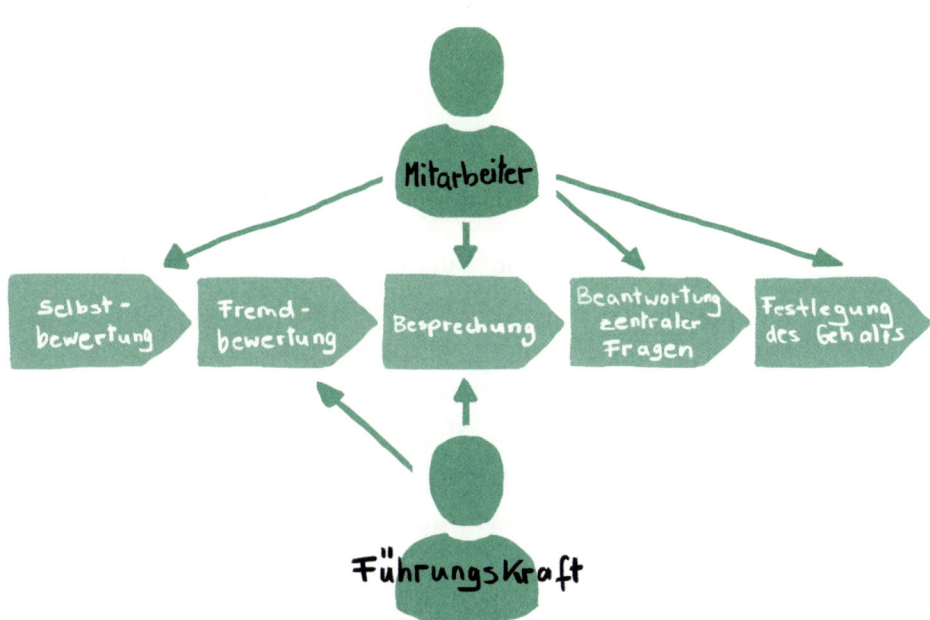

Mit anderen Modellen verglichen, zeigt der Weg von Semco zwei Besonderheiten auf. Zum einen liegt der Schwerpunkt auf dem Prozess der Verhandlung, der als Zwiegespräch zwischen Führungskraft und Mitarbeiter gestaltet ist. Hier finden Selbstreflexion, Fremdeinschätzung und Diskussion statt. Die Festlegung des Gehalts ist dann besonders radikal: Am Ende entscheidet der Mitarbeiter über das eigene Gehalt. Allerdings hat nicht jeder Mitarbeiter bei Semco davon Gebrauch gemacht. Mitte der 1990er-Jahre nahmen bei Semco etwa 25 Prozent der Mitarbeiter an diesem Festlegungsprozess teil, davon ein etwas größerer Teil in den Führungsebenen. Die Vorgehensweise kann also auch in Teilen des Unternehmens funktionieren und muss nicht sofort auf die gesamte Organisation übergestülpt werden.

Historische Strukturen glattziehen

Die IT-Beratungsfirma MaibornWolff aus München mit mehreren Hundert Mitarbeitern folgt klassischen Strukturen, wenngleich mit flachen, pragmatischen Hierarchien. Wie bei vielen anderen Firmen sind die Gehaltsstrukturen hier historisch gewachsen. Eigentlich sollten sich die Gehälter nach gewissen Leistungsstufen richten, doch bei genauerer Betrachtung zeigte sich: Die bestehenden Gehaltsstrukturen folgten keiner wirklichen Logik oder bestimmten Prinzipien. Hätte jemand danach gefragt, hätte auch die Geschäftsführung keine genauen Prinzipien nennen können, an denen sich die Gehälter orientierten.

Ein sensibles unternehmensweites Thema wie dieses sollte keine Top-down-Entscheidung werden. Also fragte die Geschäftsführung die Mitarbeiter, was sie von einer neuen Gehaltsstruktur erwarten würden. Ein erster Gedanke, dass das Unternehmen die Gehälter in irgendeiner Form kollaborativ festlegen könnte, wurde nicht weiterverfolgt, denn die Rückmeldung der Mitarbeiter war: Einfluss auf das Gehalt ist gut, aber nur auf das eigene. Sie wollten die Gehälter der Kollegen nicht festlegen. Stattdessen ging es ihnen vor allem um mehr Transparenz und Fairness. Der Mangel an Struktur war spürbar und führte zu wenig Orientierung und Vertrauen ins System.

Radikale Transparenz wäre schnell herstellbar gewesen: Man hätte einfach nur die Gehälter offenlegen müssen. Dann wäre aber für alle sichtbar geworden, dass es sogar innerhalb derselben Leistungsstufen deutliche, aber nicht erklärbare Gehaltsunterschiede gab. Der Schlüssel zur Lösung dieses Problems lag in den Leistungsstufen, denn diese respektierten die Mitarbeiter; sie waren nur bislang nicht konsequent mit den Gehältern gekoppelt. Damit diese Koppelung funktionierte, musste der Prozess der Einstufung von Mitarbeitern transparent und verlässlich ablaufen. Um die Mitarbeiter einzubinden, wurden Arbeitsgruppen gebildet, die einen Prozess entwickeln sollten, um genau das möglich zu machen.

Anschließend wurden die Leistungsstufen jeweils mit einem festen Basisgehalt gekoppelt.

Der nächste Schritt wäre es gewesen, die Basisgehälter transparent zu machen. Damit wäre auch automatisch das einzelne Gehalt offengelegt. Hier aber kam eine Herausforderung auf, vor der viele Unternehmen stehen: Irgendwie musste es gelingen, die gewachsenen Strukturen abzubilden. Wenn jemand weniger verdiente, als die Leistungsstufe vorsah, war das kein Problem. Was aber, wenn jemand bereits mehr verdiente als das Basisgehalt seiner Stufe? Ein Herabsetzen des Gehalts war psychologisch ungünstig und ohnehin rechtlich heikel.

Die Verantwortlichen entschieden sich daher, die Gehälter noch nicht offenzulegen, sondern zuerst die Stufen »glattzuziehen«. Dazu wurden zwei offizielle Zulagen eingeführt.

Marktzulage. Zum einen musste die wirtschaftliche Realität berücksichtigt bleiben. Wurde dringend Expertise benötigt, die nur schwer zu finden war, musste das Unternehmen potenziellen Mitarbeitern gegebenenfalls etwas höhere Gehälter bieten können. Um diese Flexibilität zu erhalten, führten die Verantwortlichen sogenannte Marktzulagen ein, mit deren Hilfe das Basisgehalt leicht aufgestockt werden konnte, wenn die aktuelle Lage am Arbeitsmarkt es erforderte.

Historisch-taktische Zulage. Der Gedanke hinter dieser zweiten Zulage war, dass niemand durch das neue System schlechtergestellt werden sollte. Wenn ein Mitarbeiter mehr Gehalt bekam, als ihm nach seiner Stufe eigentlich zustehen würde, wurde der Betrag, der über das Basisgehalt hinausging, in eine historisch-taktische Zulage umgewandelt. Sobald der Mitarbeiter eine Stufe aufstieg, erhöhte sich das Basisgehalt, und die historisch-taktische Zulage schrumpfte dabei im selben Maß. Die Zulage wurde also mit der Zeit »aufgefressen«. So reduzierte sich

Schritt für Schritt die Anzahl der Personen im Unternehmen mit Gehältern des alten Systems.

 Die historisch-taktische Zulage bietet eine Möglichkeit, wie wir elegant mit historisch gewachsenen Gehaltsstrukturen umgehen können, ohne für Neid und Missgunst im Unternehmen zu sorgen. Manchmal entsteht trotzdem eine psychologisch etwas ungünstige Situation für Mitarbeiter, die nach dem Status quo »über ihre Verhältnisse« gut verdienen. Denn bei einem Aufstieg in eine höhere Leistungsstufe fällt ihr Gehaltsanstieg erst einmal sehr gering aus, weil die Zulage ausgeglichen wird. Im Vergleich zur Alternative – der Herabstufung des Gehalts nach der Einführung einer transparenten Gehaltsstruktur – ist dieser Effekt aber meist zu verschmerzen. Sollte es doch zu persönlichen Spannungen kommen, adressieren wir diese im zwischenmenschlichen Raum.

ZU BEACHTEN

Transparente Gehälter. Der Gedanke der Fairness kann nur aufrechterhalten werden, wenn ein gewisser öffentlicher Druck vorhanden ist. Ansonsten landen wir sofort wieder bei Verhandlungen hinter verschlossenen Türen.

Transparente Finanzzahlen. Wenn wir nicht einschätzen können, wie es um die Firma wirtschaftlich bestellt ist, können wir auch unsere Gehälter nicht im Sinne der Organisation festlegen. Wenn wir hingegen wissen, wie die Gehälter allgemein und unser individuelles Gehalt im Besonderen bei den Betriebskosten ins Gewicht fallen, agieren wir sehr viel umsichtiger und eher im Sinne des Gemeinwohls.

Transparenter Marktwert. Wir dürfen uns nicht unter Wert verkaufen, nur weil wir den Marktwert unserer Tätigkeiten nicht einschätzen können. Hier kann es hilfreich sein, Benchmarks im Vergleich mit anderen Unternehmen und Branchen für alle zugänglich zu machen.

Grenzen des Systems. Wenn eine Organisation mehr Mitbestimmung ermöglichen möchte, sollte diese bereits bei der Vorbereitung des Gehaltsmodells passieren. Feste Strukturen, wie sie in diesem Beispiel etabliert wurden, sind nämlich nicht für ständiges individuelles Nachjustieren ausgelegt. Im Gegenteil: Je häufiger das System ausgehebelt wird, umso mehr sinkt auch das Vertrauen der Mitarbeiter in das System.

TREIBER

Wir wollen in unserer täglichen Arbeit gut zusammenarbeiten, um das Unternehmen voranzubringen. Häufig fühlt es sich aber an, als wäre Sand im Getriebe. Es fehlt uns an Klarheit in der Zielsetzung und am Verständnis dafür, warum wir die Dinge so regeln, wie wir es tun. Bei der Entwicklung eines neuen Produkts sind wir nur halbherzig dabei, weil niemandem klar ist, warum das wichtiger sein soll als die Optimierung unseres bisherigen Kassenschlagers. Bei Diskussionen im Team drehen wir uns oft im Kreis, weil wir unterschiedliche Zielsetzungen im Kopf haben, ohne es zu merken. Dann eskalieren wir das Thema und stellen fest: Auf der nächsthöheren Ebene streben die Verantwortlichen ebenfalls in völlig unterschiedliche Richtungen. Wir wollen aber nicht raten, wenn wir entscheiden müssen, welche Ziele wir anvisieren sollen.

Was wir jetzt brauchen, ist mehr Klarheit. Unsere Teams und Projekte brauchen einen verständlichen Daseinszweck, den wir erfüllen sollen und können. Wir müssen als Individuen, als Team oder als Abteilung die Frage beantworten, warum wir ein wertvoller Teil des Unternehmens sind.

Was genau leisten wir für die übergeordnete Zielsetzung der Organisation? Warum arbeiten wir an den Projekten, an denen wir beteiligt sind? Was bringen sie unserer Organisation?

Ein Treiber ist ein wünschenswertes Ziel, das so formuliert ist, dass es uns in die richtige Richtung lenkt. Er treibt uns im wahrsten Sinne des Wortes an, indem er uns die Kluft zwischen dem Jetzt und dem möglichen Morgen vor Augen führt. Er kann sogar den Daseinszweck des Unternehmens ausdrücken, also beschreiben, warum es die Organisation gibt (siehe Goldener Kreis). Zudem kann er die Verbindung zwischen dem Daseinszweck und unserer eigenen Tätigkeit aufzeigen.

Wir nutzen Treiber zur Orientierung bei Entscheidungen und als gemeinsamen Nenner in Diskussionen. Wir können dieses Werkzeug in der individuellen Arbeit ebenso einsetzen wie in Teams, Abteilungen oder Unternehmensbereichen. Die größte Wirkung erzielen wir damit, wenn wir es über mehrere Ebenen der Hierarchie hinweg verknüpfen, aber auch bei den einfachsten Tätigkeiten hilft es uns als klare, verständliche Zielformulierung.

IM DETAIL

Mit einem Treiber beschreiben wir die Abweichung des Status quo von einem gewünschten Zustand. Wir können damit sowohl ein Problem, also eine negative Abweichung von unserem gewünschten Zustand, als auch ein Potenzial, also eine mögliche positive Abweichung vom derzeitigen Zustand, erfassen. Eine Treiberformulierung besteht dabei aus zwei Teilen. Der erste Teil erfasst, wie es gerade ist, der zweite Teil beschreibt, wie es sein könnte.

Status quo. Wir fragen uns: Was passiert gerade, und warum schadet uns das? Unsere Antworten beschreiben die aktuelle Situation, die überhaupt erst unser Aktivwerden erfordert. Wichtig ist dabei, unsere Antworten so objektiv wie möglich zu halten, denn es geht in erster Linie um eine Bestandsaufnahme. Den Schaden beschreiben wir, um die Dringlichkeit einer Lösung zu unterstreichen. Ohne Schaden müssten wir uns schließlich fragen, warum wir überhaupt etwas unternehmen sollten.

Mögliche Zukunft. Wir fragen uns: Was braucht es, und wie würde uns das helfen? Damit geben wir die Richtung für eine Lösungsfindung vor. Hier ist es wichtig, nicht schon die konkrete Lösung vorwegzunehmen, denn für jedes Problem gibt es in der Regel mehr als einen Lösungsweg. Wir klären hier also lediglich, warum uns eine Lösung des Problems wichtig ist. Denn eine gelungene Beschreibung des idealen Zielzustands, bei dem alles so viel besser wäre, kann uns einen gehörigen Motivationsschub geben.

TREIBER FÜR DAS HR-TEAM EINES TECHNISCHEN UNTERNEHMENS

»Junge Mitarbeiter stellen heutzutage steigende und häufig sehr individuelle Anforderungen an ihre Arbeitsplätze und die Firmenstrukturen. Wenn wir den Ansprüchen neuer Talente nicht gerecht werden, fehlen uns in der Zukunft wichtige Wissensträger und Experten.

Wir müssen einen Weg finden, die Arbeitsbedingungen bei uns so zu gestalten, dass auch junge Menschen bei uns arbeiten wollen. So gewinnen wir leistungsstarke Mitarbeiter, die uns jahrelang treu bleiben.«

AUS DER PRAXIS

Treiber zur täglichen Orientierung

Wenn wir uns im Tagesgeschäft klarmachen, auf welche Treiber wir bewusst oder unbewusst hinarbeiten, können wir bessere Lösungen entwickeln und leichter Entscheidungen treffen. Das funktioniert sowohl individuell als auch in der Gruppe.

In einem Workshop eines Teams, das wir Autoren als Coaches begleiteten, kam es zu einer hitzigen Diskussion zwischen der Teamleiterin und einem der Mitglieder. Im Vorfeld war das Team bereits durch Probleme in der internen Abstimmung belastet gewesen. Informationen kamen oft nicht da an, wo sie gebraucht wurden, und der Stresspegel aller Beteiligten stieg kontinuierlich. Der Teamleiterin schwebte daher die Einführung einer Kommunikationssoftware wie Slack oder Microsoft Teams vor.

Zusammen mit einem weiteren Teammitglied führte sie Recherchen durch und stellte im Workshop ihre favorisierte Lösung vor. Die Resonanz auf ihren Vorschlag war durchwachsen. Für einige Teammitglieder war das Softwarethema neu, sie mussten sich dafür erst erwärmen. Ein Kollege war von der Lösung allerdings alles andere als angetan. Er argumentierte, dass die bestehenden Systeme vollkommen ausreichen, man müsse sie nur sinnvoll nutzen. Er schlug daher verbindliche Regelungen und gegenseitige Schulungen im Team vor. Daraufhin entspann sich eine Diskussion, die schnell an Schärfe gewann. Die Teammitglieder stellten sich auf die eine oder andere Seite und vertraten fest die Meinung, die »bessere Lösung« an der Hand zu haben.

Wir schlugen daher eine Treiberformulierung vor. Wir vermuteten, dass das zugrunde liegende Problem nicht klar genug herausgearbeitet worden war, denn das passierte unserer Erfahrung nach häufig. Das Team begann mit der Formulierung eines Treibers, der von den beiden Ideen vermeintlich gelöst werden sollte. Es stellte sich heraus, dass es unmöglich war, einen gemeinsamen Treiber zu beschreiben. Die entscheidende Frage stellten wir dann im richtigen Moment: »Zielt ihr mit beiden Ideen überhaupt auf denselben Treiber ab?« Die Antwort war ein ganz klares Nein. Beide Ideen ließen sich nicht miteinander vergleichen, weil die dahinterliegenden Probleme nicht identisch waren.

Der Treiber für den Softwareeinsatz lautete: »Teammitglieder wissen oft nicht, wo sie welche Informationen suchen sollen. Im E-Mail-Verkehr geht vieles unter, oder wir werden durch ständige CC-Mails erschlagen. Für Projekte müssen wir sehr häufig nachfragen, um relevante Informationen zu bekommen. Das alles kostet wertvolle Zeit und sorgt für viel Frustration im Team. Wir brauchen mehr Übersicht und Struktur in unserer Kommunikation, damit wir alle sofort die Informationen finden, die wir im Moment benötigen.«

Der Treiber für die verbindlichen Regelungen setzte an einem anderen Punkt an: »Immer wieder kommt es zu Missverständnissen in unserer Kommunikation. Manchmal ist Adressaten nicht klar, dass sie angesprochen werden. Manchmal sind wir frustriert, weil etwas von uns verlangt wird, das wir so nicht abgesprochen hatten. Entweder nimmt der Umgangston dann an Schärfe zu, oder alle Seiten schweigen zu dem Thema – und wichtige Informationen kommen nicht an. Wir müssen einen besseren Weg finden, um Informationen zu teilen und einzuholen. Dazu brauchen wir verbindliche Regeln und Strukturen, die den Kontext und die Erwartungshaltung klären. So kommunizieren wir schneller und effektiver.«

Stellt man die beiden Treiber nebeneinander, wird klar, dass sich die Ideen gar nicht unbedingt ausschließen, sondern eher ergänzen. Doch erst die Formulierung der konkreten Treiber machte den Teammitgliedern bewusst, welche Probleme sie eigentlich mit ihren Ideen lösen wollten.

Treiber als gemeinsamer Zweck

Ein anderes Team, das wir als Coaches begleiteten, hatte ein noch grundlegenderes Problem. Es war erst kürzlich neu geformt und beauftragt worden, Innovationsprojekte im Unternehmen voranzutreiben. Dazu sollte das Team mit den modernsten agilen Methoden arbeiten. Aus diesem Grund wurden wir zur Unterstützung gerufen. Die Mitglieder des Teams waren hochmotiviert, wollten sie doch ordentlich etwas bewegen. Im Kick-off begannen wir also damit, über mögliche Methoden und Werkzeuge zu sprechen. Bei der Frage, welche davon für das Team gut passen würden, kamen wir aber nicht weiter. Der Grund war, dass das Team selbst nicht genau wusste, was es exakt leisten sollte. Es stellte sich heraus, dass auch die Stakeholder hinter dem Team keine klare Vorstellung davon hatten. Also musste das Team erst einmal herausfinden, welchen Zweck es erfüllen konnte, um das Unternehmen sinnvoll zu unterstützen.

In einem ersten Schritt entwarf das Team ein paar mögliche Treiber in Bezug auf konkrete Innovationsaktivitäten. Diese stellten sie anschließend den Stakeholdern vor, wobei sie aus den Gesprächen wieder neue Gedanken mitnahmen. In einer zweiten Runde konnten wir die Treiber verdichten und zusammenführen. Dabei rückte mehr und mehr die unterstützende Funktion des Teams in den Vordergrund. Statt selbst Innovationen voranzutreiben, sollte es eher Kollegen und Teams bei der Arbeit mit agilen Methoden unterstützen.

Der am Ende gewählte Treiber lautete: »Mehr und mehr Kollegen und Teams befassen sich mit Methoden der Agilität und Innovation. Nicht alle davon passen zu unserem Geschäftsmodell und unserer Arbeitsweise, weshalb wir oft neue Methoden ausprobieren und wieder verwerfen. Das kostet Zeit und Nerven, und im schlimmsten Fall verbrennen wir durch blinden Versuch und Irrtum neue Methoden dauerhaft im Unternehmen. Wir brauchen Menschen im Unternehmen, die sich als Pioniere mit neuen Vorgehensweisen auseinandersetzen, diese erproben und aktiv ins Unternehmen tragen. So können wir mit begrenztem Aufwand die Innovationskraft ganzer Teams und Abteilungen steigern.« Dieser Team-Treiber gab allen Beteiligten Richtung und Motivation.

Treiber in der Unternehmensstrategie

Die umfassendste Art der Arbeit mit Treibern ist das sogenannte Mapping. Dabei formulieren wir den Daseinszweck unserer Firma als sogenannten Unternehmenstreiber und verknüpfen diesen mit den Treibern einzelner Abteilungen, Teams und Rollen. So ergeben sich mehrere Ebenen von Treibern. Um das Konzept besser greifbar zu machen, betrachten wir drei Treiber, die wir bei creaffective formuliert haben: unseren Unternehmenstreiber, einen Treiber zum Marketing und einen Treiber für eine konkrete Rolle aus dem Marketingbereich.

Unser Unternehmenstreiber auf der höchsten Ebene ist eher visionär und ambitioniert gestaltet, die Treiber auf der untersten Ebene eher kleinteilig und pragmatisch.

Unser Unternehmenstreiber lautet: »In Unternehmen gibt es eine Kluft zwischen dem konventionellen Denken und Handeln einerseits und den Anforderungen der sich schnell verändernden Märkte und Technologien andererseits. Auf Mitarbeiterseite verändern sich die Vorstellungen und Bedürfnisse hinsichtlich der Zusammenarbeit und sinnbewusster Arbeit bei immer mehr Menschen. Unternehmen agieren nach außen häufig zu träge und wenig innovativ. Intern verlieren sie aufgrund ihrer starren Strukturen Mitarbeiter und potenzielle Bewerber. Es braucht eine neue Art des Arbeitens, um auf menschlicher und wirtschaftlicher Ebene erfolgreich zu bleiben. Um zukunftsbereit zu werden, benötigen etablierte Unternehmen Begleiter, Lotsen und Coaches, die ihre Methodenkompetenz und eigene Erfahrungen einbringen. So formen sich mehr und mehr innovative und agile Organisationen, und ein aus der Arbeitswelt getriebener gesellschaftlicher Wandel entsteht.«

Auf der nächstniedrigeren Ebene haben wir verschiedene Treiber formuliert, welche die diversen Aktivitäten unserer Organisation beschreiben. Einer dieser Treiber beschäftigt sich mit unserer Außenwirkung: »Kunden durch Kaltakquise zu gewinnen ist bei unseren hochspezialisierten Dienstleistungen schwierig. Wir sind darauf angewiesen, dass Kunden uns finden und ansprechen. In den letzten Jahren sind mehr und mehr Mitbewerber in den Markt eingedrungen. Wenn wir uns nicht von der Konkurrenz absetzen können, verlieren wir Neukunden. Wir brauchen eine klare Marketingstrategie, um uns im Markt zu positionieren und um unseren USP klar zu kommunizieren. So machen wir potenzielle Kunden auf uns aufmerksam und sorgen für neues Geschäft.«

Auf der untersten Ebene arbeiten wir in einzelnen ==verbindlichen Rollen==, denen jeweils ein Treiber zugeordnet ist. Dementsprechend haben wir auch unsere Marketingtätigkeiten in Form von passenden Treibern formuliert. Hier ist der Treiber für unsere Rolle »PR-Hansel«: »Wir bewerben gezielt passende Angebote an Kunden in bestimmten Situationen. Oft erzählen uns Kunden, dass sie unsere Angebote auch deswegen wahrnehmen, weil sie unsere Marke vorher schon in einem anderen Kontext kennengelernt haben. Wenn die Kunden dann konkret nach Unterstützung suchen, ist durch die Markenbekanntheit bereits ein grundlegendes Vertrauen vorhanden. Wenn wir uns nur auf die Vermarktung unserer Angebote konzentrieren und keine gezielte Markenkommunikation betreiben, geht uns viel Potenzial verloren. Wir müssen sicherstellen, dass die Marke creaffective in der Öffentlichkeit als kompetenter Partner für die relevanten Themen wahrgenommen wird. Dadurch schaffen wir die Basis für ein erfolgreiches, gezieltes Content-Marketing.«

Für eine derartige Treiberstruktur gilt, dass wir sie immer wieder anpassen, ergänzen und pflegen müssen. Die Verknüpfung der Rollentreiber mit dem übergeordneten System sorgt dafür, dass jeder Einzelne von uns im Alltag reflektieren kann, welche Tätigkeiten auf welche Treiber einzahlen – oder eben auch nicht. Wir schaffen so ein dauerhaftes Verständnis für die Richtung, in die sich unser Unternehmen bewegt.

ZU BEACHTEN

Identifizieren von Treibern. Wenn uns im Tagesgeschäft auffällt, dass etwas nicht rundläuft, oder wenn wir uns immer wieder an einem bestimmten Thema stören, sollten wir uns Gedanken machen. Vielleicht finden wir eine treffende Treiberformulierung, die wir dann alleine oder mit Kollegen diskutieren und bearbeiten können. In soziokratischen Systemen spricht man dann übrigens von einer »Spannung«. Gemeint ist damit die Kluft zwischen dem Status quo und einer optimalen Situation, die wir als Basis für unsere Treiberformulierung nutzen.

Freiheiten bei der Formulierung. Die Treiberformulierung muss nicht immer strikt dem beschriebenen Schema folgen. Oft reicht es schon, wenn wir die gedankliche Struktur übernehmen. So haben wir Autoren es gemacht, als wir die Ausgangssituationen identifizierten, an denen wir die Trainingspläne ausgerichtet haben. Treiberformulierungen dienten uns auch als Basis für die Herausforderungen, die wir in den einleitenden Abschnitten der Werkzeuge beschreiben.

VERBINDLICHE ROLLEN

Wer war im Team für eine bestimmte Aufgabe zuständig? Wir fragen herum, schreiben E-Mails, und am Ende fühlt sich oft doch niemand zuständig. Im Zweifel entscheidet unser Vorgesetzter über die Zuständigkeit, und jemand wird mit der Aufgabe »zwangsbeglückt«. Und selbst wenn wir die zuständige Person gefunden haben, gibt es Hürden. Wir trauen uns manchmal nicht, sie darauf anzusprechen, denn sie hat in der letzten Woche doch schon so viele Anfragen von uns erhalten. Oder wir haben das Gefühl, dass es unserem Vorgesetzten lieber wäre, wir würden die

Aufgabe selbst übernehmen und nicht an den zuständigen Kollegen abgeben. Selbst bei recht klaren Zuständigkeiten können uns die Hände gebunden sein, wenn der Handlungsspielraum für eigenverantwortliche Entscheidungen fehlt. All diese Faktoren führen in unserem Arbeitsalltag zu Unklarheit, Missverständnissen, Doppelarbeit oder gar Resignation. Manchmal werden Aufgaben endlos verschleppt oder gar nicht erledigt, weil niemand »offiziell« zuständig ist.

Wir arbeiten motivierter und engagierter, wenn wir unseren Fähigkeiten und Neigungen entsprechende verbindliche und selbstverwaltete Aufgabenbereiche übernehmen und verantworten dürfen. Hierbei helfen uns verbindliche Rollen. Unter einer Rolle verstehen wir eine Sammlung inhaltlich ähnlicher Aufgaben unter einem gemeinsamen Zweck, die von einem Mitarbeiter erfüllt werden. Eine umfassende Beschreibung von Rollen und ihrer Ausführung hat Brian Robertson, Softwareentwickler und Gründer von HolacracyOne, in dem Organisationsmodell Holokratie entwickelt. Es gibt in der Holokratie und Soziokratie 3.0 leicht anders ausgestaltete Rollenbegriffe, die sich in ihrer inhaltlichen Ausgestaltung (abgesehen von der genauen Bezeichnung) jedoch recht ähnlich sind. Wir Autoren stellen im Folgenden eine Form von selbstorganisierten Rollen dar, die eine Mischung aus beiden Modellen ist und sich in unserer eigenen Praxis bewährt hat. Jedoch funktioniert eine Umsetzung dieser Rollen im Team auch losgelöst von diesen beiden Organisationsmodellen.

IM DETAIL
Vorteile verbindlicher Rollen
Klar kommuniziert. Wir kommunizieren innerhalb verbindlicher Rollen im Team oder Unternehmen leichter, denn wir kennen unsere Aufgaben-, Verantwortungs- und Zuständigkeitsbereiche ebenso wie die der anderen und wissen, wer welche Entscheidungsbefugnis hat. Wir trennen die inhaltliche und die persönliche Ebene (»Separate Role from Soul«) und

schaffen so eine direktere, aber dennoch wertschätzende Kommunikation ohne persönliche Befindlichkeiten und Umschweife – weil wir klar sagen, aus welcher Rolle wir »sprechen« und was wir von einer anderen Rolle brauchen.

Klein, aber fein. Wir arbeiten mit kleineren, überschaubareren Aufgabenpaketen und können dabei durchaus mehrere Rollen innehaben. So gibt es mehrere kleinere Aufgaben und Facetten statt einer großen, diffusen Stellenbeschreibung.

Übertragbar und mehrfach besetzbar. Rollen können unter Umständen von einer Person auf eine andere übertragen werden. Ebenso ist es möglich, dass eine Rolle von mehreren Personen ausgeübt wird, weil sie alle in demselben Bereich tätig sind.

Eindeutig zugeordnet. Wir halten in der Rollenbeschreibung fest, was ihre Aufgaben sind und was von ihr erwartet werden kann. Dadurch herrscht mehr Klarheit über Zuständigkeiten im täglichen Miteinander.

Lückenlos besetzt. Wir identifizieren Lücken im Team schneller. Entdecken wir Aufgaben, für die bisher niemand zuständig ist, können wir tätig werden, indem wir bestehende Rollen anpassen oder neue schaffen. So können wir Kollegen und Mitarbeiter schützen, die dazu tendieren, alle offenen Aufgaben zu übernehmen, und sich damit überfordern.

Entscheidungsbefugt und eigenverantwortlich. Resignation, bedingt durch fehlende Entscheidungskompetenz, steuern wir entgegen durch mehr Eigeninitiative und Verantwortungsübernahme innerhalb der Rollen. Denn mit den verbindlichen Rollen gehen wir einen großen Schritt in Richtung eigenverantwortliches Arbeiten. Wir treffen in einem definierten Rahmen unsere eigenverantwortlichen Entscheidungen. Wir müssen dabei auch niemanden um Erlaubnis fragen. Ganz im Gegenteil, es gibt niemanden, der unsere Entscheidungen blockieren oder aufheben kann. Die Folge: Wir erleben keine Flaschenhälse mehr, Entscheidungen und Prozesse finden deutlich schneller statt, wir arbeiten flexibler und haben Klarheit über Zuständigkeiten.

Keine Verwechslung. Die Einführung von verbindlichen Rollen ist nicht mit einer Form der Basisdemokratie zu verwechseln. Es geht nicht darum, dass jeder überall mitreden darf. Es geht darum, dass die geeignetsten Köpfe, die in die praktische Arbeit involviert sind, auch selbst entscheiden können und sich die Entscheidungsgewalt nicht an wenigen Stellen sammelt.

Schritt 1: Bestandsaufnahme

Als Startschuss für die Einführung von verbindlichen Rollen reflektieren wir, welche Tätigkeiten im Team anfallen. Hier gilt es, die Tätigkeiten und Aufgaben von den klassischen Stellenbeschreibungen zu trennen. Es geht um die Tätigkeiten, die aktuell von den einzelnen Personen im Team tatsächlich täglich durchgeführt werden. Das eigentliche Problem bei Stellenausschreibungen ist, dass zu viele unterschiedliche Aspekte einer Person zugeschrieben werden. Das überfordert uns schnell. Wenn wir diese unterschiedlichen Aspekte auf Rollen aufteilen, können sie besser und gezielter von Mitarbeitern bearbeitet werden, die dafür geeignet sind und Freude daran haben. Am besten treffen wir uns dazu mit unseren Kollegen in einem Meeting und sammeln gemeinsam die Aufgaben. Wichtig ist, dass wir besonders auf wiederkehrende Aufgaben achten, für die bis dato noch niemand wirklich zuständig ist, die oft unter den Tisch gefallen sind oder jemandem im Team zusätzlich aufgebürdet wurden.

> Im Tagesgeschäft eines Marketingteams fallen verschiedene Aufgaben an. Es muss sich um Inhalte kümmern, die vermarktet werden, Trends erfassen und Analysen durchführen. Um die Budgetfreigaben für das Marketingteam muss sich ebenfalls jemand kümmern, Kampagnen und Projekte planen und vor Ort auf Veranstaltungen unterwegs sein. Eventuell organisiert das Marketingteam bei kleineren Unternehmen zudem Firmenveranstaltungen, zum Beispiel die Weihnachtsfeier oder das Sommerfest. Fehlt eine separate PR-Abteilung, fallen noch weitere Aufgaben an, etwa Pressemitteilungen und andere Texte zu schreiben und zu platzieren. Alle diese Aufgaben würde das Team bei der Bestandsaufnahme sammeln und notieren.

Schritt 2: Definition von Rollen

Wenn wir mit der Sammlung von Tätigkeiten fertig sind, mustern wir Doppelungen aus und clustern Tätigkeiten nach Möglichkeit. Beim Zusammenfassen bündeln wir ähnliche Aspekte in Rollen. Je nach Arbeitsintensität kann eine Rolle nur eine Aufgabe umfassen oder mehrere. Wenn sich abzeichnet, dass es eine sehr große Rolle werden könnte, empfiehlt es sich, dass wir sie in mehrere kleine Rollen unterteilen.

BEISPIEL

Als Anregung zur Definierung von Rollen gibt es an dieser Stelle einen Auszug unserer Rollen im Team von creaffective. Wir haben unsere manchmal auch etwas humorvollen Rollennamen so gewählt, dass wir sofort wissen, was darunter zu verstehen ist. Dabei ist das Bewusstsein wichtig, dass Mitarbeiter in der Regel mehrere Rollen ausfüllen, nicht selten drei bis zehn.

Die Aufgabe unseres Content-Creators besteht beispielsweise darin, inhaltliche Texte für Marketing- oder PR-Maßnahmen (Blogs, Magazine etc.) zu schreiben, nicht zu platzieren. Diese Rolle ist in unserem Unternehmen mehrfach besetzt, denn jeder Content-Creator ist Experte in seinem Bereich und hat spannende Geschichten auf Lager. In klassischen Unternehmen übernimmt in der Regel die Marketing- oder PR-Abteilung zentral die Erstellung von Texten jeglicher Art. Wir sehen hier jedoch viel ungenutztes Potenzial, daher verteilen wir diese Rolle auf mehrere Mitarbeiter in den einzelnen Fachbereichen.

Darüber hinaus gibt es noch Rollen wie: Anfragenkoordinator, Buchhaltung, China-Betreuer, China-Marketing, China-Netzwerker, Chinesisch-Übersetzer, Content-Creator, Controlling, Großonkel, HR-Support, Marketingstratege, Marketing-Wadenbeißer, Onlinetechniker, Pricing-Manager, Teamster, Roominator, Schwarmlerner, Text-Checker, PR-Hansel, rechtlicher Vorgabenbefriediger, Pixel- und Folienwächter und vieles mehr.

Aspekte von verbindlichen Rollen

Zweck. Der Zweck definiert den Sinn der Rolle, warum es sie gibt und warum wir sie brauchen. Darin liegt ihre Legitimation. Was ist also die Motivation zur Schaffung der Rolle? Welche Spannung besteht, wenn es sie nicht gibt? Fällt der Zweck weg, wird die Rolle auch nicht mehr gebraucht. Dies sehen wir, wenn die Rolle selten bis nie zum Einsatz kommt oder wir im Unternehmen entscheiden, einen bestimmten Aspekt nicht mehr zu verfolgen.

> **HILFESTELLUNG** Um den Zweck und damit die »Spannung« treffend zu beschreiben, ist das Werkzeug Treiber hilfreich. Natürlich können wir den Zweck auch frei formulieren.

Verantwortungsbereiche. Hier sammeln wir Aufgaben und Tätigkeiten, die von der Rolle üblicherweise zu erwarten sind, jedoch auch von anderen Mitarbeitern je nach Kontext bei Bedarf übernommen werden könnten, sollte es sinnvoll sein.

Hoheitsbereiche. Dies ist der höchstpersönliche Entscheidungsbereich der Rolle, in den von anderen Rollen nicht eingegriffen werden darf. Wichtig ist, dass wir darauf achten, dass der Hoheitsbereich sich nur auf die Kernbereiche bezieht und entsprechend schlank gestaltet ist. Sonst tendieren wir gedanklich eher zu einer Verteidigungshaltung unserer Rollen und Aufgaben.

> **CHECKFRAGE** Würde es dem Unternehmen schaden, wenn hier mehr als eine Person das Heft in der Hand hält?

Sollte der Fall eintreten, dass wir mit Entscheidungen in den Aufgabenbereich einer anderen verbindlichen Rolle eingreifen, tritt ein bestimmter Prozess in Gang: Wir besprechen die Situation mit der Person, die die eigentlich zuständige Rolle ausfüllt. Hat diese einen Hoheitsbereich (nicht nur Verantwortungsbereich), trifft diese letztlich auch die Entscheidung.

Beschränkungen. Gibt es Grenzen, in denen die Rolle Entscheidungen treffen soll? Gibt es nur ein bestimmtes Budget oder rechtliche Einschränkungen? Um den Gedanken der Selbstverwaltung nicht auszuhöhlen, sollten wir nur Grenzen setzen, wenn dies wirklich nötig ist. Es gibt jedoch Fälle, da ist es erforderlich. Wenn also die Handlungen – dazu zählen Absprachen, Partnerschaften, die Einführung neuer Software etc. – einer Rolle eine Veränderung für das gesamte Team bedeutet, ist es sinnvoll, eine entsprechende Beschränkung zu integrieren.

PIXEL- UND FOLIENWÄCHTER
Wir Autoren nutzen in unserem Arbeitsalltag verbindliche Rollen. So sieht eine entsprechend ausgestaltete Rolle konkret aus:

Zweck:	Unser Corporate Design und extern genutzte Präsentationen und Folien sind nicht immer konsistent. Das führt zu unprofessionellem Auftreten und Fehlern. Unseren Mitarbeitern müssen gewisse Materialien (digital/Print) zur Verfügung stehen, damit sie ihre Arbeit leisten können. Es entstehen Aufgaben, um diese Materialien zu erstellen und zu pflegen. Wir brauchen eine Person, die sich darum kümmert, das Corporate Design nach innen und nach außen konsistent zu halten.
Verantwortungsbereiche:	Sammeln von Verbesserungsvorschlägen der Mitarbeiter im Hinblick auf Arbeitsmaterialien,
	Verwaltung und Pflege von Foliensätzen in Übereinstimmung mit den Richtlinien zur Folienerstellung,
	Erstellung von Grafiken, Visualisierungen und Layouts,

	Bearbeitung von Bildern und Grafiken,
	Sicherstellen des Corporate Designs durch Bereitstellung entsprechender Vorlagen und Farben für Präsentationen etc.,
	Prüfung von Layouts und Grafiken.
Hoheitsbereich:	Finale Ablage von Folien in den Foliensätzen,
	Gestaltung des Corporate Designs.
Beschränkungen:	Grundsätzlich freier Budgetrahmen für Einzelausgaben bis 400 Euro. Wenn darüber hinausgehend: ==Konsententscheidung== notwendig.

Schritt 3: Verteilung der Rollen auf Mitarbeiter

Es gibt unterschiedliche Vorgehensweisen, wie wir eine Rolle besetzen, klassischerweise durch Wahl oder grundlegend durch die Frage, wer bereit dazu ist.

In bestehenden Unternehmen mit bestehenden Tätigkeiten spricht nichts dagegen, Rollen wieder mit den Personen zu besetzen, die sie ohnehin schon ausfüllen. Wir haben jedoch einen großen Schritt hinsichtlich Klarheit und Erwartungshorizont im Team hinsichtlich der Aufgaben der Rolle gemacht.

Schritt 4: Arbeit in Rollen

Die inhaltliche Arbeit ist an und für sich natürlich dieselbe geblieben. Jedoch ist unser Miteinander durch die neue Rollenstruktur besser heruntergebrochen, einfacher und klarer geworden. Es empfiehlt sich, dass wir sowohl im Arbeitsalltag als auch in Meetings bewusst auf das Konzept »Separate Role from Soul« achten. Das bedeutet, wir machen uns stets bewusst, welche Rolle wir derzeit innehaben und dass wir nicht vom Kollegen als Person etwas brauchen, sondern von der Rolle, die er gerade innehat.

BEISPIEL

> Indem wir den E-Mail-Betreff um unsere Rollen erweitern, weiß jeder sofort, was gebraucht wird, und sieht, ob etwas aus dem Verantwortungsbereich seiner Rolle gewünscht wird: »Marketingstratege an Content-Creator: Neuer Artikel für nächsten Newsletter benötigt«.

Es klingt gewagt, verbindlichen Rollen so viel Verantwortung abzugeben und die Zügel derart locker zu lassen? Grundvoraussetzung hierfür ist ein gemeinsames Unternehmensverständnis: Wir spielen »ein Spiel für Erwachsene«. Wir unterstützen innerhalb der verbindlichen Rollen den Daseinszweck unseres Unternehmens nach bestem Wissen und Gewissen. Letztlich gibt es nie eine Sicherheit, dass einzelne Personen immer redlich handeln. Auch oder gerade nicht in klassischen Unternehmen. Wenn wir jedoch in verbindlichen Rollen einen derart großen Vertrauensvorschuss entgegengebracht bekommen, tun wir viel, um dieses Vertrauen nicht zu enttäuschen.

AUS DER PRAXIS

Die Audi Business Innovation GmbH wurde 2013 als hundertprozentige Tochter der Audi AG gegründet. Ziel war es, innovative Konzepte und Geschäftsideen in den Bereichen IT, Nachhaltigkeit und Mobilität zu entwickeln und umzusetzen. 2016 wurde intern die Initiative SETT (»Safe Enough To Try«) gegründet, um neue Wege für eine agile Unternehmensstruktur und Selbstorganisation zu finden. Dabei ist SETT kein starres Regelwerk. Es ist vielmehr eine innere Haltung auf Basis von Prinzipien, um die Veränderung zu bewirken, die es braucht, um die Organisation lebendig zu halten. Das Konzept stellt Menschen in den Fokus – sowohl die Kunden als auch die Mitarbeiter. Neu war hierbei, dass nicht eine vorgegebene Struktur umgesetzt, sondern ein eigener Ansatz gemeinsam mit allen Mitarbeitern entwickelt wurde.

Hier kamen die Themen Rollen und Kreise ins Spiel. Denn um diese Organisationsform effizient zu leben, wurden verschiedene Maßnahmen angestoßen. Ein zentraler Bestandteil der Transformation zu einer selbstorganisierten Netzwerkorganisation war die Auflösung bestehender Abteilungsstrukturen und der klassischen Hierarchie. Anstelle von Abteilungen gibt es nun »Circles«, die sich dynamisch nach Projekten und Bedarf ausrichten. Jeder Mitarbeiter kann, wenn es die Aufgabenstellung erfordert, einen Circle gründen und diesen nach erfolgter Umsetzung des Projekts auch wieder schließen. In diesen Circles nehmen Mitarbeiter – gemäß ihren Stärken – Rollen ein, die klare Zuständigkeiten und Entscheidungsmacht haben. Um dies zu ermöglichen, gibt es einen internen »Rollenmarktplatz«, auf dem Circles bei Bedarf offene Rollen ausschreiben und Mitarbeiter sich darauf bewerben. Durch die Autonomie jedes Mitarbeiters in seiner Rolle (in den interdisziplinär funktionierenden Circles) werden schneller Ergebnisse erzeugt.

Die grundsätzliche Offenheit des Managements im Hinblick auf den notwendigen Change-Prozess war Voraussetzung für diese grundlegenden Veränderungen. Insbesondere die Motivation der Mitarbeiter, sich an einem breiten Diskurs zu dem Thema zu beteiligen, und die Bereitschaft, im Transformationsprozess aktiv mitzuwirken, haben den Weg der Audi Business Innovation GmbH hin zu einer selbstorganisierten Netzwerkorganisation möglich gemacht.

ZU BEACHTEN

Zwischenmenschlicher Raum. Wir empfehlen, neben der reinen Einführung von Rollen und verschiedenen Formaten selbstorganisierter Workshops stets auf den zwischenmenschlichen Raum zu achten. Persönlicher Austausch ist wichtig, um die effizienten und von der Person losgelösten Prozesse emotional zu bereichern.

Mischen möglich. Eine Umstrukturierung in Rollen und damit die Änderung oder Anpassung der hierarchischen Unternehmensstruktur kann in Teams, in Abteilungen oder in der gesamten Organisation erfolgen. Es spricht nichts dagegen, abteilungs- oder teamintern verbindliche Rollen einzuführen und in andere, weiterhin hierarchische Strukturen einzubinden.

Für alle Größen. Unternehmen, die nicht in pyramidalen Hierarchien und Stellenbeschreibungen, sondern in verbindlichen Rollen und Kreisen organisiert sind (siehe Arbeiten in Kreisen), bieten ihren Mitarbeitern einen optimalen Entfaltungsspielraum. Kleine Unternehmen haben mitunter einen leichteren Start, sich von Grund auf umzustrukturieren. Es gibt jedoch auch Vorreiter, die beweisen, dass Größe kein Hinderungsgrund ist. So ist der amerikanische Onlinehändler Zappos[17] in Rollen und Kreisen holokratisch organisiert – und das bei 1500 Mitarbeitern. Sie verwalten sich eigenständig, organisieren sich selbst und arbeiten sehr flexibel.

Überzeugungsarbeit. Große Firmen und Konzerne haben unserer Erfahrung nach häufig das Bedürfnis, eine rollenbasierte Arbeitsweise erst in einzelnen Teams und Abteilungen auszuprobieren, bevor sie unternehmensweit eingeführt wird. Das ist durchaus verständlich, denn dies ist ein gewaltiger Verwaltungsakt, und es ist viel Rückendeckung seitens der Führungskräfte nötig, um die bisherige Struktur und Hierarchie zu verlassen. Das kann sich erst einmal wie ein freier Fall ins Unbekannte anfühlen. Als Führungskräfte profitieren wir davon, Verantwortung an unsere Mitarbeiter abzugeben, indem wir entlastet werden. Dennoch gehen nicht alle Führungskräfte und Mitarbeiter den Schritt hin zu rollenbasiertem und selbstverantwortetem Arbeiten mit.

Pioniere im Unternehmen. Betrachten wir die Geschichte, wie Unternehmen zur Selbstorganisation finden, geschieht die Umstellung auf Rollen beziehungsweise die Entwicklung hin zu einer alternativen Organisationsstruktur oft aus sich selbst heraus: Dafür sind Keimzellen innerhalb der Firma und für die Thematik offene Führungskräfte verantwortlich, die das Potenzial und den Gewinn für sich selbst und das Unternehmen als Ganzes erkennen.

Unternehmen richten ihr größtes Augenmerk auf den operativen Raum, weil es hier um Aktivitäten geht, die auf Wertschöpfung ausgerichtet sind und Umsatz generieren. Es scheint selbstverständlich, dass das operative Tun, also das Was, und auch die Methoden dazu, also das Wie, sich immer weiterentwickeln und wandeln, gerade in Zeiten der Digitalisierung und Automatisierung. Diese Selbstverständlichkeit führt aber häufig dazu, dass wir diese Entwicklung und Veränderung unkontrolliert laufen lassen, statt uns bewusst und reflektiert damit auseinanderzusetzen. Die Problematik wird dadurch erschwert, dass der operative Raum stark von unserer Branche und unserem primären Geschäftsmodell geprägt ist. Insofern tun wir uns manchmal schwer damit, Lösungsansätze aus anderen Bereichen auf das eigene Geschäft zu übertragen.

In unserer Körpermetapher entspricht der operative Raum unserem Muskelapparat. Diesen wollen wir trainieren und auf Höchstleistung bringen, damit wir uns schnell bewegen, schwere Gewichte heben und attraktiv wirken. Doch ebenso wie einseitiges Training zu Problemen führt, ist ein alleiniger Fokus auf den operativen Raum langfristig nicht hilfreich. Wir brauchen die anderen drei Räume als Basis, um operative Höchstleistung vollbringen zu können.

DIREKT UND INDIREKT WERTSCHÖPFENDE TÄTIGKEITEN

Im operativen Raum sind all jene Tätigkeiten verortet, die in unserer Oganisation durchgeführt werden und einen direkten oder einen indirekten Wert schaffen. Einen direkten Wert schaffen Tätigkeiten, die einen Einfluss auf unseren Umsatz haben, also alles, was mit unseren Produkten oder Dienstleistungen zu tun hat, mit denen wir auf dem Markt sind. Die gesamte Wertschöpfungskette wird dabei berücksichtigt: (Vor-)Entwicklung, Herstellung, Umsetzung, Vermarktung, Vertrieb und Kundenbetreuung. Auch der Bereich Innovation, also die Konzeption

und Entwicklung gänzlich neuer Ideen, gehört in diese Kategorie. Tätigkeiten, die einen indirekten Wert schaffen, fallen in organisatorische und verwaltungsbezogene Bereiche, zum Beispiel Controlling, Buchhaltung und HR.

Auch die Gestaltung, Einführung und Umsetzung von Prozessen ist im operativen Raum verortet. Idealerweise sollten die Personen, die mit definierten Prozessen arbeiten, auch diejenigen sein, die die Möglichkeit haben, diese zu hinterfragen, zu ändern oder neu zu gestalten. Der Grundgedanke ist einfach: Jeder von uns kann sein direktes Arbeitsumfeld mitgestalten und beeinflussen. Das macht Abläufe effizienter und uns dank einer erhöhten Selbstwirksamkeit zufriedener.

FORMEN ZUR ZUSAMMENARBEIT

Eines der zentralen Themen im operativen Raum ist die Arbeitseffizienz. Das Tagesgeschäft ist für unsere Wirtschaftlichkeit verantwortlich, indem wir mit möglichst geringem Aufwand – also niedrigen Kosten – einen möglichst großen Effekt erzielen – also Umsatz. Gleichzeitig müssen wir Innovationen vorantreiben, um sicherzustellen, dass wir in fünf oder zehn Jahren überhaupt noch existieren. Ein zu starker Fokus auf Effizienz kann tödlich sein, denn kreatives Arbeiten lebt von Experimenten und Gedankenspielen. Natürlich sollten wir auch hier zielorientiert und fokussiert vorgehen, aber wir können nicht dieselben Maßstäbe anlegen.

Effizienz kann auch auf einer anderen Ebene zu Konflikten führen. Eine effiziente Arbeitsweise lässt sich wunderbar in Zahlen ausdrücken und dahin gehend optimieren. Wir wissen aber auch, dass Menschen keine Roboter sind, sondern vielseitige und vielschichtige Lebewesen mit Stärken und Schwächen. Ein bedingungsloser Fokus auf Effizienz in unseren Tätigkeiten kann dazu führen, dass uns der Raum verloren geht, in dem wir als Menschen stattfinden. Wir verlieren die zwischenmenschliche Verbindung aus dem Blick, auf der jede Art von Organisation aufbaut. Das bedeutet: Sosehr wir nach Effizienz und nach wirtschaftlichem Erfolg streben, so sehr sollten wir bestrebt sein, den zwischenmenschlichen Raum zu stärken.

Überhaupt ist der operative Raum mit den anderen drei Räumen sehr eng verknüpft. Im strukturellen Raum finden wir daher ein Konzept, das ursprünglich aus der Holokratie stammt: »Separate Role from Soul«. Damit streben wir an, den persönlichen Teil – der in unserem Verständnis vor allem in den individuellen und den zwischenmenschlichen Raum fällt – von den operativen und funktionalen Rollen zu trennen, die wir im Unternehmen ausüben. Wir verhindern, dass unsere persönlichen Befindlichkeiten, allen voran unser Ego, unsere Arbeit dominieren. Zum einen erreichen wir dadurch, dass wir uns selbst als mehr als nur die Ansammlung unserer beruflichen Funktionen sehen. Zum anderen können wir eine andere Person in ihrer Rolle oder Funktion ansprechen, mit ihr diskutieren oder sie sogar kritisieren, ohne dieses Ereignis auf die Person selbst zu beziehen. Wir schaffen damit die Basis für eine Arbeitsweise im operativen Raum, die auf Fakten fokussiert ist, nicht auf persönliche Reibereien, und wir arbeiten effizienter, schneller und auf die Unternehmensziele ausgerichtet. Natürlich funktioniert das nur, wenn wir ein reflektiertes, bewusstes Gleichgewicht zwischen funktionaler Effizienz und zwischenmenschlichem Austausch finden.

PRINZIPIEN IM OPERATIVEN RAUM

PRINZIPIEN	AUSPRÄGUNG IM OPERATIVEN RAUM
Transparenz	In der Projektarbeit sind Zwischenstände für alle Beteiligten einsehbar.
	Bei der Erledigung von Aufgaben sind alle Informationen für die Durchführung verfügbar, entweder weil die Informationen abgelegt und zugänglich sind oder weil wir wissen, wer die notwendige Expertise hat.
	Die Auslastung aller Personen, mit denen wir arbeiten, ist bekannt und transparent.
	Es gibt Prozesse, über die Fachwissen im Unternehmen aufgebaut und verbreitet wird.
Effektivität	Aufgaben und Projekte werden entsprechend den Zielen der Organisation priorisiert, damit wir an den Themen arbeiten, die uns diesen Zielen näher bringen.
Empirismus	Wir arbeiten iterativ in kurzen Zyklen.
	Zwischenergebnisse werden vorgestellt, und Feedback (von außen) wird regelmäßig eingeholt.
	Wir bemühen uns um ständige Verbesserung.
	Zwischenergebnisse werden regelmäßig, aber maßvoll (von innen) überprüft.
Verantwortlichkeit	Einmal gegebene Zusagen für die Erledigung von Aufgaben halten wir selbstverantwortlich ein.
Fairness	Sämtliche zu erledigende Aufgaben haben einen angemessenen Stellenwert und werden entsprechend wertgeschätzt.

PRINZIPIEN	AUSPRÄGUNG IM OPERATIVEN RAUM
Offenheit	Ideen betrachten und prüfen wir grundsätzlich unvoreingenommen, egal woher sie kommen.
Vertrauen	Wir vertrauen darauf, dass unsere Kollegen ihre Aufgaben nach bestem Wissen und Gewissen eigenverantwortlich erledigen.
	Wenn wir bei Kollegen zum Stand einer Aufgabe nachhaken, entsteht das nicht aus dem Wunsch nach Kontrolle.
	Unsere Prozesse müssen nicht bis ins letzte Detail durchdekliniert sein, weil wir darauf vertrauen, dass alle mitdenken und sich kreativ einbringen, um sie gegebenenfalls anzupassen.
Kohäsion	Teams werden bei uns nicht gegeneinander ausgespielt.
	Wenn es bei Projekten oder Aufgaben Sinn ergibt, sie als Gesamtes zu bearbeiten, tun wir dies auch. Wir vermeiden es, sie in Form von Arbeitsteilung in kleine Pakete zu zerstückeln und das große Ganze aus dem Blick zu verlieren.

WEITERFÜHRENDE INFORMATIONEN

Rob Fitzpatrick: *Der Mom Test.* CreateSpace, 2016. Ein Leitfaden für Kundeninterviews und die Identifikation von Kundenbedürfnissen, der uns beim Werkzeug User-Research helfen kann.

Brian Robertson: *Holacracy. Ein revolutionäres Management-System für eine volatile Welt.* Vahlen, 2016. In seinem Buch beschreibt Robertson im Zuge des gesamten holokratischen Systems Tactical Meetings und die Anforderungen an den Moderator, eine holokratische Form des Organisationslotsen, im Detail.

Florian Rustler. *Denkwerkzeuge der Kreativität und Innovation.*
Midas, 2018. Hier finden sich Informationen zu den Denkphasen der Kreativität, verschiedenen Kreativprozessen sowie Vorgehensweisen und Werkzeugen für Organisationslotsen in der Form des Innovation-Facilitator. Auch gibt es Informationen zum Innovationsklima.

Ken Schwaber und Jeff Sutherland. *The Scrum-Guide,*
https://www.scrum.org/resources/scrum-guide. Das Dokument beschreibt das Scrum-Framework, inklusive Sprint, Retrospektive und den Scrum-Master, eine Form des Organisationslotsen.

DENKPHASEN DER KREATIVITÄT

Uns mangelt es meist nicht an Ideen, vielmehr leiden wir an Ideenverstopfung oder vorschneller Ideenzerredung, die beide zu Frust und Resignation führen. Wir kennen es, dass mit unseren Ideen ab einem gewissen Grad nichts mehr geschieht, sie bleiben wie in einem Flaschenhals stecken, denn es fehlen die Ressourcen oder die Verantwortlichen. Vor allem ungewöhnliche Ideen verwerfen wir in Meetings schnell oft selbst wieder, denn wir sind meist unser größter Kritiker. Und dann gibt es noch die Kollegen, die neue Ideen mit Vorliebe sofort unter Beschuss nehmen. Das führt dazu, dass wir Ideen vorschnell im Keim ersticken, bevor sie eine realistische Chance hatten, ihr Potenzial zu entfalten. Auf diese Weise leidet aber auf lange Sicht unser Potenzial zur Problemlösung oder Ideenfindung. Irgendwann resignieren wir, ziehen uns zurück – und im schlimmsten Fall bringen wir gar keine neuen Ideen mehr ein. Wir bewerten Meetings oder Workshops in der Rückschau oft als sinnlos, da unserer Ansicht nach nichts vorangeht.

Wir brauchen eine Möglichkeit, produktiv und offen neue Ideen und Sichtweisen zu entwickeln, ohne sie schon im Entstehen zu vernichten. Dies setzt langfristig unser volles Potenzial frei. Es braucht zudem Wissen über Hintergründe und Techniken, wie neue Ideen entstehen und zugelassen werden können, und gleichzeitig ein Bewusstsein dafür, wie wir sie in einem separaten Schritt auswählen und bewerten. Dabei ist eine Grundvoraussetzung, die zwei Denkphasen der Kreativität zu kennen und zu trennen.

Diese Grundhaltung ist im gesamten Arbeitsumfeld anwendbar, besonders jedoch im operativen Tagesgeschäft. Durch die Trennung der Denkphasen und die so geförderte Offenheit und Kreativität erhöhen wir unsere Innovationskraft signifikant. In der Folge sind wir weniger damit beschäftigt zu diskutieren, warum Ideen vermeintlich absurd sind. So werden weniger Ressourcen in unproduktiven Meetings gebunden, und das ermöglicht uns mehr Fortschritt.

IM DETAIL

Divergierendes und konvergierendes Denken

Die Denkphasen der Kreativität zu trennen eignet sich immer dann, wenn wir neue Ideen generieren (auch alleine), aber auch, um uns nicht zu verzetteln oder die dringendsten Herausforderungen einzugrenzen.

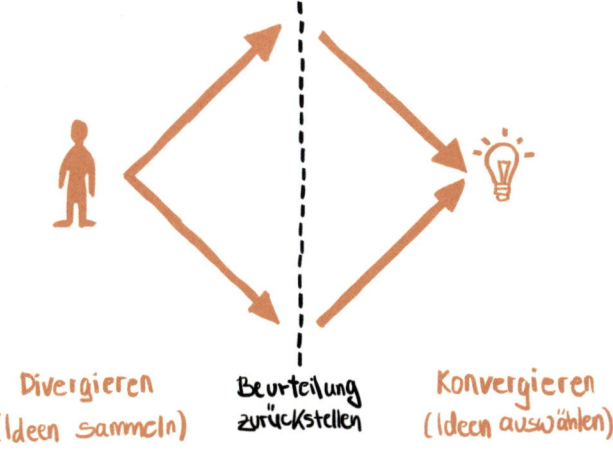

Wenn wir versuchen, auf neue Ideen zu kommen – egal ob alleine oder im Rahmen eines Meetings –, sollte dies in zwei Denkphasen stattfinden.

Denkphase 1. Divergierendes Denken bedeutet, Ideen offen und bewertungsfrei zu sammeln. Alles, was uns in den Sinn kommt, notieren wir. Am besten kombinieren wir zur Ideenfindung verschiedene Kreativitätstechniken und brainstormen.

Denkphase 2. Konvergierendes Denken bedeutet, dass wir nach dem Sammeln der Ideen nun positiv und gezielt anhand von verschiedenen Prinzipien die interessantesten und vielversprechendsten Ideen auswählen.

Einige Grundregeln helfen uns dabei, die jeweilige Denkphase zielführend für die Generierung und Auswahl von Ideen einzusetzen.

Grundregeln für divergierendes Denken

Beurteilung zurückstellen. Während des Divergierens sammeln wir wertungsfrei alle Ideen, egal ob sie möglicherweise das Budget übersteigen, so ähnlich schon versucht wurden oder zunächst technisch nicht umsetzbar scheinen. Jede Idee hat das Potenzial, uns zu einem realisierbaren Lösungsansatz zu führen.

OHNE WENN UND ABER

Sollten wir in Diskussionen abschweifen oder mit dem berühmten »Ja, aber« Ideen vorverurteilen, weist uns der Moderator darauf hin. Wir können auch ein spielerisches Element einführen, indem wir vereinbaren, dass für jedes »Ja, aber« in der divergierenden Ideensammlungsphase ein Euro in ein Sparschwein geworfen werden muss. In der Regel reicht der Symbolcharakter des Schweins, das vor uns auf dem Tisch steht, um uns während des Brainstormings oder anderer Kreativtechniken an die Trennung der beiden Denkphasen zu erinnern.

Nach Quantität streben. Wir sammeln so viele Ideen wie irgend möglich – egal wie nebensächlich, absurd oder lustig sie erscheinen mögen. Erfahrungsgemäß sind gerade diejenigen Ideen, die im Meeting belächelt werden oder die tatsächlich Lacher hervorrufen, extrem interessant. Wir sollten sie unbedingt festhalten! Während des Sammelns wissen wir noch nicht, wann die wirklich interessanten und vielversprechenden Ideen kommen.

Verrückte Ideen suchen. Vor allem irrationale oder verrückt anmutende Ideen bieten uns eine hervorragende Gelegenheit, unseren Horizont zu erweitern. An dieser Stelle ist es erlaubt, zu fliegen, zu zaubern, riesengroße Budgets anzunehmen und physikalische Grundsätze außer Acht zu lassen. Es geht nicht darum, utopische Ideen später tatsächlich in die Tat umzusetzen, sondern unser Denken und unsere Kreativität zu beflügeln, sodass wir auf ganz neuartige Ideen kommen. Wir denken in ganz neuen Bahnen und erlauben es uns, völlig neue Blickwinkel einzunehmen. Indem wir uns das Unmögliche ausmalen, kommen uns oftmals die entscheidenden Geistesblitze für tatsächlich realisierbare Ideen.

Auf Bestehendem aufbauen. Wir sollten mit unseren Ideen auf allen anderen bereits genannten Ideen aufbauen. Wir können sie konkretisieren oder verändern, vielversprechende Ansätze weiterentwickeln oder kombinieren.

Grundregeln für konvergierendes Denken

Positive Beurteilung anwenden. Auch wenn nun die Zeit für eine Bewertung gekommen ist, empfiehlt es sich an dieser Stelle, eine positive Grundeinstellung beizubehalten. Statt danach zu suchen, warum eine Idee nicht funktioniert, sollten wir bewusst nach dem Potenzial Ausschau halten, warum die Idee vielleicht doch funktionieren könnte.

Bewusst und überlegt handeln. An dieser Stelle wollen wir verhindern, die eben gesammelten Ideen vorschnell abzuschreiben oder uns spontan in nur eine einzige Idee zu verlieben. Es geht darum, den Blick prüfend mit etwas Zeit über alle Ideen schweifen zu lassen. Manchmal ist es sinnvoll, gewisse Kriterien zu bestimmen, nach denen wir Ideen bewerten und auswählen: Geht es darum, dass Ideen gesucht werden, die für einen Markt oder eine bestimmte Zielgruppe interessant sind? Die Kriterien variieren je nach Herausforderung und sollten, wenn nötig, im Vorfeld von der Person bestimmt werden, die für die zu bearbeitende Herausforderung verantwortlich ist.

Das Ziel im Blick haben. Wir prüfen, ob die Ideen noch unsere Herausforderung beantworten. Wenn wir brainstormen, haben wir anfangs eine Herausforderung oder Ausgangsfrage. In der divergierenden Denkphase mit der Suche nach verrückten Ideen oder ganz generell verfolgen wir manchmal eine komplett neue Richtung. Dies kann ebenso wertvoll sein, deshalb unterbinden wir es nicht beim Divergieren; es kann uns jedoch von der Ausgangsfrage etwas wegführen.

Neuigkeitswert bedenken. Zum einen wollen wir keine Ideen weiterverfolgen, die es so schon längst gibt. Ein Auswahlkriterium ist daher der Neuigkeitswert einer Idee. Zum anderen sollten wir neuartige Ideen nicht gleich wieder verwerfen, nur weil sie vermeintlich zu ungewöhnlich sind.

Ideen verbessern. In der kurzen Phase des Divergierens ging es nur um Ideen, nicht um durchdachte Konzepte. Jetzt, beim Auswählen in der konvergierenden Phase, schwingt immer der Gedanke mit, dass die zu wählende Idee einen interessanten, ausbaufähigen Ansatz darstellt. Wir wollen sie jetzt weiter verbessern.

IDEEN PRIORISIEREN

Es gibt verschiedene Techniken, um zu konvergieren. Am einfachsten geben wir jedem Teilnehmer eine bestimmte niedrige Anzahl an farbigen Klebepunkten. Wir sollten am Schluss nicht mehr als etwa zehn Prozent der gesammelten Ideen bepunkten, um wirklich sinnvoll zu priorisieren. Alle so ausgewählten Ideen werden im Anschluss besprochen und, wenn möglich, nach inhaltlicher Verwandtschaft geclustert.

ZU BEACHTEN

Hilfestellung geben. Ein Moderator ist gerade anfangs hilfreich, wenn es darum geht, dass wir lernen, die beiden Denkphasen bewusst zu trennen. Er kann höflich, unter Umständen humorvoll, doch bestimmt darauf hinweisen, in welcher Denkphase wir uns gerade befinden.

Klarheit schaffen. Alle Teilnehmer müssen die zwei Denkphasen und deren Grundregeln kennen. Sollte dies nicht der Fall sein, planen wir am Anfang des Treffens zehn Minuten für eine Erklärung ein. Darüber hinaus kann es hilfreich sein, die Grundregeln visuell im Meetingraum vor Augen zu haben.

KANBAN

Immer häufiger arbeiten wir in verschiedenen Projekten statt in einem konstanten Regelbetrieb mit wiederkehrenden Aufgaben. Zur anspruchsvollen Projektarbeit an sich kommt noch die Koordination hinzu. Die ständige Abstimmung – wer was bis wann macht – ist zeitraubend und anstrengend. Da sich in Projekten erfahrungsgemäß Rahmenbedingungen und Vorgaben oftmals ändern, müssen wir flexibel sein. Ein fixer, eng getakteter Plan fliegt uns schon bei der ersten Überraschung um die Ohren. Wenn wir aber gar nicht planen, sind wir im Blindflug.

Wir brauchen ausreichend Übersicht, um unsere Kapazitäten regelmäßig mit dem Projektumfang abzugleichen. Wir müssen unsere Planung flexibel gestalten, um Mehraufwand durch ständige Überarbeitung der Planung zu vermeiden. Eine mögliche Lösung ist das Kanban. Der Begriff stammt aus dem Japanischen, bedeutet wörtlich übersetzt »Sicht-Tafel« oder »Sicht-Karte« und ist Teil eines Systems der Produktionsprozesssteuerung, das im Umfeld des Toyota Production System von Taiichi Ohno entwickelt wurde. Im agilen Arbeitskontext hat sich eine modifizierte Variante sehr stark verbreitet, die wir hier darstellen wollen.

Ein Kanban hat mehrere Einsatzzwecke:

- Es macht den Projektstatus für alle Beteiligten sichtbar.
- Es hilft dabei, die Übersicht zu behalten, wenn wir nicht alle Arbeitspakete in einem bestimmten Zeitabschnitt bewältigen können.
- Es stellt in einem Team oder Arbeitskreis sicher, dass wir nicht zu viele Themen gleichzeitig bearbeiten.
- Es ermöglicht uns als Mitglied eines (Projekt-)Teams, eigenverantwortlich nach dem Pull-Prinzip Arbeitspakete zu übernehmen.
- Es ermöglicht uns eine einfache und klare Priorisierung von Arbeitspaketen im Allgemeinen.

IM DETAIL
Aufbau des Kanban-Boards

Als Erstes erstellen wir unser Kanban-Board. Das können wir analog machen – beispielsweise mit Post-its auf einer Pinnwand – oder digital über Excel oder eine der zahlreichen Softwarelösungen mit der entsprechenden Funktion. Wir brauchen dafür vier Spalten:

Backlog. Das Backlog ist eine dynamische Liste aller Arbeitspakete, das heißt, es enthält alle Anforderungen, Herausforderungen oder Aufgaben, die wir für die Erreichung eines oder mehrerer Ziele bearbeiten müssen. Hier sammeln wir also erst einmal alle relevanten Arbeitspakete. Das Backlog ist stets offen für neue Einträge.

Zu erledigen. Hier finden wir die Arbeitspakete, die wir in einem festgelegten Zeitraum als Nächstes abarbeiten müssen.

In Bearbeitung. Alle Arbeitspakete, die bereits bearbeitet werden, landen in dieser Spalte. Hier kann es sinnvoll sein, eine Obergrenze für die Anzahl an Arbeitspaketen zu setzen, entweder insgesamt oder pro Person. So stellen wir sicher, dass nicht zu viele Arbeitspakete gleichzeitig bearbeitet, aber am Ende nicht innerhalb der Zeitvorgabe fertiggestellt werden.

Erledigt. Hier sammeln wir alle Arbeitspakete, die bereits abgeschlossen sind. Auf diese Weise bekommen wir ein Gefühl dafür, wie weit die Arbeit vorangeschritten ist. Außerdem setzen manche Themen auf andere auf. Durch das Kanban können wir sehen, wenn Aufgaben erledigt sind, die wir für die Bearbeitung einer anderen Aufgabe als Voraussetzung benötigen.

Schritt 1: Größe der Arbeitspakete bestimmen

Die Größe der Arbeitspakete beeinflusst die Möglichkeiten unserer Planung. Ist ein Paket riesengroß, müssen wir auch entsprechend große Zeiträume für die Bearbeitung einplanen. Spontane Änderungen werfen dann womöglich unseren sorgsam erdachten Zeitplan durcheinander. Wir brechen daher Arbeitspakete so weit herunter, dass sie mindestens in unseren kleinstmöglichen Zeitraum – im Arbeitsalltag ist das in der Regel eine Woche – passen. So können wir gleichzeitig flexibel und gegenüber anderen belastbar planen.

Schritt 2: Arbeitspakete priorisieren

Wir legen klare, einigermaßen kurze Zeitabschnitte für die Priorisierung fest. Ideal sind ein oder zwei, maximal vier Wochen. Innerhalb dieser Zeiträume findet keine erneute Priorisierung statt. So stellen wir sicher, dass wir in dem gegebenen Zeitintervall fokussiert arbeiten können.

PRIORISIERUNG VS. ARBEIT

Priorisierung kostet Zeit, dasselbe gilt für die Schätzung des Arbeitsaufwands (Schritt 3). Eine individuelle Wochenplanung dauert in der Regel rund 30 Minuten, je nach Umfang der Tätigkeiten kann es aber auch schneller gehen. Sollen diese Schritte im Team erfolgen, ist das natürlich aufwendiger. Die Begrenzung auf ein bis vier Wochen stellt sicher, dass wir nicht zu viel Zeit mit der erneuten Priorisierung und zu wenig mit dem Bearbeiten der Arbeitspakete verbringen. Trotzdem gilt: Wir brauchen die Zeit für Priorisierung und Schätzung, sonst funktioniert das Backlog nicht!

Die Listenform ermöglicht uns eine Priorisierung anhand verschiedener, bewusst gewählter Kriterien. Da alle Arbeitspakete im Backlog untereinander angeordnet werden, wissen wir immer, wie sie im direkten Vergleich gewichtet wurden. Oben stehen die Aufgaben mit höherer Priorität. So ist zu jedem Zeitpunkt klar, welcher nächste Schritt zu tun ist. Kommen im Laufe der Zeit neue Arbeitspakete hinzu, landen sie im Backlog und werden nach Ablauf des Zeitabschnitts in die neue Priorisierung aufgenommen.

VIELFÄLTIGE KRITERIEN | Wir können Arbeitspakete auch nach ihrer Wichtigkeit, Dringlichkeit oder Relevanz einordnen oder anhand anderer Kriterien, die dem Themengebiet und Projekt angemessen sind. Solange wir die Kriterien bewusst wählen, transparent machen und beibehalten, funktioniert die Priorisierung.

Der Vorteil eines priorisierten Backlogs: Wir können schnell und unkompliziert entscheiden, welche Arbeitspakete als Nächstes in die Spalte »Zu erledigen« geschoben werden sollen. Das hilft vor allem, wenn wir im Team mit einem Kanban-Board arbeiten. So wissen alle Bescheid, welche Arbeitspakete derzeit am wichtigsten sind. Eine Priorisierung wird umso wichtiger, je mehr Arbeitspakete im Backlog liegen und je mehr Personen mit ein und demselben Kanban arbeiten.

Arbeiten wir alleine mit einem Kanban-System, können wir diese Priorisierung auch erst vornehmen, wenn wir die Spalte »Zu erledigen« befüllen. Wichtig ist, dass wir auf eine überschaubare Anzahl an Paketen achten, empfehlenswert sind maximal 20.

Schritt 3: Aufwand der Arbeitspakete schätzen

Die überschaubare Größe der Arbeitspakete, die wir bei Schritt 1 gewählt haben, hilft uns bei der Schätzung des Aufwands eines Arbeitspakets. Eine Schätzung können wir in Stunden, Tagen oder einer ähnlichen Einheit ausdrücken. So bekommen wir ein Gefühl dafür, wie viel Aufwand die einzelnen Pakete bedeuten, und können unsere Arbeit entsprechend unserer verfügbaren Kapazität planen.

Schritt 4: Arbeitspakete weiterschieben

Verantwortlichkeiten. Bei individuellen Kanban-Boards ist die Verantwortlichkeit klar: Es gibt nur eine Person, die mit dem Werkzeug arbeitet, also ist sie es selbst, die Arbeitspakete priorisiert und verschiebt. Wenn wir die Kanban-Methode im Team einsetzen, legen wir die Verantwortlichkeit dafür fest. Entweder ist in unserem Unternehmen eine verbindliche Rolle dafür definiert, etwa im Scrum-Framework der Product-Owner, wir machen die Teamleitung verantwortlich, oder das gesamte Team übernimmt im Rahmen eines Meetings diese Aufgabe.

Push- oder Pull-Verfahren. Wenn ein Verantwortlicher bestimmt, welche Pakete als Nächstes bearbeitet werden, schiebt er allein die Arbeitspakete in den Spalten des Kanban-Boards weiter. Das nennt man Push-Verfahren. Ziehen die Teammitglieder selbstständig – je nach Kapazität und Expertise – die am höchsten priorisierten Arbeitspakete aus dem Backlog, arbeiten wir mit dem Pull-Verfahren, das eher dem Gedanken der Selbstorganisation entspricht. Welche Vorgehensweise besser passt, ist stark vom Kontext und von unserer Organisationskultur abhängig.

AUS DER PRAXIS

Eine Möglichkeit, mit dem Kanban zu arbeiten, ist die individuelle Wochenplanung, wie wir sie bei creaffective mithilfe einer Software durchführen.

BACKLOG Hier liegen insgesamt 37 Aufgaben ab.	ZU ERLEDIGEN	IN BEARBEITUNG	ERLEDIGT Hier liegen 56 erledigte Aufgaben aus den vorigen zwei Wochen ab.
Workshop »Zukunftsbilder 2030«			Meeting mit Buchhaltung (Projekt »Büromöbel«)
Teammeeting (Jour fixe)			Text für Design-Thinking-Training anpassen
Meeting Buch »Future Fit Company«			Neues Beraterprofil erstellen
Recherche für Projekt »Büromöbel«			Telko mit Buch-Team zur Abstimmung
Telefonat Stephan Haas			Folienbaukasten überarbeiten
Präsentation für neue Marketingstrategie erstellen			Sendefunktion Boxcryptor testen

Wir sammeln alle zu erledigenden Aufgaben, egal ob für das Tagesgeschäft oder die Projektarbeit, im Backlog. Momentan befinden sich darin 37 Arbeitspakete, und 14 davon haben eine Deadline, die jeweils mit Kunden, Behörden oder Kollegen abgemacht wurde. Die restlichen Arbeitspakete sind zeitlich offen, also (noch) nicht terminiert.

Zu Wochenbeginn führen wir als Erstes eine halbstündige Planung durch. Wir ziehen dazu Arbeitspakete aus dem Kanban-Backlog in die Spalte »Zu erledigen«, die

- in dieser Woche aufgrund einer Deadline erledigt werden müssen,
- diese Woche erledigt werden sollten, weil sie wichtig oder dringend sind,
- irgendwann erledigt werden müssen und in dieser Woche noch Platz haben.

Dabei gehen wir auch genau in dieser Reihenfolge vor. Eine weitere Priorisierung des Backlogs nehmen wir nicht vor. Fest terminierte Arbeitspakete müssen nicht priorisiert werden, da sie sowieso schon gesetzt sind. Die restlichen Arbeitspakete sind von der Anzahl her überschaubar (momentan sind es 23), weshalb wir auch ohne Priorisierung gerade noch damit arbeiten können.

Damit wir sinnvoll planen können, müssen wir unsere Kapazitäten beachten, also unsere Wochenarbeitszeit von 35 Stunden. Als Nächstes berücksichtigen wir feststehende Termine wie Meetings, Veranstaltungen, Workshops und geplante Telefonate. Wir schätzen den zeitlichen Aufwand dieser Termine und tragen sie ein. Wann die Termine genau stattfinden, ist für die Schätzung im Backlog nicht relevant. Entscheidend ist nur, dass sie innerhalb des Priorisierungszeitraums – hier die nächste Woche – anfallen und wie lange sie dauern. Im konkreten Beispiel haben wir am Mittwoch einen ganztägigen Workshop, der mit acht Stunden zu Buche schlagen wird, am Donnerstag sind zwei Meetings mit jeweils zwei Stunden geplant. Es sind also insgesamt zwölf Stunden für Termine verplant, es bleiben demnach noch 23 Stunden.

OPERATIVER RAUM

BACKLOG Zu diesem Zeitpunkt der Planung sind noch 27 Aufgaben im Backlog.	**ZU ERLEDIGEN** Zehn Aufgaben sind jetzt bereits geplant. Es bleiben 14 Stunden übrig.	**IN BEARBEITUNG**	**ERLEDIGT**
Workshop-Video auf Facebook posten	Workshop »Zukunftsbilder 2030« (8 h)		Meeting mit Buchhaltung (Projekt »Büromöbel«)
Reiseabrechnung letzter Monat einreichen	Teammeeting (Jour fixe) (2 h)		Text für Design-Thinking-Training anpassen
Projekt »Überarbeitung Webseite« planen	Meeting Buch »Future Fit Company« (2 h)		Neues Beraterprofil erstellen
Interview mit Herrn Körfer vorbereiten	Recherche für Projekt »Büromöbel« (1,5 h)		Telko mit Buch-Team zur Abstimmung
Meeting mit Miriam zur Social-Media-Kampagne	Telefonat Stephan Haas (0,5 h)		Folienbaukasten überarbeiten
Telko mit IT-Dienstleister zur Webseite	Präsentation für neue Marketingstrategie erstellen (3 h)		Sendefunktion Boxcryptor testen

Über die Woche verteilt haben wir sieben terminierte Aufgaben, die für verschiedene Projekte erledigt werden müssen oder durch Kunden und Partner vorgegeben sind. Diese werden uns unserer Schätzung nach etwa neun Stunden kosten. Konkret handelt es sich dabei um zwei Rechercheaufgaben (jeweils 1,5 Stunden), drei Telefonate (jeweils eine halbe Stunde), die Erstellung einer Präsentation (drei Stunden) und das Verfassen eines Artikels für den Firmenblog (1,5 Stunden). Es bleiben noch 14 Stunden.

Die restliche Zeit können wir nutzen, um andere Aufgaben aus dem Backlog zu ziehen, die wir für wichtig erachten. Wir lassen dabei bewusst einen Puffer von sechs Stunden, weil wir aus Erfahrung wissen, dass ständig unvorhergesehene Dinge passieren. Sollten diese Überraschungen weniger als sechs Stunden in Anspruch nehmen, können wir nachträglich andere Aufgaben aus dem Backlog ziehen.

Unsere Planung wird dadurch erleichtert, dass die Software die geschätzte Dauer aller Aufgaben automatisch summiert. So behalten wir den Überblick über unsere verbleibenden Ressourcen. Im Laufe der Arbeitswoche schieben wir Aufgaben nach getaner Arbeit in die Spalte »Erledigt« und tragen die tatsächlich benötigte Zeit ein. Das kann bei Projektarbeiten notwendig sein, damit die Projektleitung die Zeitbudgets im Auge behalten kann. Es ist für uns aber auch sinnvoll, weil wir so ein besseres Gespür für unsere eigenen Schätzungen bekommen.

Alles, was bis zum Ende der Woche nicht abgeschlossen ist, ziehen wir wieder zurück ins Backlog. Damit ist das Kanban-Board am Ende der Woche wieder aufgeräumt: Alle zu erledigenden Aufgaben liegen im Backlog. Die Spalten »Zu erledigen« und »In Bearbeitung« sind wieder leer, und in der Spalte »Erledigt« liegen sämtliche erledigten Aufgaben. Gegebenenfalls werden diese regelmäßig archiviert, um für mehr Übersicht zu sorgen.

ZU BEACHTEN

Pi mal Daumen. Bei der Schätzung von Arbeitspaketen im Backlog kann es helfen, mit einem direkten Vergleich zu arbeiten. Die Schätzung von absoluten, abstrakten Zeitangaben ist erfahrungsgemäß eher schwierig. Haben wir zum Beispiel eine wiederkehrende vertraute Aufgabe, die zwei Stunden benötigt, können wir diese als Richtwert nehmen. Vermuten wir bei einer anderen Aufgabe doppelt so viel Aufwand, landen wir bei vier Stunden. Eine solche Vorgehensweise ist nicht perfekt, liefert aber eine überraschend hohe Verlässlichkeit.

Im Dauerstress. Wenn unsere Kapazitäten über Monate hinweg nicht ausreichen und wir deswegen vielleicht sogar Überstunden anhäufen müssen, ist das ein Hinweis darauf, dass die grundlegende Planung überdacht werden muss. Wir sollten die anfallenden Tätigkeiten prüfen, um eventuell wenig sinnstiftende wiederkehrende Aufgaben fallen zu lassen.

Mit oder ohne Pull-Prinzip. Wenn wir bei der Priorisierung von Aufgaben oder zumindest bei der Bewegung von Aufgaben aus dem Backlog nach »Geplant« mit dem Pull-Prinzip arbeiten, hat das weitreichende Implikationen. Die Basis für diese Aufgabe ist selbstverantwortliches Arbeiten. Sind Aufgaben bereits priorisiert worden (entweder alleine, gemeinsam im Team oder durch die Projekt- oder Teamleitung), ist natürlich schon ein Rahmen geschaffen. Trotzdem entscheidet der Einzelne, wann und wie er sich um die Abarbeitung von Aufgaben kümmert. Wenn die Struktur und Kultur unserer Organisation diese Arbeitsweise nicht unterstützen, kann das Pull-Prinzip nicht funktionieren.

KREATIVPROZESS

In Gruppen läuft der »Prozess«, gemeinsam neue Ideen und Lösungen für Fragestellungen zu finden, meist in Form einer unstrukturierten Diskussion ab. Der große Nachteil dabei ist, dass wir häufig Zeit unproduktiv verschwenden und am Ende keine oder nur unzureichende Ergebnisse produzieren. Hilfreich wäre ein geregelteres Vorgehen, mit dem wir gemeinsam produktiv und effektiv zunächst Ideen und später Lösungen für offene Fragen entwickeln können.

Ein Kreativprozess bietet auf psychologisch fundierte Art und Weise eine Struktur und einen groben Ablauf für Gruppen, aber auch Einzelpersonen, um Lösungen für ergebnisoffene Fragen zu entwickeln. So lassen sich in kürzerer Zeit mit höherer Wahrscheinlichkeit kreative und funktionierende Lösungen für offene Fragen finden. Es gibt dabei verschiedene spezifische Ausprägungen, wie der Kreativprozess im Detail aussieht, wie etwa Design-Thinking, Proposal Forming oder Systematic Creative Thinking. Die Grundlogik ist jedoch immer gleich.

IM DETAIL

Grundsätzlich kommt ein Kreativprozess immer dann zum Einsatz, wenn es sich um Herausforderungen mit offenem Ergebnis handelt. Das bedeutet, dass im Moment noch nicht klar ist, wie eine Lösung auf die Frage aussieht oder was eigentlich genau das Problem ist. Mit Ideenreichtum und Vorstellungskraft überlegen wir uns dann gemeinsam mögliche praktikable Lösungen.

Ergebnisoffene Themen, Aufgaben und Probleme können so lauten:

- Es wäre schön, wenn wir unsere Position im Markt verbessern könnten.
- Es wäre schön, wenn unsere Produkte vom Nutzer intuitiver bedient werden könnten.
- Es wäre super, wenn wir unseren Einkaufsprozess flexibler gestalten könnten.
- Es wäre schön, wenn wir unseren Mitarbeitern flexible Auszeitmodelle anbieten könnten.
- Es wäre schön, wenn wir Betrug bei Onlinetransaktionen verhindern könnten.
- Es wäre super, wenn unsere Steckverbindungen Fehler selbstständig melden könnten.
- Es wäre schön, wenn wir klarere Regeln der Kommunikation auf unseren Onlineplattformen für das Team hätten.
- Es wäre schön, wenn wir eine Regelung hätten, wie wir im Team mit kurzfristigen Anfragen umgehen.

Das generelle Muster aller Kreativprozesse folgt dem abgebildeten Schema.

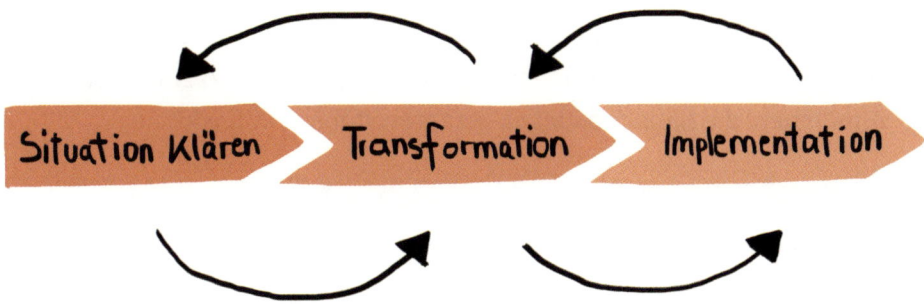

Schritt 1: Situation klären – Problemanalyse

Als Erstes müssen wir verstehen, worum es genau geht. Dies beinhaltet Fragen wie:

- Was genau ist unser Ziel? Was möchten wir erreichen?
- Wie gestaltet sich der Hintergrund der Situation? Welche relevanten Daten und Fakten können wir dazu sammeln?
- Was genau ist unser Problem? Warum können wir es (noch) nicht lösen?

Schritt 2: Transformation – Problemlösung

Sobald wir die Ausgangssituation geklärt und die Frage oder das Problem verstanden haben, geht es darum, Ideen zu entwickeln, wie das Problem ganz oder in Ansätzen gelöst werden könnte. Dieser Schritt umfasst das Entwickeln von ersten Ideen sowie das Weiterentwickeln der groben Ideenskizzen zu konkreteren Lösungen. Aus einer Vielzahl an möglichen Ideen kristallisiert sich dann eine überschaubare Anzahl an vielversprechenden Optionen heraus.

Schritt 3: Implementation

Sobald sich machbare Lösungen abzeichnen, geht es darum, dass wir ins Handeln kommen und konkrete nächste Schritte festlegen. Diese Schritte können je nach Frage und Kontext bereits spezifische Umsetzungsschritte sein oder aber Schritte zur weiteren Ausgestaltung und zum Testen von Annahmen, die hinter Lösungskonzepten stehen.

Weitere Elemente des Kreativprozesses

Trennung von divergierendem und konvergierendem Denken. Alle am Prozess Beteiligten arbeiten mit der grundlegenden und bewussten Trennung der Denkphasen der Kreativität. Vereinfacht gesagt heißt dies, dass wir die Entwicklung von Optionen und Alternativen strikt von deren Bewertung trennen.

Schrittweises Vorgehen. Im Gegensatz zu einer unstrukturierten Diskussion geht ein Kreativprozess schrittweise vor. Das bedeutet vor allem, dass wir nicht ständig zwischen den Schritten hin und her springen, sondern bei einem Schritt bleiben und diesen erst einmal zu Ende führen. In einer unstrukturierten Diskussion passiert es ständig, dass wir gedanklich von der Problemanalyse zur Ideenfindung und zurück springen. Genau das wollen wir vermeiden und erst einmal einen Schritt beenden, um dann zu entscheiden, worauf wir uns als Nächstes konzentrieren wollen.

Einsatz von Iterationen. Allen offenen Fragestellungen gemeinsam ist, dass wir zu Beginn nicht wissen, wie am Ende eine funktionierende Lösung aussieht. Aus diesem Grund müssen wir darauf gefasst sein, unsere Ideen und Lösungsansätze im Rahmen ihrer Entwicklung immer wieder anzupassen und zu verändern. Eine solche sogenannte Iteration findet immer dann statt, wenn beobachtbare Daten oder Rückmeldungen den

Annahmen, die unserer Lösung zugrunde lagen, zuwiderlaufen. Daraufhin passen wir die Lösung weiter an, die dann wieder getestet werden sollte. Manchmal stellen wir auch erst bei der Implementierung fest, dass wir noch einmal etwas verändern müssen.

Flexibilität im Prozess. Der Kreativprozess gibt einen sinnvollen Ablauf vor, der sich bewährt hat. Doch in manchen Fällen müssen wir gar nicht den kompletten Prozess von Beginn an durchlaufen, sondern können weiter hinten im Prozess einsteigen. So ist es denkbar, dass wir das Problem bereits gut verstanden und benannt haben und demzufolge gleich mit der Transformation beginnen.

Einsatz eines Facilitators. Immer zu empfehlen ist der Einsatz eines Organisationslotsen: einer Person, die sich ausschließlich um den Prozess kümmert und inhaltlich idealerweise nicht involviert ist. Auf Englisch gibt es für eine Person, die sich um den Prozess und die Methoden einer Gruppe kümmert, den Begriff Facilitator. Besonders wichtig ist das bei Gruppengrößen, die sechs Personen überschreiten. Wir brauchen eine dezidierte Person für die Moderation, weil die Anzahl der Personen die Komplexität stark erhöht. Bei kleineren Gruppen ist es aus unserer Erfahrung denkbar, dass eine Person zusätzlich den »Facilitator-Hut« aufhat. Diese Person sollte dann allerdings immer sehr deutlich machen, wann sie aus welcher Rolle spricht: Organisationslotse oder Teilnehmer.

AUS DER PRAXIS

Das aus Soziokratie 3.0 stammende Proposal Forming ist die schnellste und einfachste Ausprägung eines Kreativprozesses. Das bedeutet, dass wir in sehr überschaubarer Zeit den Prozess durchlaufen können, jedoch manchmal nicht so detailliert vorgehen. Das Ziel ist es, einen Vorschlag zu entwickeln, der gut genug ist, um ihn auszuprobieren und in nächste

Schritte überführen zu können. Es geht also nicht darum, die perfekte Lösung zu entwickeln.

Wir schildern nun ein reales Thema, das wir Autoren mit Proposal Forming bearbeitet haben. Dazu haben wir uns im Team mit sechs Leuten zu einer Besprechung getroffen. Alle Schritte bis zu »Vorschlag erstellen« haben wir dabei in rund 45 Minuten durchlaufen.

Problemanalyse: Das Thema vorstellen

Als Erstes wird das Thema schriftlich vorgestellt (hierzu kann das Werkzeug Treiber zum Einsatz kommen). Meist gibt es eine themengebende Person, die eine Formulierung einbringt.

UNSER TREIBER

> Wir nutzen momentan mehrere Kanäle für die interne Kommunikation: E-Mail, die Kollaborationsplattform Microsoft Teams und die Projektmanagement-Software Stackfield. Wir können nicht immer klar zuordnen, wann wir welchen dieser Kanäle für welche Informationen verwenden. Dies sorgt für Verwirrung im Team und führt dazu, dass manche Informationen untergehen beziehungsweise übersehen werden. Wir brauchen Klarheit, wann wo welche Informationen zu posten und zu suchen sind, um sicherzustellen, dass wir effektiv arbeiten und nichts verloren geht oder übersehen wird.

Problemanalyse: Zustimmung zum Thema

Bevor die Bearbeitung des Themas beginnt, prüfen wir, ob die Kollegen das Thema überhaupt als relevant betrachten. Dazu stellen wir ganz einfach die Frage, ob die anderen die Relevanz des Themas nachvollziehen können und sich in der Beschreibung des Themas wiederfinden.

In unserem Fall war das Thema für alle Beteiligten sehr relevant. Es war also klar, dass wir die Frage bearbeiten mussten.

Problemanalyse: Fragen sammeln

Hier versuchen wir, möglichst breit Fragen zum Thema zu sammeln und festzuhalten. Es ist wichtig, dass wir in diesem Schritt wirklich nur Fragen sammeln und noch nicht in die Beantwortung oder Ideenfindung springen. Es gibt zwei Arten von Fragen:

Faktenfragen, um die Situation besser zu verstehen. Sie weisen auf Begrenzungen oder Rahmenbedingungen hin.

Ideenfragen: Das sind offen formulierte Fragen, mit denen Ideen gesammelt werden können. Sie deuten auf mögliche Lösungen hin. Um sicherzustellen, dass die Fragen offen sind und uns in den Lösungsmodus bringen, werden Ideenfragen mit der Formulierung eingeleitet: »Wie könnten wir …?«

Zum Sammeln schreiben wir unsere Fakten- und Ideenfragen auf Post-its, lesen sie laut vor, und der Facilitator heftet sie an eine Stellwand.

 **UNSERE FAKTENFRAGEN**	• Für welche Art von Themen nutzen wir im Moment welche Kanäle? • Nach welchen Regeln posten einzelne Teammitglieder in welchem Kanal?
 **UNSERE IDEENFRAGEN**	• Wie könnten wir eindeutige Regeln der elektronischen Kommunikation festlegen? • Wie könnten wir unsere Themengebiete übersichtlich sortieren? • Wie könnten wir sicherstellen, dass wir alle den Überblick behalten? • Wie könnten wir dringende Themen kenntlich machen? • Wie könnten wir eine angemessene Reaktionszeit sicherstellen?

Nach wenigen Minuten waren wir bereit, zum nächsten Schritt überzugehen.

Problemanalyse: Faktenfragen beantworten

In diesem Schritt versuchen wir, die aufgekommenen Faktenfragen zu beantworten. Dazu fragt der Facilitator, ob es jemanden gibt, der eine Frage beantworten kann. Diese Person nennt die Antwort, und der Moderator notiert diese auf ein Post-it, das dann zur entsprechenden Frage auf die Stellwand geklebt wird.

UNSERE ANTWORTEN AUF FAKTENFRAGEN:

1. Für welche Art von Themen nutzen wir im Moment welche Kanäle?
   - Wir nutzen E-Mails meist, um externe Themen intern weiterzuleiten, um Dateien zu verschicken und konkrete Arbeitsaufträge an andere zu formulieren.
   - Die meisten Abstimmungen sowie Fragen und Antworten laufen über Microsoft Teams.
   - Diskussionen zu Projekten und einzelnen Arbeitsschritten laufen meist über Stackfield, werden aber auch teilweise auf Microsoft Teams geführt.

2. Nach welchen Regeln posten einzelne Teammitglieder in welchem Kanal?
   - Jeder entscheidet nach bestem Wissen und Gewissen, wo was hingehört.
   - Die meisten versuchen, projektbezogene Kommunikation über Stackfield laufen zu lassen. Oft ist jedoch nicht eindeutig zu bestimmen, was projektbezogen ist und was nicht.

Problemanalyse: Ideenfragen priorisieren

Aus den zahlreichen Ideenfragen wählen wir nun die relevantesten aus. Dazu bekommt jeder ein bis zwei Klebepunkte. Wir kleben diese Punkte auf die aus unserer Sicht wichtigsten Fragen und erklären kurz, warum uns diese Frage wichtig ist. Wir versuchen dann als Gruppe eine überschaubare Anzahl von drei bis vier Fragen zu bestimmen für die nächsten Schritte.

UNSERE AUSGEWÄHLTEN IDEENFRAGEN:

- Wie könnten wir eindeutige Regeln der elektronischen Kommunikation festlegen?
- Wie könnten wir unsere Themengebiete übersichtlich sortieren?
- Wie könnten wir eine angemessene Reaktionszeit sicherstellen?

Transformation: Ideen generieren

In diesem Schritt generieren wir nun für die ausgewählten Ideenfragen gleichzeitig Lösungsansätze. Alle Ideen sammeln wir unstrukturiert mit Post-its auf einer Stellwand. In unserem Fall haben wir circa 15 Minuten gebrainstormt und über 50 Ideen entwickelt, wie unsere drei Ideenfragen beantwortet werden könnten.

BESONDERHEIT DES PROPOSAL FORMING:

Bei diesem Schritt unterscheidet sich das Proposal Forming von anderen Ausprägungen einer Kreativprozesslogik wie Design-Thinking oder Systematic Creative Thinking: In anderen Modellen würden wir nun nacheinander für jede Ideenfrage getrennt Ideen entwickeln und diese am Ende wieder zusammenführen. Im Proposal Forming generieren wir für alle ausgewählten Ideenfragen gleichzeitig Ideen. Das beschleunigt den gesamten Prozess, gleichzeitig sind die Themen aber nicht so sauber getrennt. Dieses Vorgehen ist für viele Themen ausreichend. Für sehr große und komplexe Fragestellungen ergibt es jedoch Sinn, dass wir die einzelnen Fragestellungen auseinanderhalten und separat bearbeiten. Dies sorgt für mehr Klarheit und Fokus.

Transformation: Vorschlagsersteller festlegen

Im nächsten Schritt bewerten zwei oder drei Teammitglieder die gesammelten Ideen und erstellen aus den interessantesten Optionen einen Vorschlag, der in einem weiteren separaten Treffen mittels Konsententscheidung besprochen, gegebenenfalls modifiziert und beschlossen wird.

Aus Gründen der Zeiteffizienz arbeiten wir im Proposal Forming nun nur mit einer kleinen Untergruppe weiter. Oft fällt es mit zwei oder drei Personen auch leichter, eine Vorschlagsformulierung zu erarbeiten, als in einer Gruppe mit sechs oder mehr Menschen. In den meisten Fällen ist es erfahrungsgemäß unnötig, dass mehr als drei Personen an der Erarbeitung eines Vorschlags teilnehmen.

Transformation: Vorschlag erstellen

Unsere beiden ausgewählten Vorschlagsersteller erarbeiteten aus den gesammelten Ideen einen Lösungsvorschlag. Dazu wählten sie aus der Menge der zuvor generierten Ideen die aus ihrer Sicht interessantesten aus und formulierten aus dieser Teilmenge an Ideen einen schlüssigen Vorschlag.

UNSER VORSCHLAG

Wir bilden unsere gesamte Kommunikation – abgesehen von notwendiger Kommunikation per E-Mail, zum Beispiel mit Externen – über die Plattform Microsoft Teams ab. Dort richten wir sogenannte Teams als thematische Cluster ein. Innerhalb der Themen-Cluster gibt es vordefinierte Kanäle, in denen wir Themen besprechen. Innerhalb der Kanäle nutzen wir sogenannte Threads, um Konversationen übersichtlich beisammen zu haben.

Wenn es ein größeres Thema gibt, das in einem Chatverlauf untergehen würde, erstellen wir dafür im passenden Cluster einen eigenen Kanal, in dem wir das Thema im Detail besprechen können. Ist ein Thema abgeschlossen, können alle Teilnehmer den Kanal aus ihren Favoriten entfernen.

Unsere verschiedenen Backlogs bilden wir in entsprechenden Kanälen mit dem Planner (Kanban-Darstellung von Aufgaben als Kärtchen) ab.

Getroffene Beschlüsse und unsere Rollenbeschreibungen bilden wir in den Wikis der entsprechenden Kanäle ab. Alle Teammitglieder sind angehalten, mindestens einmal pro Tag auf die Plattform zu schauen und sich zu beteiligen.

Kommunikation im Kanal »Anfragen« ist als dringend einzustufen und sollte innerhalb von 24 Stunden beantwortet werden.

Für einen Vorschlag der ersten Struktur der Teams und Kanäle siehe den Anhang.

Beurteilungskriterien für den Vorschlag bei einem Review-Termin:

- Finden wir durch diese Struktur wichtige Themen wieder, bis sie abgeschlossen sind?
- Haben wir ausreichend Übersicht?
- Nimmt die Anzahl an temporär erstellten Kanälen überhand?
- Fehlen wichtige dauerhafte Teams oder Kanäle?

Review-Datum: 15. August 2018.

Implementation: Über den Vorschlag entscheiden

Dieser Vorschlag wurde mithilfe einer Konsententscheidung ohne Einwände mit unschädlichen Bedenken beschlossen. In unserem Fall war der letzte Schritt damit sehr schnell erledigt, und wir konnten sofort mit der Umsetzung beginnen. Sollte es jedoch zu Einwänden gegen den Vorschlag kommen, bietet das Werkzeug Konsententscheidung Wege an, diese Einwände zu integrieren.

ZU BEACHTEN

Notwendige Arbeitsmaterialien bereitstellen: Um mit einem Kreativprozess sinnvoll arbeiten zu können, brauchen wir entsprechende Materialien. In den meisten Fällen einen Raum mit viel Platz für Stellwände und Flipcharts, auf denen wir Ergebnisse dokumentieren können. Zudem sind meist auch Klebezettel und Stifte nötig. Es ist entscheidend, dass die aktuellen Arbeitsergebnisse für alle sichtbar sind und alles lückenlos festgehalten wird.

Gruppengröße überschaubar halten: Auch wenn wir mit einem Facilitator arbeiten, sollte eine Gruppengröße von zwölf Personen nicht überschritten werden. Erfahrungsgemäß klinken sich bei größeren Gruppen einige Teilnehmer aus, weil schlichtweg zu viele Menschen beteiligt sind. Das beeinflusst den gesamten Prozess negativ. Sollten wir aus inhaltlichen Gründen wirklich mehr als zwölf Teilnehmer benötigen, bilden wir am besten Untergruppen, die über Synchronisierungsphasen immer wieder auf einen gemeinsamen Stand der Dinge gebracht werden.

ORGANISATIONSLOTSEN

Wenn wir auch in Zukunft am Ball bleiben wollen, müssen wir uns immer öfter und immer schneller mit Methoden der Innovation und Agilität vertraut machen. Neue Denk- und Arbeitsweisen helfen uns, mit komplexen Situationen umzugehen. Sie verlangen von uns aber auch, unsere Gewohnheiten infrage zu stellen. Es besteht stets das Risiko, dass wir die Methoden aus Unwissen oder fehlender Erfahrung bei der Implementierung unvollständig einführen oder unreflektiert umsetzen. Kurzfristig droht uns dadurch ein deutlicher Verlust an Arbeitseffizienz und womöglich auch an Arbeitsqualität. Langfristig »verbrennen« wir unter Umständen die gesamte Methode im Alltagsgeschäft, weil unsere Kollegen sich gar nicht mehr an die Arbeitsweise herantrauen oder sie aus Prinzip ablehnen.

Viele Methoden sind zudem durchaus anspruchsvoll und binden viel Energie und Aufmerksamkeit, während das Tagesgeschäft parallel dazu weiterlaufen muss. Wir operieren quasi am offenen Herzen. Wir müssen sicherstellen, dass die Arbeit mit neuen Werkzeugen und Methoden schnell verstanden, sauber umgesetzt und regelmäßig reflektiert wird. Nur so können wir deren korrekten Einsatz im Tagesgeschäft und damit unsere Arbeitsqualität dauerhaft garantieren. Hierbei helfen uns Organisationslotsen – methodische Rollen, die kein Teil der Wertschöpfungskette oder der disziplinarischen Hierarchie sind. Diese Rollen unterstützen neutral und unbefangen als Facilitatoren, Moderatoren und/oder Coaches alle Beteiligten und leiten sie bei der Arbeit mit unterschiedlichen Methoden und Werkzeugen an.

Der Arbeitsalltag zeigt: In Meetings oder Workshops überlassen wir die Moderation häufig Personen, die sich freiwillig melden, oder denjenigen, die sich nicht schnell genug weggeduckt haben. Doch eigentlich brauchen wir für diese Aufgabe geschultes Personal. Die Entscheidungsträger in unseren Organisationen müssen erkennen, welchen Wert es für die Zukunftsfähigkeit haben kann, dass wir uns auf methodischer Ebene mit uns selbst befassen. Vor dieser Investition – und damit sind nicht nur die Kosten für die anfängliche Aus- und Weiterbildung gemeint, sondern auch die Zeit, die die Rolleninhaber mit nicht direkt wertschöpfender Tätigkeit verbringen – scheuen viele Unternehmen derzeit noch zurück. Dabei amortisieren sich die Ausgaben rasant.

IM DETAIL

Einsatzfelder

Manche Methoden, wie Systematic Creative Thinking und Scrum, haben Organisationslotsen als Bausteine integriert, funktionieren aber im Grunde auch ohne sie. In anderen Fällen, beispielsweise in den soziokratischen Organisationssystemen, haben diese verbindlichen Rollen eine systemische Funktion; das heißt, das System funktioniert nicht, wenn wir niemanden haben, der in die entsprechenden Rollen schlüpft. Im Design-Thinking oder bei der gewaltfreien Kommunikation sind Organisationslotsen nicht detailliert als Rollen definiert, profitieren aber in der Umsetzung enorm von deren Einsatz.

Organisationslotsen unterstützen uns bei der Selbstbeobachtung, der effektiven Kollaboration und der Lösung komplexer Probleme. Vor allem in Meetings und Workshops kommen sie zum Einsatz, etwa bei der Erarbeitung von neuen Ideen, Lösungen und schnellen Prototypen, bei der Produktentwicklung auf konzeptioneller Ebene, bei der Überarbeitung von Prozessen und Strukturen, bei der Lösung von Konflikten, bei Feedbackschleifen sowie der Entscheidungsfindung im Allgemeinen. Darüber hinaus können wir Organisationslotsen auch in coachenden Funktionen für Teams sinnvoll einsetzen.

Es gibt eine Reihe von Formaten, bei denen ein Einsatz von Organisationslotsen große Vorteile mit sich bringen kann: Innovationsworkshops und Innovationsprojekte zur Entwicklung neuer Lösungen; Strategieworkshops zum Entwickeln von strategischen Zielen, Suchfeldern oder Roadmaps; Retrospektiven zur Reflexion bisheriger Zusammenarbeit; Entscheidungsmeetings für verschiedenste Themen; Konfliktlösung im Team und vieles mehr.

Ausrichtung der Rolle

Organisationslotsen sind überwiegend auf eine von zwei Funktionen ausgerichtet: Facilitation/Moderation oder Coaching. Manche Rollen kombinieren beide Ausrichtungen in unterschiedlichem Ausmaß.

Facilitation und Moderation. Darunter verstehen wir die methodische Führung einer Gruppe in einem Meeting oder Workshop. Die Begriffe »Facilitation« und »Moderation« sind im Englischen nah verwandt und werden häufig synonym verwendet. Sie zeigen aber eigentlich zwei Dimensionen derselben Tätigkeit auf:

- **Moderation** bedeutet, im wörtlichen Sinne, Ausgleich zu schaffen. Der Begriff ist häufig mit Gesprächs- oder Konfliktmoderation verknüpft und soll sicherstellen, dass wir verschiedenen Perspektiven Gehör verschaffen, um uns nicht in Diskussionen zu verrennen.
- **Facilitation** greift solche Themen zwar auch auf, soll aber primär über den entsprechenden Methodeneinsatz Arbeit »möglich machen« oder erleichtern. Facilitatoren greifen daher stärker in die Arbeitsweise der Gruppe ein, indem sie Methoden, Werkzeuge und Prozesse vorgeben und so die Kollaboration der Gruppe lenken.

Über die letzten Jahre sind die Unterschiede zwischen den beiden Tätigkeiten geschrumpft, weil sie zunehmend aus demselben Werkzeugkasten schöpfen. Beide verfolgen letztlich dasselbe Ziel: Als Facilitatoren oder

Moderatoren wollen wir eine Gruppe bei einer zeitlich begrenzten Kollaboration – üblicherweise ein Meeting oder ein Workshop – begleiten und unterstützen. Wir haben nicht den Anspruch, als Trainer zu fungieren, also primär Wissen zu vermitteln.

Die Methoden, bei denen Facilitatoren oder Moderatoren zum Einsatz kommen, sind in der Regel so aufgebaut, dass wir mit einer Gruppe arbeiten können, ohne sie vorher lange zu schulen. Natürlich kann für die Beteiligten ein Lerneffekt als Nebeneffekt entstehen, was auch häufig der Fall ist. Unser Ziel ist es aber, ein gewünschtes Ergebnis zu erreichen. Das muss auch in Gruppen funktionieren, die keinerlei Vorwissen bezüglich der eingesetzten Methoden mitbringen.

Coaching. Im Gegensatz dazu hat Coaching das Ziel, Wissen und Fertigkeiten eines Teams oder auch einer Einzelperson durch gezielte Reflexion in einem bestimmten Bereich anzuheben. Ein Coach ist aber ebenfalls kein Trainer, der Grundlagenwissen in geballter, strukturierter Form vermittelt. Stattdessen begleiten wir als Coaches einzelne Personen oder Teams über einen längeren Zeitraum, spiegeln deren Verhalten, zeigen blinde Flecken auf und regen zum Nachdenken an. Natürlich können wir sowohl die Rolle des Coaches als auch des Trainers ausfüllen, aber die Coachingfunktion beginnt erst, wenn ein gewisses grundlegendes Niveau an Wissen und Fertigkeit vorhanden ist.

KLARE ROLLENTRENNUNG

Prinzipiell spricht nichts dagegen, dass eine einzelne Person verschiedene Funktionen oder Rollen übernimmt und ausfüllt. Entscheidend ist, dass wir Klarheit darüber haben, aus welcher Rolle heraus wir welche Aufgaben übernehmen.

Methodische Sicherheit und Eignung

Für die nachhaltige Arbeit als Organisationslotse sollten wir gewisse Qualifikationen mitbringen. Welche das im Detail sind und wie tief wir uns im Rahmen einer entsprechenden Rolle einarbeiten müssen, ist unterschiedlich und hängt auch vom Methodeneinsatz ab. Wenn wir die Rolle des Organisationslotsen übernehmen, müssen wir in der Methode und den dazugehörigen Werkzeugen geschult sein und ein tiefes Verständnis dafür haben, warum wir eine Methode überhaupt einsetzen sollten.

Unabhängig von der methodischen Sicherheit sollten wir stets auch die Frage nach der grundlegenden Eignung als Organisationslotse stellen. Während wir als Moderator oder Facilitator vor allem Erfahrung in der Arbeit mit Gruppen brauchen, benötigen wir als Coach ein gewisses Grundgerüst an psychologischem Know-how. Als eine interne Rolle, die fest in eine Organisation eingebunden ist, ist auch ein tieferes Verständnis der Organisationskultur extrem hilfreich. Idealerweise genießen wir als Organisationslotsen den Respekt unserer Kollegen. Andernfalls fehlt uns der nötige Vertrauensvorschuss für die gemeinsame Arbeit an unternehmensweiten Veränderungen.

Neutralität

Das entscheidende Charakteristikum eines Organisationslotsen ist Neutralität. Damit ist gemeint, dass die Rolle weder an eine inhaltliche noch eine disziplinarische Verantwortung gekoppelt ist. Das bedeutet, als Moderator oder Facilitator kümmern wir uns während eines Workshops nur um die Methoden, den Zeitplan und die Dynamik; die Gruppe ist allein für die inhaltlichen Ergebnisse verantwortlich. Als Coach können wir uns als Sparringspartner anbieten und Dinge hinterfragen, sollten aber mit eigenen Vorschlägen zurückhaltend sein.

Wenn wir in die Rolle eines Organisationslotsen schlüpfen – egal ob als Moderator, Facilitator oder Coach –, führen wir andere Menschen methodisch. Das kann nur dann richtig funktionieren, wenn die Beteiligten unsere Neutralität ohne Einschränkung anerkennen. Sobald wir uns inhaltlich einmischen, ergreifen wir in irgendeiner Form Partei und können in der Folge unsere Funktion nicht mehr erfüllen. Wir verlieren unsere Neutralität und damit auch das Vertrauen unserer Kollegen. Das wirkt sich negativ auf die inhaltlichen Ergebnisse oder gar auf die Einsetzbarkeit neuer Methoden aus.

Rollenwechsel

Wenn wir sowohl eine Rolle als Organisationslotse innehaben als auch in einer anderen Funktion inhaltlich eingebunden sind, stellt uns das vor eine persönliche Herausforderung. Es muss uns selbst und allen anderen klar sein, aus welcher Rolle heraus wir gerade agieren, damit es nicht zu einer Vermischung der beiden Ebenen kommt. Nach außen hin signalisieren wir den Rollenwechsel, indem wir ihn sichtbar machen, zum Beispiel durch Sitzen oder Stehen: Stehen wir vor der Gruppe, agieren wir als Organisationslotse. Sitzen wir, sind wir Teil des inhaltlich arbeitenden Projektteams.

POTENZIELL PROBLEMATISCH

Wenn wir als Führungskraft in die Rolle des Organisationslotsen schlüpfen, ist der klare Rollenwechsel noch wichtiger. Doch selbst ein klar kommunizierter Wechsel kann in dem Fall erfahrungsgemäß nicht garantieren, dass die Integrität des Organisationslotsen unangetastet bleibt. Um diesem Dilemma vorzubeugen, verteilen wir Führungsaufgaben und methodische Rollen besser auf unterschiedliche Personen.

AUS DER PRAXIS

Es gibt drei weit verbreitete Formen von Organisationslotsen, die eng mit den Methoden Systematic Creative Thinking, Scrum und Soziokratie verbunden sind: Innovation-Facilitator, Scrum-Master und soziokratischer Moderator.

Innovation-Facilitator

Für das eigene Tagesgeschäft gelten andere Spielregeln als für Innovationsaktivitäten. Wer aber keine Ressourcen für Innovation zur Verfügung stellt, läuft Gefahr, in absehbarer Zeit nicht mehr am Markt vertreten zu sein. Um den Spagat zwischen effizientem Kerngeschäft und experimentellen Innovationsprojekten hinzubekommen, kommen Innovation-Facilitatoren zum Einsatz.

In einer Methode wie Systematic Creative Thinking geschult, ist ein Innovation-Facilitator in der Lage, ein Thema zu analysieren und aufzubereiten, ein Methodendesign für einen Workshop zu erstellen und diesen durchzuführen. Während des Workshops etabliert er Grundregeln und Rahmenbedingungen der Zusammenarbeit, führt die Teilnehmer durch einen Kreativprozess, leitet Denkwerkzeuge an und stellt kritische wie konstruktive Fragen. Der Innovation-Facilitator arbeitet dabei nicht inhaltlich mit, sondern unterstützt und begleitet methodisch. Grundvoraussetzung ist, neben Erfahrung mit einem entsprechenden Prozess und dem dazugehörigen Werkzeugkasten, ein fundiertes Verständnis der Prinzipien kreativer Kollaboration. Coaching spielt in diesem Fall keine Rolle. Die Methoden und damit auch die Funktion dieser Rolle sind so ausgelegt, dass auch eine Gruppe ohne entsprechende Vorerfahrung in der Lage ist, kreativ und produktiv zu arbeiten.

Innovationen bei NGOs

Viele nichtstaatliche Organisationen, kurz NGOs, müssen sich wandeln und neue Wege finden, um soziale Projekte zu unterstützen. Die Ressourcen sind begrenzt – auch weil gemeinnützige Vereine mit den erhaltenen Spendengeldern sparsam umgehen müssen. Wenn NGOs die großen Trends und Entwicklungen der Gesellschaft verschlafen, versickert irgendwann die finanzielle Unterstützung. Damit wäre kein soziales Engagement mehr möglich.

Um aus dieser Zwickmühle zu kommen, hat einer unserer Kunden, ebenfalls eine NGO, im Jahr 2016 vier Facilitatoren für Innovationsworkshops ausgebildet, bei einer gesamten Belegschaft von etwa 100 Personen. Die Hauptaufgabe dieser Innovation-Facilitatoren war und ist die Durchführung von Ideen- und Innovationsworkshops. Tatsächlich haben sie in den Jahren 2016 und 2017 (gemeinsam und alleine) über 13 Workshops und Meetings moderiert.

Der Einsatz der Facilitatoren und damit auch ihre Wirkung blieb aber nicht auf ihr ursprüngliches Aufgabengebiet beschränkt. Die Funktionen von Organisationslotsen können erweitert werden, sobald eine Organisation erst einmal ein Verständnis für den Sinn der methodischen Rollen entwickelt hat. So war es auch bei unserem Kunden: Neben Innovationsworkshops begleiten die Innovation-Facilitatoren dort mittlerweile auch Teammeetings und Strategieklausuren und sorgen für mehr Kreativität und Effektivität.

Scrum-Master

Neben den Rollen Product-Owner und Development-Team ist der Scrum-Master die dritte Säule eines funktionierenden Scrum-Teams. Die hauptsächliche Funktion dieser Rolle ist das Coaching der übrigen Teammitglieder sowie anderer Personen innerhalb der Organisation.

Innerhalb des Scrum-Teams hat ein Scrum-Master die Aufgabe, das Verständnis für das Scrum-Framework zu vertiefen, zur Einhaltung der Prinzipien zu ermahnen und bei Bedarf methodische Werkzeuge vorzustellen, die das Team während Meetings oder auch im Arbeitsalltag einsetzen kann.

Gegenüber der restlichen Organisation haben Scrum-Master die noch grundlegendere Aufgabe, für die Anforderungen des Scrum-Frameworks an die Organisation zu sensibilisieren. Treten Hürden und Hindernisse im Umfeld des Teams auf, die dessen Arbeit behindern (in der Sprache von Scrum: Impediments), arbeitet der Scrum-Master mit den Verantwortlichen innerhalb der Organisation daran, diese aus dem Weg zu räumen.

Bei Bedarf stehen Scrum-Master aber auch als Moderatoren von Meetings zur Verfügung. Insbesondere während Retrospektiven zur gemeinsamen Reflexion und Verbesserung engagieren sich diese Organisationslotsen stärker und wechseln mehr in die Moderationsfunktion.

Soziokratischer Moderator

In selbstorganisierten Systemen, die auf dem Gedankengut der Soziokratie beruhen (damit also auch Holokratie und Soziokratie 3.0), ist die Rolle des Moderators nicht wegzudenken. Dieser Organisationslotse benötigt ein solides Grundverständnis für Konsententscheidungen und Prinzipien des eigenverantwortlichen Arbeitens. Insbesondere muss er mit den konkreten Entscheidungsprozessen des jeweiligen Systems vertraut sein. Hier ist es seine vorrangige Aufgabe, die Struktur dieser Prozesse aufrechtzuerhalten und damit eine schnelle, nachhaltige Entscheidungsfindung zu unterstützen.

Der Schutz dieser Struktur hat je nach Ausrichtung des Systems eine leicht andere Funktion. In der ursprünglichen Soziokratie dient sie dem

Schutz der Gruppe und dem Gruppenzusammenhalt. In der Holokratie steht der Schutz des Vorschlaginhabers (in der entsprechenden Sprache: des Spannungsträgers) im Vordergrund. Die Soziokratie 3.0 schützt die Integrität des Vorschlags selbst – es soll also personenunabhängig um die Sache gehen.

Mit einem tiefen Verständnis für das entsprechende System greift ein soziokratischer Moderator demnach auch stark regelnd in Gruppenprozesse ein, um die Logik des Systems zu bewahren. Es geht dabei nicht darum, allen Beteiligten dasselbe Augenmerk zu schenken oder gar salomonisch über verschiedene Anliegen zu urteilen, sondern einzig und allein über die Einhaltung der Prozesse zu wachen. Aus diesem Grund muss er eine Person sein, die von allen Beteiligten als absolut unparteiisch und neutral betrachtet wird und gleichzeitig über eine gewisse Durchsetzungskraft verfügt, um nicht zum Spielball individueller Interessen zu werden.

ZU BEACHTEN

Bewusstseinsveränderung. Für die Zukunftsfähigkeit unserer Organisationen ist das Bewusstsein entscheidend, dass die Arbeit auf methodischer Ebene kein Zeitfresser und Kostenfaktor ist. Wenn wir den Wert, den sie liefern, nicht erkennen, laufen wir Gefahr, dass den Organisationslotsen zusätzlich operatives Geschäft oder klassische Führungsaufgaben übertragen werden. Dadurch schrumpft das Potenzial dieser Rollen, ihren eigentlichen Zweck zu erfüllen, enorm.

RETROSPEKTIVEN

Teams arbeiten häufig nach festen und oft unbewussten Mustern zusammen. In vielen Teams reflektieren wir dabei wenig darüber, wie wir eigentlich zusammenarbeiten, wo Hürden, Hindernisse und mögliche Konflikte liegen. So können wir aber unsere Kollaboration auch nicht verbessern. Das hat zur Folge, dass wir mitunter nicht so konstruktiv und produktiv zusammenarbeiten, wie wir es eigentlich könnten.

Retrospektiven ermöglichen es uns, regelmäßig in kurzen Abständen von den positiven wie negativen Aspekten unserer Zusammenarbeit zu lernen und uns schrittweise und systematisch zu verbessern und unsere Leistung zu steigern.

IM DETAIL

Schritt 1: Ausreichend Zeit einplanen, der Rückschau angemessen

Für kurze vorangegangene Arbeitseinheiten wie Besprechungen planen wir circa zehn Minuten ein. Für länge Einheiten wie mehrwöchige Sprints entsprechend länger, bis zu drei Stunden.

Schritt 2: Retrospektiven-Format auswählen

Das wohl simpelste, aber oft ausreichende Format einer Retrospektive besteht aus zwei Fragen:

1. Was war gut und sollten wir beibehalten?
2. Was sollten wir beim nächsten Mal verändern?

Wichtig ist dabei, die Fragen in exakt dieser Reihenfolge zu bearbeiten. Wir müssen zuerst die positiven Aspekte wahrnehmen und wertschätzen, bevor wir uns auf die negativen Aspekte konzentrieren. Bei der Retrospektive können wir inhaltliche Aspekte der Zusammenarbeit, den Prozess der Zusammenarbeit, unser eigenes Verhalten, das Verhalten der anderen oder jegliche anderen Aspekte betrachten. Für jede dieser Kategorien stellen wir uns dann die beiden Schlüsselfragen.

Bei der sogenannten Starfish-Retrospektive gibt es fünf Kategorien, über die wir uns Gedanken machen. Diese Form kommt zum Einsatz, wenn uns zwei Fragen zu ungenau sind. Der Name leitet sich übrigens von der visualisierten Form ab, in der die Retrospektiven-Fragen angeordnet werden, die einem Seestern ähneln (siehe Abbildung).

Behalten (Keep): Was sollten wir beibehalten? Was war gut und sollten wir beim nächsten Mal genau so wieder tun?
Verstärken (More): Was sollten wir mehr machen? Was ist zwar schon vorhanden und damit gut, von dem wir uns allerdings mehr wünschen?
Beginnen (Start): Was sollten wir beginnen zu tun? Was haben wir bis jetzt noch nicht getan, würden jedoch davon profitieren, wenn wir es tun würden?
Stoppen (Stop): Womit sollten wir aufhören? Gibt es unproduktive und störende Verhaltensweisen oder Aspekte?
Verringern (Less): Was sollten wir weniger tun? Gibt es Dinge, die unserer Zusammenarbeit guttun würden, wenn wir sie weniger oft oder weniger intensiv tun würden?

Schritt 3: Retrospektive durchführen

Wichtig ist, dass wir alle Punkte visualisieren und dokumentieren, damit wir beim nächsten Mal wieder darauf zugreifen können. Aufgrund ihrer hohen Flexibilität bieten sich Post-its an. Arbeiten wir an verschiedenen Orten, können wir natürlich auch eine digitale Variante nutzen.

Zur Durchführung bereiten wir eine Retrospektiven-Wand vor (oder nutzen eine bestehende). Alle stellen sich mit Post-its und Stiften ausgestattet davor, und wir nehmen uns ein paar Minuten Zeit, um unsere Punkte aufzuschreiben. Jeder Punkt bekommt ein separates Post-it. Nachdem alle fertig sind, lesen wir nacheinander unsere Punkte kurz vor und sortieren sie in die entsprechenden Kategorien ein. Wenn es Verständnisfragen gibt, beantworten wir diese kurz. Anschließend, wenn alle ihre Post-its losgeworden sind, können wir Punkte, zu denen es Gesprächsbedarf gibt, kurz diskutieren. Ähnliche Punkte clustern wir gemeinsam, um eine bessere Übersicht zu erhalten.

Priorisieren. Sollten wir in einer Retrospektive sehr viele Punkte zutage fördern, kann es sinnvoll sein, die Punkte zu priorisieren, auf die wir für die weitere Zusammenarbeit besonders achten möchten. Wir sollten jedoch zumindest einen konkreten Punkt mitnehmen, auf den wir in Zukunft achten möchten. Zur Priorisierung bekommt jeder Teilnehmer eine überschaubare Anzahl an Stimmen, die er auf den oder die wichtigsten Aspekte verteilt, zum Beispiel in Form von Klebepunkten oder anderen Markierungen. Wenn wir wollen, können wir nach der Abstimmung kurz erläutern, warum uns die gewählten Punkte wichtig sind.

Visualisieren. Vor dem nächsten Sprint oder der nächsten Besprechung sollten wir uns bewusst noch einmal die Ergebnisse der letzten Retrospektive anschauen. Daher ist es wichtig, dass die Ergebnisse für das Team sichtbar sind und beachtet werden. Sonst können wir aus den Ergebnissen der Retrospektiven nichts lernen.

AUS DER PRAXIS

Die Abbildung zeigt das Starfish-Format eines unserer Governance-Meetings bei creaffective. Ein entsprechendes Flipchart mit den Ergebnissen der Retrospektive steht bei uns im Besprechungsraum. Da die Retrospektiven kontinuierlich verwendet werden, nutzen wir die bereits vorhandenen Ergebnisse und ergänzen lediglich. Wir haben zusätzlich am unteren Rand des Flipcharts eine Reihe für »Erledigt« eingefügt. Dort archivieren wir Punkte, die in vergangenen Retrospektiven aufkamen und die wir bereits erfolgreich adressiert haben.

Bei uns ist es ein fester Agendapunkt zu Beginn jedes Governance-Meetings, dass wir uns bis zu fünf Minuten Zeit nehmen, um unser Retrospektiven-Poster noch einmal zu betrachten und uns die einzelnen Punkte bewusst zu machen. Wir versuchen, während der Besprechung darauf zu achten.

ZU BEACHTEN

Erst sammeln, dann besprechen. Wir sollten uns angewöhnen, Punkte erst aufzuschreiben und diese an die Wand zu kleben und dann erst darüber zu sprechen. Das stellt sicher, dass wir alle Punkte sehen und nicht mehrmals über das Gleiche reden.

Moderierte Veranstaltung. Wir sollten im Team eine Person bestimmen, welche die jeweilige Retrospektive moderiert und die Gruppe durch den Prozess führt. Im Scrum-Framework zur adaptiven Produktentwicklung ist dies automatisch der Scrum-Master, der sich um den Prozess kümmert (siehe Organisationslotsen). Er achtet darauf, dass die Vorgehensweise eingehalten wird und alle Ergebnisse dokumentiert werden.

Fixer Agendapunkt. Aus eigener Erfahrung und Projekten mit Kunden wissen wir, dass Formate wie abschließende Retrospektiven in der Hektik des Alltags gerne einmal vernachlässigt werden, weil die Zeit ausgeht oder wir glauben, dass ein inhaltlicher Agendapunkt doch wichtiger ist, und wir uns daher entschließen, die Retrospektive dafür zu opfern. Dies ist einerseits verständlich, andererseits nehmen wir uns dadurch die Möglichkeit, gemeinsam zu reflektieren und uns zu verbessern.

Verbesserungs-Board verwenden. Wir können ein sogenanntes Verbesserungs-Board eröffnen, auf das wir die zentralen Elemente der letzten Retrospektive übertragen. Ähnlich wie bei anderen Board-Formaten bekommt der Punkt aus der Retrospektive dadurch den Charakter einer Aufgabe, die in einem bestimmten Zeitrahmen zu bearbeiten und zu erledigen ist.

Experimentierfreude. Wir können verschiedene Formate von Retrospektiven ausprobieren. Zum einen, um zu sehen, welches Format für uns am besten passt. Doch manchmal möchten wir zum anderen einfach nur ein wenig Abwechslung. Auch dann kann ein anderes Format interessant sein.

Retrospektiven im Stehen. Für kurze Formate (zum Beispiel 15 Minuten) empfehlen wir, die Retrospektive im Stehen durchzuführen. Dadurch sind alle konzentrierter, und wir fassen uns kürzer. In der Regel ist auch das Energieniveau im Stehen höher als im Sitzen.

SCHNELLE PROTOTYPEN

Oft genug betreten wir mit unseren Organisationen Neuland. Das bedeutet, dass wir uns dort, wo wir hingehen, nicht auskennen. Wir sehen uns einer hohen Unsicherheit gegenüber und treffen Entscheidungen daher nur ungern. So geht es uns nicht erst seit heute; wir kennen diese Probleme vielfach aus der Produktentwicklung, von Innovationsvorhaben oder bei der Erschließung neuer Märkte. Um der wachsenden Unsicherheit etwas entgegenzusetzen, erstellen wir akribische Pläne, die auf Erkenntnissen aus der Vergangenheit basieren. So passiert es aber häufig, dass wir neue Produkte entwickeln, deren Technologie nicht zu den Bedürfnissen der neuen Märkte passt, oder Dienstleistungen anbieten, die keiner nutzen will. Wir verlassen uns zu häufig blind auf unsere bisherigen Erfahrungen und Glaubenssätze – also nur auf das, was wir kennen und können. Wir entwickeln unsere Produkte und Dienstleistungen in Laboren bis zur Marktreife und konfrontieren sie erst dann mit der Realität, dem echten Leben.

Wir brauchen eine Vorgehensweise, die uns schnell und frühzeitig Erkenntnisse über reale Bedingungen liefert. Nicht ohne Grund schickten große Feldherren früher ihre Späher vor, um sicherzugehen, dass sie ohne großes Risiko ihr gesamtes Heer nachziehen konnten. Der »Späher« der Neuzeit ist das Erstellen von Prototypen. Ziel ist es, schnell und pragmatisch ein greifbares Modell unserer Ideen und Vorhaben zu produzieren, unsere Hypothesen an Kollegen und potenziellen Kunden zu überprüfen und auf diese Weise womöglich bislang verborgene Bedürfnisse und Anforderungen frühzeitig zu erkennen. Mithilfe von Iterationen lassen sich technische und andere Schwächen des Produkts oder der Dienstleistung nach und nach ausbügeln.

IM DETAIL

Grundhaltung

Vieles können wir auf dem Papier planen, ob es in der Realität aufgeht, ist jedoch ungewiss. Wir suchen den schnellsten Weg, um einen Prototyp erfahrbar zu machen. In der Produktentwicklung ist dies der erste Schritt, um etwas über unsere Idee oder Vorhaben zu lernen – zunächst für uns als Entwickler der Idee, im zweiten Schritt durch das Feedback unserer Kunden. Schnelle Prototypen sollten nie viel Aufwand und Kosten verursachen. Wir verwenden für deren Bau daher einfache Materialien, die uns schnell Ergebnisse liefern. »Gut genug« lautet unser Motto, denn jeder Prototyp dient dazu, etwas über die Idee zu lernen, und nicht, sie zu bestätigen. Eine Bestätigung ist an anderer Stelle erforderlich, nämlich während der Validierung der endgültigen Prototypen. Diese Grundhaltung hilft uns, frühzeitig Feedback zu bekommen und daraus zu lernen, um uns schrittweise aus dem Gefühl der Unsicherheit in Richtung Sicherheit zu bewegen.

Fragestellungen

Bevor wir einen Prototyp erstellen und unsere Ideen und Vorhaben prüfen, sollten wir uns fragen, welche konkreten Erkenntnisse wir dadurch erlangen möchten. Wir können grundlegend drei Bereiche und dementsprechende Fragestellungen unterscheiden, die wir mit schnellen Prototypen überprüfen.

Visualität: Wie soll unsere Idee aussehen? Wie groß oder schwer ist sie idealerweise? Wie fühlt sie sich an? Passt sie in den Anwendungskontext?

Funktionalität: Was soll unsere Idee können? Wie bilden wir das technisch ab? Ist sie praktikabel? Ergeben einzelne Bestandteile der Idee Sinn?

Interaktivität: Wie funktioniert unsere Idee im Zusammenspiel mit Menschen? Wie wirkt sie auf Kunden? Ist sie intuitiv verständlich?

Wenn wir festgelegt haben, was wir testen möchten, entscheiden wir darüber, wie wir dies testen. Mithilfe eines Prototyps verleihen wir unseren Gedanken eine Form, um eine oder mehrere dieser Ebenen für Kunden und Anwender erlebbar und somit bewertbar zu machen.

Testmethoden

Ein Prototyp sollte nicht aufwendig produziert werden, er sollte aber gut genug sein, um unsere Kernannahmen überprüfbar zu machen.

Look-alike. Um Eigenschaften wie Form oder Farben zu testen, können wir bereits mit einfachen Bastelmaterialien wie zum Beispiel Knete, Modellierdraht oder Karton einen Look-alike-Protoyp herstellen. Die Größe eines Bauteils können wir simulieren, ohne dass wir dafür viel Geld in die Hand nehmen müssen.

> Der erste Prototyp von Google Glasses[18], der smarten Brille von Google, wurde auf Basis eines normalen Brillengestells mit einfacher Technik erstellt. Die Ingenieure bekamen damit zu Beginn des Projekts recht schnell ein Gefühl für ihre Idee. In den ersten Selbstversuchen bestand eine Kerneinsicht darin, dass das Gewicht der elektronischen Komponenten nicht auf der Nase, sondern eher auf den Ohren liegen sollte – andernfalls wäre die smarte Brille unkomfortabel zu tragen.

Work-alike. Dieser Prototyp geht über das Aussehen hinaus. Denn auch erste Gedanken zur technischen Funktionsweise können wir als Prototyp mit einfachen Mitteln simulieren. Entwickler von Webseiten oder Apps prüfen die Funktionalität zunächst selbst, zum Beispiel mit einem Paper-Prototyp, also einer Präsentation auf Papier, bevor sie anfangen zu programmieren. Als Ingenieure können wir 3-D-Modelle entwerfen und die technischen Möglichkeiten unserer Ideen schnell prüfen.

Behave-alike. Hier steht die Interaktion im Vordergrund, weshalb sich bei diesem Prototyp Rollenspiele zur Simulation anbieten. Wir nehmen als Entwickler oder Produktmanager im Rollenspiel bewusst die Kundenperspektive ein. So können wir schnell testen, wie sich das Produkt oder die Dienstleistung im Zusammenspiel mit dem Kunden oder Nutzer anfühlt. Auch scheinbar komplexe Prozesse lassen sich simulieren, indem wir sie schnell visualisieren oder mit einfachsten Mitteln (wie etwa Lego-Minifiguren) nachbilden.

Kunden einbinden

Nachdem wir unsere Ideen in einem sicheren Umfeld, meist in unserem Unternehmen, getestet haben, sollten wir sie möglichst schnell auch unseren Kunden zugänglich machen. Schließlich entwickeln wir unsere Produkte und Dienstleistungen für den Markt und nicht für uns.

Präsentation. Wir bitten unsere Testpersonen, sich mit dem Prototyp und dessen Konzept auseinanderzusetzen, nachdem wir ausführlich erklärt haben, was es damit auf sich hat. Dadurch können wir direkt in den Austausch mit ihnen gehen. Wir fragen gezielt nach und interagieren mit den Testpersonen.

Vernissage. Die Testpersonen treffen auf den Prototyp, allerdings ohne dass wir sie vorher in das Thema einführen oder den Prototyp erklären. Sie müssen also ohne Anleitung mit dem Objekt oder Angebot interagieren, so wie sie es in der Realität auch tun würden. Wir geben keine Hilfestellung oder weitere Erklärungen während des Tests.

> **ERKENNTNISGEWINN**
>
> Der Erkenntnisgewinn bei der Vernissage ist häufig höher als bei einer Präsentation. Die Testpersonen reagieren im Rahmen einer Vernissage direkt auf den Prototyp und geben keine sozialverträglichen Antworten. Wenn ihnen der Prototyp nicht gefällt, sie mit ihm nicht interagieren können oder keinen Nutzen aus seiner Verwendung ziehen, äußern sie dies erfahrungsgemäß eher als in einer Präsentation.

Egal welchen Ansatz der Kundeneinbindung wir wählen, unsere gewonnenen Erkenntnisse erfassen wir im Nachgang, zum Beispiel in einer gemeinsamen Team-Review, und lassen sie in den weiteren Entwicklungsprozess einfließen. So schreiten wir mithilfe des Prototypings schnell voran, um uns vom ersten Verständnis und den technischen Möglichkeiten hin zum Kunden und Markt zu bewegen.

SPRINT

Ein neues Produkt für einen anspruchsvollen Kunden, unser neues Geschäftsmodell in einem unbekannten Markt, eine neue Technologie in der Logistik: Keines dieser Projekte haben wir schon einmal so durchgeführt. Also bleibt uns nichts anderes übrig, als uns auf Annahmen zu stützen. Manchmal sind uns diese Annahmen noch nicht als solche bewusst, weil sie eher unserer Hoffnung entspringen: Wir gehen davon aus, dass der Kunde das neue Feature lieben wird oder dass die neue Technologie für die Buchhaltung mit den Prozessen und Strukturen unserer Vertriebsmitarbeiter schon zusammenpassen wird. Ob unsere Annahmen tatsächlich zutreffen, erfahren wir häufig erst während der eigentlichen Projektarbeit. Oft bekommen unsere Teams sehr spät wertvolles Feedback und haben bis dahin schon viel Zeit in eine völlig falsche Richtung investiert. Im schlimmsten Fall scheitert das Projekt komplett.

Solche Situationen werden von einem Werkzeug adressiert, das durch das Scrum-Framework berühmt geworden ist: der Sprint. Dabei arbeiten wir in einem überschaubaren Zeitrahmen auf ein mögliches Etappenziel innerhalb eines Projekts hin, um schnell grundlegende Annahmen hinsichtlich des Projektziels zu prüfen. Umfassende Projekte können wir mithilfe von Sprints planen und durchführen, wobei wir die Gesamtplanung auf Basis der Ergebnisse jedes Sprints flexibel anpassen können.

Sinnvoll sind Sprints vor allem in Teams und bei Projekten, die auf ein klares Endergebnis in Form eines Produkts, einer Dienstleistung oder eines zu erarbeitenden Prozesses hinarbeiten. Traditionelle Projektplanung hat aber durchaus auch ihre Berechtigung. Bei Themen, die wir immer wieder in gleicher oder ähnlicher Form bearbeiten, sind klassische Planungsansätze sehr effizient. Ein Automobilhersteller, der ein neues Modell auf den Markt bringen möchte, wiederholt damit einen Projektprozess, der sich so schon vielfach abgespielt hat. Experten mit ausreichend Erfahrung können bereits zu Beginn eines solchen Projekts eine gute Übersicht herstellen. Je mehr wir uns in die Bereiche der radikalen Innovation und der Individualisierung bewegen, umso weniger helfen uns frühere Erfahrungen. Hier unterstützt uns das Sprintformat bei der agilen Projektsteuerung.

IM DETAIL

Der grobe Ablauf eines Sprints ist immer derselbe, wobei sich manche Schritte gegenseitig bedingen oder beeinflussen. Da wir in Iterationen arbeiten, wiederholen wir die Vorgehensweise immer wieder. Durch jeden abgeschlossenen Sprint lernen wir dazu, sodass wir im nachfolgenden Sprint die Richtung des Projekts bei Bedarf anpassen können.

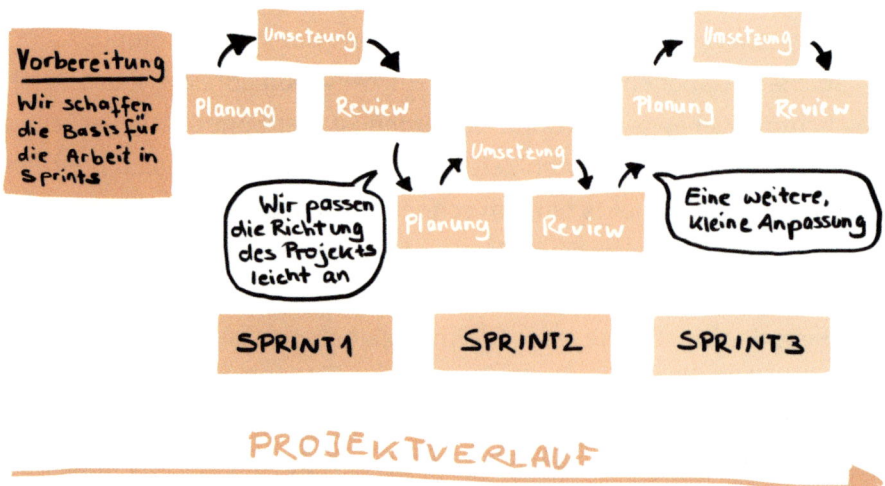

Wenn wir noch nie mit Sprints gearbeitet haben, sollten wir uns zuerst mit der Vorbereitung befassen. Bei einem eingespielten Team entfällt die Vorbereitung, sofern sich die Rahmenbedingungen innerhalb der Organisation oder auch die personelle Besetzung des Teams nicht massiv verändert haben.

Schritt 1: Vorbereitung

Um im Sprintformat arbeiten zu können, müssen wir als Erstes die Verantwortlichkeiten im Team klären und das Backlog mit Arbeitspaketen füllen.

Verantwortlichkeiten festlegen. Der Sprint entstammt dem Scrum-Framework, funktioniert aber auch als allein verwendetes Werkzeug. Dementsprechend haben wir eine gewisse Freiheit in der Entscheidung, wie wir die Verantwortlichkeiten verteilen.

Folgende Verantwortlichkeiten müssen wir festlegen: Wir müssen klarstellen,

- wer die Arbeitspakete einträgt und priorisiert,
- wer das Sprintziel definiert,
- wer den Aufwand der Arbeitspakete schätzt,
- wer die Dauer des Sprints bestimmt,
- wer die Arbeit während des Sprints erledigt,
- ob uns jemand methodisch unterstützt.

Auch wenn wir nicht Scrum umsetzen müssen, um mit Sprints zu arbeiten: Ein Blick darauf, wie Scrum die Verantwortlichkeiten klärt, kann uns helfen. Dort gibt es drei sehr präzise und strikt definierte Rollen: den Product-Owner, das Entwicklungsteam und den Scrum-Master (siehe

Organisationslotsen). Dem Product-Owner kommt eine zentrale Bedeutung zu, denn er übernimmt einen großen Teil der Verantwortlichkeiten: Er trägt die Arbeitspakete ein und priorisiert sie, er gibt das Sprintziel vor und bestimmt die Dauer des Sprints.

Um diesen Verantwortlichkeiten gerecht werden, bringt ein guter Product-Owner ein Verständnis für die Kundenperspektive mit. Außerdem bleibt er stets in engem Austausch mit den relevanten Stakeholdern des Projekts, egal ob es sich dabei um externe Kunden oder Auftraggeber handelt oder um Führungskräfte im eigenen Unternehmen. Den Arbeitsaufwand schätzt er allerdings nicht. Warum? Für eine verlässliche Schätzung der Arbeitspakete benötigen wir so gut wie immer inhaltliche Expertise. Ohne diese wäre es ein reines Ratespiel ohne Bezug zur Realität. Hier kommt das Entwicklungsteam ins Spiel. Das Team schätzt den Aufwand, weil es auch die Arbeit während des Sprints erledigt.

Scrum sieht also eine Interaktion zwischen Product-Owner und Entwicklungsteam vor. Auch wenn wir die Verantwortlichkeiten anders verteilen wollen: Es ergibt Sinn, die Priorisierung der Arbeitspakete und die Schätzung des Aufwands zu trennen. Sonst besteht die Gefahr, dass wir beide Ebenen vermischen. Oder die Rolle, die priorisiert, gleitet ins Mikromanagement ab und möchte jedes Detail der Arbeit vorgeben.

Dauer und Umfang des Sprints fallen in die Verantwortlichkeit des Product-Owners. Ohne die Schätzung der Arbeitspakete kann er dieser Verantwortlichkeit aber nicht nachkommen. Effektiv bedeutet das also, dass wir die Sprintdauer trotz der verteilten Verantwortlichkeiten durch unsere Zusammenarbeit als Team festlegen. So können wir sicherstellen, dass die Perspektiven von Kunden und Stakeholdern, aber auch von den technischen Experten gleichermaßen in die Sprintplanung einfließen.

ABGRENZUNG

Wenn wir mit der Rolle des Product-Owners arbeiten wollen, sollten wir eine klare Unterscheidung zum Projektleiter treffen. Selbst wenn wir am Ende beide Rollen mit derselben Person besetzen, muss uns klar sein, dass es um unterschiedliche Verantwortlichkeiten geht. Projektleiter übernehmen in vielen Unternehmen auch administrative Aufgaben wie Projektcontrolling und Kapazitätsplanung. Diese Aufgaben sind wichtig und, in Maßen, sehr sinnvoll. Sie würden aber die eigentliche Rolle des Product-Owners verwässern, auch weil sie die rigorose Kundenorientierung untergraben. Eine Unterscheidung in zwei oder mehr einzelne Rollen schafft hier sehr viel Klarheit für alle Beteiligten.

Arbeitspakete sammeln. Vor dem ersten Sprint eines Projekts sammeln wir alle notwendigen Arbeitspakete im Backlog, einer dynamischen, priorisierbaren Liste von Arbeitspaketen. Viele Teams arbeiten mit Kanban, das ist aber keine Pflicht. Alles, was wir brauchen, ist eine Liste, in die wir Arbeitspakete eintragen und in ihrer Anordnung verändern können. Auch eine einfache Taskliste kann zu einem Backlog werden.

DEFINITION

Der Begriff »Arbeitspakete« umfasst alle Anforderungen des Projekts, die umgesetzt werden müssen. Je nach Projektziel können wir die Arbeitspakete auch anders nennen und beschreiben. Ein mögliches Format sind beispielsweise User-Storys, also konkrete Anwendungsfälle aus Sicht des Anwenders, die in Form einer kurzen Geschichte verfasst sind.

Beispiele für Arbeitspakete gibt es unendlich viele, abhängig von der Art des Projekts:

ART DES PROJEKTS	AUFGABENPAKETE
Neues Softwareprodukt	• Ein User-Interface entwerfen • Code für eine bestimmte Funktionalität schreiben • Möglichkeiten der Integration mit anderen Softwaremodulen prüfen • Usability-Tests durchführen
Neues Bauteil für ein Auto	• Die maximalen Maße des Bauteils festlegen • Mögliche Materialien und deren Eigenschaften recherchieren • Eine Blaupause entwerfen • Einen physischen Prototyp bauen
Überarbeitung unserer Prozesslandschaft in der Produktion	• Derzeitige Prozesse erfassen und visualisieren • Mit Produktionsmitarbeitern sprechen und existierende Probleme herausarbeiten • Einen Workshop ansetzen und durchführen, um neue Prozesse zu entwickeln
Neues Geschäftsmodell entwickeln	• Nutzerbefragungen durchführen, um ein Gefühl für den Markt zu bekommen • Die Idee des neuen Wertversprechens mit Kunden testen • Die Wirtschaftlichkeit des neuen Modells berechnen

Da das Backlog das Rückgrat unserer Arbeitsplanung darstellt, darf hier kein Chaos entstehen. Dementsprechend stellen wir sicher, dass alle Einträge sauber und verständlich vorgenommen werden.

> **SAUBER UND VERSTÄNDLICH**

Mit Sauberkeit ist gemeint, dass wir Doppelungen und Überschneidungen zwischen Einträgen vermeiden. Die Verständlichkeit der Einträge ist in gewissem Maße subjektiv. Es geht darum, dass sich das Projektteam unter dem Eintrag etwas Konkretes vorstellen kann, wir also nicht mit schwammigen Buzzwords um uns werfen.

Das Scrum-Framework schreibt hier auch vor, dass nur der Product-Owner Einträge im Backlog vornehmen und verändern darf. So bleibt alles in einer Hand, sowohl was Übersicht als auch Formulierung angeht.

Schritt 2: Planung

Die einzelnen Schritte bei der Planung eines Sprints sind eng miteinander verwoben. Es kann also durchaus sein, dass wir bei der Umsetzung ein wenig hin und her springen müssen.

Arbeitspakete priorisieren. Im Backlog sortieren wir alle Einträge nach ihrer Wichtigkeit von oben nach unten. Welche Kriterien wir dafür konkret anwenden, ist abhängig von der Situation. Auf abstrakter Ebene soll es darum gehen, den größten Wert für das Projekt oder allgemein unser Unternehmen zu erreichen. Auf diese Weise wird sichtbar, welches Arbeitspaket – relativ zu den anderen – wichtiger ist und daher zuerst erledigt werden sollte.

Sprintziel festlegen. Jeder Sprint braucht ein klares Ziel. Im Idealfall setzen wir uns ein Zwischenergebnis als Ziel, das mit Kunden und Stakeholdern gemeinsam betrachtet, besprochen, angefasst oder getestet werden kann. Konkret gibt es drei Varianten für Sprintziele, an denen wir uns orientieren können: eine Art von Prototyp, ein Inkrement oder ein Meilenstein.

Wenn wir mit der Logik von schnellen Prototypen arbeiten wollen, muss ein Sprintziel nicht skalierbar sein. In diesem Fall geht es ausschließlich darum, eine zentrale Annahme zu testen, zum Beispiel die Marktakzeptanz eines wichtigen Features. Oft reicht es schon, wenn der Prototyp fertig aussieht. Bei einem solchen Sprintziel geht es daher weniger um den erstellten Prototyp selbst als vielmehr um die Ergebnisse des Tests.

PROTOTYP ALS SPRINTZIEL

> Wir wollen demnächst eine neue Dienstleistung für unsere Bestandskunden anbieten. Im Zuge dessen möchten wir eine Telefonhotline einrichten. Bevor wir aber eine Nummer anmelden und dafür Personal anwerben oder abstellen, wollen wir die Akzeptanz testen. Also nutzen wir eine temporäre Nummer und besetzen selbst die Hotline. Das Sprintziel ist es, zu sehen, wie viele Kunden innerhalb eines festgelegten Zeitraums bei der fiktiven Hotline anrufen und wie die Gespräche ablaufen.

Ein funktionierendes Stück Software beispielsweise sollte skalierbar sein, da wir den Code nur mit gewaltigem Aufwand nachträglich umschreiben können. Scrum verwendet hierfür den Begriff »Inkrement«, also ein Teil des Ganzen, den wir so weit fertigstellen, dass er einsatzbereit ist. Wir definieren das Ziel aber nicht über die technische Seite, sondern aus Sicht des Anwenders: Welche Funktionen sind aus Anwendersicht zentral, und wie könnte eine Teillösung für diese Funktionen aussehen? Hier ist das erstellte Inkrement das Sprintziel und wird, im Idealfall, am Ende Teil der finalen Lösung.

INKREMENT ALS SPRINTZIEL

> Wir wollen eine neue Buchhaltungssoftware entwickeln. Ein zentrales Feature wird sein, dass Projektmitarbeiter Belege direkt hochladen und automatisch dem passenden Projekt – und damit der entsprechenden Rechnung – zuordnen können. Diese eine Funktion, also das Hochladen und automatische Zuordnen der Belege, könnte das Sprintziel sein.

Eine dritte Variante ist dann sinnvoll, wenn keine der ersten zwei Optionen gangbar ist. In diesem Fall nutzen wir einen Meilenstein, wie er auch im klassischen Projektmanagement definiert wird, als Sprintziel. Das kann die Erreichung eines gewissen Grads der Fertigstellung sein, ein Teilaspekt des Projekts oder etwas Vergleichbares. Auch hier gilt: Wir wollen das Sprintziel mit Stakeholdern besprechen und Feedback einholen. Auch ein Meilenstein muss also greifbar genug sein, um die Richtung des Projekts sehen und gegebenenfalls anpassen zu können.

MEILENSTEIN ALS SPRINTZIEL

> Unsere Prozesslandschaft in der Produktion hat sich sehr stark zerfasert. Wir streben eine Überarbeitung an und wollen die Prozesse, so weit es möglich ist, vereinheitlichen. Einer der ersten Meilensteine ist es, die verschiedenen Produktionsteams ins Bild zu setzen, damit sie an der Überarbeitung mitwirken. Diesen Meilenstein übernehmen wir als Sprintziel.

Damit wir das Sprintziel erreichen, müssen wir eine Reihe von Arbeitspaketen umsetzen. Also wählen wir, je nach Ziel, die entsprechenden Arbeitspakete aus. Damit setzen wir den Umfang des Sprints fest. Arbeitspakete, die nicht ausgewählt werden, werden bis zum nächsten Sprint auch nicht bearbeitet.

Sprintdauer festlegen. Für die Dauer eines Sprints gibt es eine Faustregel: Ein Sprint sollte nie kürzer als eine und nie länger als vier Wochen dauern. Warum brauchen wir diese Grenzen? Wenn wir mit weniger als einer Woche planen, kann eine kurzfristige Hürde unser Sprintziel zunichtemachen. Ist nur ein Teammitglied für zwei Tage krank, fehlen uns massiv Ressourcen für die Umsetzung. Bei einem Zeithorizont von mehr als vier Wochen verschenken wir hingegen unsere Flexibilität. Bis zum nächsten Sprint planen und priorisieren wir nicht neu. Das bedeutet auch, dass wir bis dahin nicht auf neue Entwicklungen reagieren. Zwischen ein und vier Wochen finden wir eine gesunde, funktionierende Balance aus beiden Extremen.

Wir können die Sprintdauer aber nicht willkürlich festlegen. Erst wenn wir den Aufwand geschätzt haben, können wir final sagen, wie lange der Sprint dauern wird.

Aufwand schätzen. Damit wir uns mit dem Sprintziel nicht verheben, schätzen wir nun den Aufwand aller ausgewählten Arbeitspakete. Hierfür ist immer technische Expertise notwendig. Wenn wir in die Umsetzung der Arbeitspakete nicht involviert sind, können wir meist nicht verlässlich beurteilen, wie hoch der Aufwand ungefähr sein wird. Deswegen ist hier die Sichtweise des Entwicklungsteams gefragt.

KOLLABORATIVE SCHÄTZUNG

> Gibt es im Team unterschiedliche Perspektiven bezüglich der Schätzung, ist das kein Problem. Im Gegenteil, dadurch vermeiden wir Fehlkalkulationen, die durch blinde Flecken einzelner Personen auftreten können. Kollaborative Prozesse der Schätzung helfen uns dabei, schnell und effizient zu bleiben. Im Umfeld des Scrum-Frameworks gibt es hierfür einige verlässliche Vorgehensweisen, beispielsweise das Planning Poker.

Die Schätzung der einzelnen Arbeitspakete beeinflusst den Gesamtaufwand des Sprints. Gleichzeitig wird die verfügbare Kapazität des Teams von äußeren Faktoren mitbestimmt. Wir können uns nicht spontan vervielfältigen, und wir können nicht für jeden Sprint Teams beliebig neu zusammenstellen und erweitern. Das hat zur Folge, dass wir womöglich das Sprintziel überdenken müssen. Haben wir ein Sprintziel definiert, dessen Umsetzung nach unserer gemeinsamen Schätzung acht Wochen dauert, müssen wir einen Schritt zurückgehen und unsere Zielsetzung noch einmal überdenken.

Hier kommt die bereits erwähnte Interaktion zwischen Product-Owner und Entwicklungsteam ins Spiel. Die verschiedenen Verantwortlichkeiten bringen Klarheit, sollen aber niemanden dazu animieren, die Planung im Alleingang durchzuführen. Um das Sprintziel festzulegen, die Arbeitspakete auszuwählen und deren Aufwand zu schätzen, binden wir verschiedene Perspektiven ein, ganz nach gesundem Menschenverstand.

Schritt 3: Umsetzung

Jetzt, wo alles besprochen ist, starten wir mit der eigentlichen Arbeit durch. Es gibt ein paar Herausforderungen, die bei fast jedem Team auftauchen werden, wenn sie mit Sprints arbeiten.

Aufgaben von außerhalb des Teams. Damit unsere Planung überhaupt aufgehen kann, müssen wir uns vor nicht geplanten Aufgaben schützen. Ist die Expertise unserer Teammitglieder gefragt, werden Kollegen und Stakeholder von außerhalb des Teams Aufgaben an uns herantragen. Das gefährdet aber auf Dauer die Erreichung unserer Sprintziele. Nur wenn wir dem Sprint Vorrang einräumen, funktioniert die Vorgehensweise. Im Scrum-Framework fällt es in die Verantwortlichkeit der Metarolle Scrum-Master, das Entwicklungsteam vor solchen Ablenkungen zu schützen. Wir können einen Teil dieser Aufgaben auch auffangen, indem wir in unserer Planung Pufferzeiten vorsehen. Hier ist die Erfahrung aus früheren Sprints sehr wertvoll, um das Ausmaß abschätzen zu können. Wichtig ist am Ende die Verhältnismäßigkeit: Zehn Prozent der Zeit als Puffer sind sicher denkbar, 40 Prozent wären zu viel, weil der Sprint damit in den Köpfen der Teammitglieder keine Priorität mehr hätte.

Relevante Aufgaben integrieren. Wir arbeiten in Sprints, weil wir nicht von Anfang an alles wissen können, was für das Projekt relevant ist. Das bedeutet natürlich auch, dass mit der Zeit weitere wichtige Aufgaben auftauchen werden. Was aber, wenn solche neuen Aufgaben, die für das Projektziel relevant sind, während eines Sprints aufkommen? Die Lösung ist denkbar einfach: Wir packen sie in unser Backlog. Dort werden sie dann neu priorisiert. Sind sie relevant genug, landen sie im nächsten Sprint, ansonsten bleiben sie, zusammen mit den restlichen Arbeitspaketen, in der Warteschleife.

OHNE UNTERBRECHUNG | Grundsätzlich gilt: Veränderungen am Sprintziel und -umfang nehmen wir während des Sprints nicht vor! Ist die Erreichung des Sprintziels nicht mehr möglich, können wir über einen Abbruch und eine Neuplanung nachdenken. In allen anderen Fällen ziehen wir die ursprüngliche Planung durch. Die Kürze des Sprints sorgt ja bereits dafür, dass wir für den nächsten Sprint neu priorisieren und planen können.

Schritt 4: Review

Neben der Planung ist das regelmäßige obligatorische Review die zweite Säule des Sprints.

Feedback einholen. Wir haben unser Sprintziel so festgelegt, dass wir ein möglichst belastbares, greifbares und verständliches Ergebnis erhalten. Dieses stellen wir unseren Stakeholdern im Rahmen eines Meetings oder Workshops vor, um Feedback einzuholen. Wie ein solches Meeting genau aussieht, hängt stark von Projekt und Thematik ab. Das Ziel ist aber immer eine »Abnahme« des Sprintziels durch die Stakeholder. Das bedeutet, sie akzeptieren den erreichten Zwischenstand und geben uns eventuelle Kurskorrekturen mit auf den Weg.

Wir pflegen natürlich auch während des Sprints weiterhin den Kontakt zu den Stakeholdern des Projekts – die Rolle des Product-Owners ist hierfür prädestiniert. Das Review am Ende des Sprints ist aber für alle Beteiligten verbindlich. Wir bauen damit Überraschungen und Enttäuschungen im weiteren Projektverlauf vor.

Tests durchführen. Wenn wir bestimmte Funktionen testen wollen, die mit dem Sprintziel zusammenhängen, müssen wir nicht auf das Review warten. Einzelne Endkunden, Power-User oder andere relevante Personen binden wir für Funktions- oder Usability-Tests direkt im Rahmen des Sprints ein. Solche Tests landen ebenfalls als Arbeitspaket im Backlog und, nach entsprechender Priorisierung, in der neuen Sprintplanung.

Wenn in unserem Review neue Themen aufkommen, die vielleicht sogar eine Richtungsänderung nach sich ziehen, nehmen wir diese auf. Neue Arbeitspakete sammeln wir entsprechend im Backlog und adressieren sie bei der nächsten Priorisierung. Im Anschluss beginnen wir mit der Planung des nächsten Sprints.

RUNDER ABSCHLUSS | Als Ergänzung zum Review können wir eine **Retrospektive** anschließen. Damit können wir uns auf Metaebene mit unseren Arbeitsweisen auseinandersetzen. Eine Retrospektive hat nichts mit dem inhaltlichen Ergebnis des Sprints zu tun, dafür ist das Review gedacht.

Aus der Praxis

Das Innovationsteam eines größeren Versicherungsunternehmens beschäftigte sich mit einem neuen Projekt: der Überarbeitung des Servicesystems für Endkunden. Konkret sollte das System stärker automatisiert werden, damit Kunden bei Anfragen schneller die benötigten Informationen bekamen. Im Verlauf von zwei Jahren sollte das Konzept innerhalb der Firma umgesetzt sein. Die größte Hürde: Akzeptanz. Wollten die Kunden ein solches automatisiertes System überhaupt? Zur Klärung dieser Frage sollten im Laufe der ersten Monate mögliche Features mit Endkunden getestet werden.

Den Fokus aufrechterhalten

In den ersten Monaten gab es einige Herausforderungen, die das Innovationsteam bei seiner Arbeit im Sprintformat bewältigen musste, viele davon auf organisatorischer Ebene. Vor allem ging es darum sicherzustellen, dass der Fokus der Arbeit auf den Kundenbedürfnissen blieb, während sich die Mitglieder als Team zurechtfanden und mit dem für alle neuen Werkzeug Sprint vertraut machten. Gerade während der ersten Sprints musste der Product-Owner seine Priorisierung des Backlogs und die Wahl seiner ersten Sprintziele gegenüber verschiedenen Stakeholdern immer wieder erklären, vertreten und verteidigen. Er hatte seinen Fokus ganz klar auf die Erprobung wichtiger Features bei Endkunden gelegt, weshalb auch die ersten Sprintziele ihrer Natur nach eher schnellen Prototypen entsprachen. Die Skalierbarkeit des Systems war für ihn zu diesem frühen Zeitpunkt zweitrangig. Seine Überlegung: Was bringt schon ein skalierbares System, das der Kunde nicht akzeptiert? Einige Stakeholder sahen jedoch die Wirtschaftlichkeit gefährdet und versuchten, auf die Priorisierung Einfluss zu nehmen. Diese Problematik erledigte sich nach dem dritten Sprint, denn es stellte sich heraus, dass eines der zentralen geplanten Features beim Endkunden gnadenlos durchgefallen war. Daraufhin wurde auch den kritischen Stakeholdern klar, dass der Product-Owner mit seiner Priorisierung richtiggelegen hatte.

Unerwartete Stakeholder bedienen

Während des vierten Sprints schalteten sich unerwartet weitere Stakeholder ein: Verantwortliche aus dem Vertrieb fühlten sich nicht ausreichend informiert und eingebunden. Viele Vertriebsmitarbeiter befürchteten, dass durch das neue System der Kundenkontakt des Vertriebs eingeschränkt werden könnte. In einem spontanen separaten Meeting beschlossen die Stakeholder daher, dass das Innovationsteam möglichst bald mehrere Workshops mit den Vertriebsmitarbeitern abhalten sollte. An sich ein guter Gedanke, den auch das Innovationsteam nachvollziehen konnte. Diese Workshops hätten aber den gerade erst gestarteten Sprint komplett aus der Bahn geworfen. Das ursprüngliche Sprintziel war nach wie vor erreichbar und relevant. Daher bestand der Product-Owner darauf, dass die neue Aufgabe im Backlog eingetragen und entsprechend hoch priorisiert wurde. Im nächsten Sprint wurden die Workshops dann als eigene Themen aufgenommen und in der Kapazität des Innovationsteams berücksichtigt. Sprint Nummer fünf wurde damit eine Art »interner Abstimmungssprint« mit dem Ziel, den Vertrieb vollumfänglich einzubinden.

Unstimmigkeiten bei der Aufwandsschätzung

Auch innerhalb des Teams waren schwierige Passagen zu bewältigen. Im Rahmen eines Sprints ging es darum, fiktive Infoseiten auf der Firmen-Webseite zu erstellen, um diese in Tests mit Endkunden zu nutzen. Bei der Schätzung des Aufwands gab es deutliche Unterschiede. Die meisten gingen davon aus, dass die Recherche und gegebenenfalls die Inhaltserstellung einiges an Zeit kosten würden. Ein Teammitglied war jedoch kürzlich in ein Projekt involviert gewesen, das sich intensiv mit der Info-Sektion der Webseite beschäftigt hatte. Der Kollege hatte bereits ein paar Themen im Kopf, die sich gut eignen würden, und kannte schon passende Unterseiten. Mehrere Kollegen hielten dagegen, dass noch nicht klar sei, um welche fiktiven Situationen es gehen sollte – falls es hierzu keine passenden Unterseiten gebe, erhöhe sich der Aufwand. Das Team setzte seine Schätzung lieber etwas zu hoch an, und in der Tat blieb von dem Zeitpuffer kaum etwas übrig. Einige der bestehenden Seiten konnten zwar genutzt werden, aber für sehr spezielle Tests musste das Team mehr Zeit investieren, um fiktive Seiten zu erstellen.

Diese drei Beispiele waren nicht die einzigen Herausforderungen, denen sich das Team stellen musste. Aber sie illustrieren typische Situationen, die bei der Arbeit mit Sprints auftreten können. Die Einhaltung der

Sprintregeln ist für eine agile, iterative Arbeitsplanung wichtig – eckt aber auch immer wieder mal innerhalb des Unternehmens an, gerade bei Kollegen, die keine Erfahrung mit agiler Arbeitsweise haben. In diesem konkreten Fall fand das Team eine gesunde Balance zwischen dem strikten Sprintablauf und der Notwendigkeit, auf die Bedürfnisse der eigenen Organisation einzugehen. Nachdem mehr und mehr Teams dazu übergegangen waren, ihre Arbeit im Sprintformat zu planen und durchzuführen, nahmen auch die organisatorischen Herausforderungen ab.

 TACTICAL MEETINGS

Meetings fressen oft mehr Zeit als nötig und kosten uns den letzten Nerv. In vielen Fällen liegt das an unterschiedlichen Erwartungen, die wir mitbringen, und Themen mit völlig unterschiedlicher Flughöhe: von kleinteiligen akuten Themen bis zu komplexen strategischen Herausforderungen. Das erschwert sowohl die Zeitplanung als auch die Bearbeitung der Themen enorm. Einzelne Themen fallen unter den Tisch oder kommen nicht zum Abschluss, während die Meetings auch keine Übersicht über unsere Arbeit geben können.

Zur Verbesserung der Meetingkultur bietet sich das Werkzeug Tactical Meeting (abgekürzt auch nur Tactical) an. Gemeint sind damit zeitlich eng getaktete Meetingformate, die vor allem aus dem Selbstorganisationssystem Holokratie bekannt sind. Das Ganze funktioniert nach dem Prinzip der Triage: Statt uns auf das nächstbeste Thema zu stürzen, das aufkommt, verschaffen wir uns zunächst einen Überblick. Themen werden gesammelt, betrachtet und zugeordnet und erst dann gegebenenfalls bearbeitet. So schaffen wir durch einen strikten, schnellen Informationsaustausch Übersicht für die Gruppe. Die größte Wirkung entfalten wir mit dem Tactical in festen Teams oder Kreisen, die sich regelmäßig zu verschiedenen Themen treffen. Insbesondere wenn die Flughöhe der Themen sehr unterschiedlich ist, können uns Tacticals eine große Erleichterung verschaffen.

IM DETAIL

Ein Tactical dient nicht der Bearbeitung von komplexen Themen, sondern schafft Übersicht. Durch die Struktur dieses Meetingformats können wir kleine Themen schnell abhaken und größere »Brocken« herausfiltern.

Ein Tactical besteht aus zwei Teilen. Im ersten Teil verschaffen wir allen Beteiligten einen Überblick über die Eckdaten und wichtige Änderungen der letzten Zeit. Hier dreht sich alles um Zahlen, Daten und Fakten sowie kurze Updates zu wiederkehrenden Aufgaben und Projekten. Im zweiten Teil er- und bearbeiten wir eine dynamische, nicht vorher festgelegte Agenda von kleinen Themen.

Das Tactical wird von einem Moderator (siehe Organisationslotsen) geleitet und von einem Sekretär (einer Rolle, die jemand aus der Gruppe übernimmt) in Echtzeit visuell dokumentiert. Der Moderator gibt zudem die Zeit vor und führt entsprechend der Meetingstruktur und -regeln durch die einzelnen Punkte. Er achtet vor allem darauf, dass wir erst alle Themen »auf den Tisch legen«, bevor wir mit der Bearbeitung beginnen. Den Zweck, Übersicht zu gewinnen, erfüllt ein Tactical Meeting nämlich nur dann, wenn das Format strikt eingehalten wird. Als Moderator müssen wir daher frühzeitig einhaken und auf Abweichungen aufmerksam machen. Der Sekretär hält alle Ergebnisse für alle Anwesenden sichtbar fest. So können wir im Laufe des Geschehens Einwände vorbringen und Korrekturen vornehmen. Außerdem ist unser Commitment zu den Ergebnissen direkt und verbindlich.

Teil 1: Daten und Updates

Den zeitlichen Aufwand des ersten Teils können wir sehr gut schätzen, sobald wir ihn einmal durchgeführt haben. Hier gilt also in einem gewissen Rahmen Versuch und Irrtum als Vorgehensweise, wobei wir im Zweifelsfall lieber einen engen zeitlichen Rahmen setzen, um das Meeting schlank zu halten.

Folgende Punkte werden entweder wöchentlich, zweiwöchentlich oder monatlich im Tactical Meeting behandelt:

Metrics. Als Metrics bezeichnen wir Zahlen, die zentrale Aspekte des Teams, der Abteilung oder des gesamten Unternehmens messen. Im Prinzip handelt es sich um KPI (Key Performance Indicators).

Für das Tactical Meeting ist es wichtig, dass alle Zahlen an einem zentralen Ort, also in einem Ordner, vielleicht sogar in einer einzigen Tabelle oder auf einer Softwareplattform einsehbar sind. So haben wir alle die Zahlen vor Augen und verlieren keine wertvolle Zeit mit der Suche nach Tabellen oder Dokumenten.

Die Metrics werden im Meeting nur kurz vorgestellt. Kurze Rückfragen sind erlaubt, aber keine Diskussionen. Wenn wir einen Punkt aufgreifen möchten, tun wir das im zweiten Teil des Tacticals. Alternativ können wir festlegen, dass wir uns die Metrics vor dem Meeting anschauen, um diese Zeit im Tactical einzusparen.

Projektupdates. Hier geht es um den Stand aller gegenwärtigen Projekte, die wir im Rahmen des Teams oder Kreises betreuen. Ist der Leiter eines Projekts anwesend, sollte die Information auch von ihm kommen. Mitglieder eines Projektteams geben nur dann Informationen zum aktuellen Stand, wenn die Projektleitung nicht anwesend ist.

Der Reihe nach gehen wir die Liste der relevanten Projekte durch. Zu jedem Projekt geben wir ein kurzes inhaltliches Update, sofern sich seit dem letzten Meeting etwas getan hat. Wenn es keine Neuigkeiten gibt, sagen wir einfach »Kein Update«. Diese Aussage müssen wir nicht weiter ausführen. Auch hier gilt: Wenn jemand Gesprächsbedarf sieht, kann er im zweiten Teil des Meetings einen eigenen Agendapunkt einbringen.

Checklist-Review. In jedem Team gibt es wiederkehrende Aufgaben, die wir erledigen sollten, damit unsere Zusammenarbeit reibungslos läuft. Daher nutzen wir den ersten Teil des Tacticals, um wichtige Aufgaben kurz abzuhaken. Der Moderator geht dazu die Liste wiederkehrender Aufgaben durch, und jeder Teilnehmer sagt kurz »Check« oder »Kein Check«. Es gilt dasselbe Prinzip wie bei den beiden vorigen Punkten: Haben wir Gesprächsbedarf, wird das Thema als Agendapunkt in den zweiten Teil geschoben.

Teil 2: Triage

Hier verlangt die zeitliche Planung etwas mehr Erfahrung von uns, da die Anzahl der Agendapunkte von der Anzahl der Teilnehmer und der Häufigkeit der Tactical Meetings abhängt. Ideal ist es, wenn wir die Dauer des zweiten Teils auf 40 Minuten oder weniger beschränken können.

Agenda erstellen. Wir erstellen eine Agenda »on the fly«. Damit ist gemeint, dass nicht vorher festgelegt ist, welche Themen im Tactical bearbeitet werden. Reihum hat jeder von uns die Gelegenheit, Themen einzubringen. Der Sekretär hält vorerst nur einen kurzen Titel fest. Der Titel muss nicht unbedingt aussagekräftig oder präzise sein, er dient lediglich als Platzhalter in der Agenda und als Erinnerung für die Person, die das Thema einbringen möchte.

Zeitlichen Rahmen setzen. Ein durchschnittlicher Agendapunkt wird uns, auch bei einer sehr strikten, auf Effizienz getrimmten Moderation, ein bis zwei Minuten kosten. So können wir den gesamten Zeitbedarf ungefähr abschätzen. Bei einer Zeitüberschreitung haben wir zwei Optionen: Wir schieben die übrigen Themen ins nächste Tactical Meeting, oder wir hängen ein fünf- oder zehnminütiges Intervall an, um die letzten Punkte abzuschließen.

Wichtig ist hier unsere Erfahrung in der Gruppe. Nach mehrmaliger Durchführung können wir abschätzen, ob wir die grundlegende Zeitstruktur des Tactical Meetings anpassen müssen.

Agendapunkte abarbeiten. Der Moderator muss hier auf der Hut sein, denn häufig ist es unser erster Impuls, sofort auf ein Thema zu reagieren, sobald es eingebracht wird. Damit wir uns an die Struktur des Tacticals halten, leitet der Moderator jeden Agendapunkt daher mit folgenden Worten ein: »Aus welcher Rolle oder Funktion sprichst du, und was benötigst du vom Team oder Kreis?«

Da wir in einem geschäftlichen Meeting sitzen, können wir davon ausgehen, dass unsere Bedürfnisse auch mit unseren geschäftlichen Aufgaben zu tun haben. Die Natur des Tacticals verlangt von uns, unser Augenmerk auf diese geschäftlichen Notwendigkeiten zu legen, nicht auf unsere persönlichen Befindlichkeiten. Wir machen uns also Gedanken, aus welcher geschäftlichen Funktion heraus wir ein Thema einbringen und was wir genau benötigen. Arbeiten wir mit ==verbindlichen Rollen==, fällt uns das leichter. Aber auch ohne solche definierten Rollen können und müssen wir reflektieren, aus welcher geschäftlichen Notwendigkeit heraus wir einen Agendapunkt beitragen.

Was wir als einzelne Person vom Team oder Kreis benötigen dürfen, ist durch die vier möglichen Ergebnisse des Tactical Meetings exakt festgelegt:

- **Informationen einholen.** Wir benötigen, aus welchen Gründen auch immer, Informationen zu einem Thema. Wenn wir Informationen einholen, wissen wir vielleicht schon, von wem wir die benötigten Informationen bekommen, und sprechen diese Person in ihrer Rolle oder Funktion direkt an. Wissen wir das nicht, fragen wir offen in den Kreis und bitten um die Informationen. Kann uns niemand weiterhelfen, bringen wir das Thema gegebenenfalls außerhalb des Tactical Meetings zur Sprache.
- **Informationen teilen.** Wir haben Informationen, die wir mit anderen Teilnehmern teilen möchten. Dabei überlegen wir uns vorher, ob diese Informationen tatsächlich für den Kreis der Anwesenden relevant sind. Geht es um ein Thema, das nur zwei Personen betrifft, sollten wir den Punkt bilateral klären, statt die Zeit des gesamten Kreises zu verschwenden.
- **Um Zuarbeit bitten.** Wir benötigen bei einem Thema Unterstützung von einer oder mehreren Personen im Teilnehmerkreis. Dabei bedenken wir, aus welcher Rolle oder Funktion heraus wir einen Agendapunkt einbringen und welche Rollen oder Funktionen der anderen Teilnehmenden wir ansprechen. Benötigen wir die Zuarbeit des Marketings, sprechen wir Verantwortliche aus dem Marketing an. Gibt es niemanden, der für die Art der Arbeit verantwortlich (oder qualifiziert) ist, können wir zwar um Zuarbeit bitten, diese aber nicht von konkreten Personen verlangen. Kommen solche Situationen häufiger vor, sollten wir das Thema außerhalb des Tactical Meetings zur Sprache bringen. Hier geht es dann eher um

strukturelle Veränderungen, in diesem Fall die Klärung von Verantwortlichkeiten, die den Rahmen des Tactical Meetings sprengen.
- **Vertagung/Speicherung.** Stellt sich heraus, dass ein Agendapunkt keinem der vorherigen drei Formate entspricht oder über das Format hinausgehen würde, vertagen wir das Thema. Typische Themen sind solche, bei denen eine Entscheidung gefällt oder eine Lösung erarbeitet werden muss. Wir können solche Themen entweder in einer Art Themenspeicher (zum Beispiel in Form eines Kanban) festhalten oder auf die Agenda eines weiteren Meetings setzen, in dem umfangreichere Themen besprochen werden können. Vielleicht reicht es ja auch aus, wenn nur die vom Thema betroffenen Personen an diesem neuen Meeting teilnehmen.

Übersicht behalten. Wir haken jeden erledigten Agendapunkt ab. Der Moderator schließt immer mit der Frage: »Hast du bekommen, was du brauchst?« So kann die entsprechende Person gegebenenfalls ihr Anliegen genauer beschreiben und die Anfrage wiederholen. Auch sämtliche Ergebnisse halten wir fest. Gibt es Aufgaben, die eine oder mehrere Personen mitnehmen? Dann sollte das auch geschehen.

Spontane Themen aufnehmen. Während des gesamten zweiten Teils nehmen wir neue Themen in die Agenda auf, wenn sie aufkommen. Auch diese neuen Themen können nur eines der vier beschriebenen Ergebnisse haben. Wenn ein neuer Agendapunkt nahtlos an den gerade abgeschlossenen anknüpft, können wir diesen priorisieren und als Nächstes bearbeiten. So müssen wir uns nicht gedanklich komplett neu orientieren.

Sinn der Sache. Warum brauchen wir überhaupt eine derart strikte Abfolge? Wir könnten doch auch einfach drei ähnliche Agendapunkte zusammenfassen. Wer mit der gängigen Meetingpraxis in den meisten Unternehmen vertraut ist, weiß, wozu das in der Regel führt: zu einer zerfahrenen Diskussion, in der drei verschiedene Personen mindestens drei verschiedene Ergebnisse haben möchten. Genau deswegen führen wir ein Tactical durch. Wir wollen Klarheit darüber, wer was von uns als Gruppe braucht, um nach dem Meeting sinnvoll weiterarbeiten zu können. Die Trennung der Agendapunkte wirkt manchmal etwas mühsam und umständlich, aber wir sparen dadurch viel Zeit und Nerven.

AUS DER PRAXIS
Tactical im Social-Media-Team

In einem größeren produzierenden Unternehmen führt das Social-Media-Team seit einiger Zeit Tactical Meetings durch. Das Team, bestehend aus Markus, Andrea, Dorothea, Stefan und Inge, versammelt sich zu einem längeren Meetingtag, von dem eine Stunde Zeit für ein Tactical eingeplant ist. Dorothea übernimmt die Moderation, Stefan dokumentiert und visualisiert die Themen und Ergebnisse als Sekretär. Da das letzte Tactical Meeting drei Wochen zurückliegt, werden sowohl Metrics, Projektupdates als auch ein Checklisten-Review durchgeführt.

Das Team beginnt mit den Metrics. Die Kennzahlen liegen in einer zentralen Tabelle, die regelmäßig von Stefan als Sekretär gepflegt wird. Die meisten Zahlen drehen sich um die Social-Media-Leistung des Unternehmens. Der Fokus liegt auf Facebook und Twitter: Anzahl der veröffentlichten Posts, Anzahl der Views und Likes, Anzahl der Follower der Unternehmensseite etc. Neben diesen operativen Zahlen gibt es auch größere Messwerte für die Teamarbeit: ein Soll-Ist-Vergleich für die Arbeitsstunden des Teams sowie das noch verfügbare Budget für Marketingaktivitäten.

Dorothea wundert sich bei den Arbeitsstunden, dass Stefan in den letzten zwei Wochen 17 Überstunden angesammelt hat. Der Metrics-Teil ist aber der falsche Zeitpunkt, um das Thema anzusprechen, da Nachfragen den effizienten Ablauf stören würden. Sie notiert sich daher das Thema für später.

Es geht mit den Projektupdates weiter. Markus hatte in den letzten drei Wochen kaum Zeit, an seinen Projekten weiterzuarbeiten. Er war eine Woche in Urlaub, eine Woche mit einer Messe beschäftigt und hat die dritte Woche damit verbracht, die anderen zwei Wochen »nachzuholen«. Bei all seinen Projekten sagt er daher: »Kein Update.« Eines seiner Projekte behandelt die Erstellung eines Instagram-Accounts für die Firma.

Inge hat einige Ideen für Fotos und Grafiken für Instagram, die sie gerne vor ihrem Urlaub in zwei Wochen implementieren würde. Sie fragt Markus, wann er denn das Projekt vorantreiben kann und ob es eine Deadline gibt. Als Moderatorin geht Dorothea dazwischen und weist darauf hin, dass es während der Projektupdates keine Diskussion gibt. Inge notiert sich das Thema für den zweiten Teil des Meetings.

Andrea leitet momentan keine Projekte, sie unterstützt Projekte von Dorothea und Stefan. Da beide anwesend sind, hat sie selbst keine Informationen zu teilen. Dorothea ist zwar Moderatorin, übernimmt aber im Team auch andere Aufgaben. Da sie gerade an einem größeren Projekt arbeitet, lässt sie sich kurz als Moderatorin von Andrea vertreten, damit sie ein Update geben kann. Danach übernimmt Dorothea wieder die Moderatorenrolle. Stefan geht ebenfalls seine Projekte durch. Inge ist in ein größeres Projekt involviert, bei dem das Social-Media-Team mit den anderen Marketingteams den gesamten Marketingprozess des Unternehmens überarbeitet. Sie stellt die Updates aus dem letzten Projektmeeting vor.

Das stößt Andrea sauer auf. Sie fragt, wie es zu den dort getroffenen Entscheidungen gekommen sei. Da Inges Antwort sie nicht zufriedenstellt, möchte sie weiter nachhaken, wird aber von Moderatorin Dorothea unterbrochen. Auch diese Diskussion wird zurückgestellt.

Die Checklisten betreffen teilweise verschiedene Aufgaben: Teaminterna wie das Eintragen der Über- und Unterstunden jedes Teammitglieds, die Pflege der Metrics-Tabelle durch den Sekretär, die Kommunikation der Projektfortschritte an die nächsthöhere Ebene – sie alle bekommen durch Andrea ein »Check«. Einige der Einträge befassen sich mit Social-Media-Aktivitäten, hauptsächlich der Veröffentlichung regelmäßiger Beiträge auf Facebook und Twitter. Markus muss hier einige der Einträge mit »Kein Check« beantworten, weil er über die letzten drei Wochen nur wenig Zeit hatte. Das war dem Team aber schon bewusst und überrascht niemanden.

Im Anschluss geht das Team in den zweiten Teil und beginnt mit der Erstellung der Agenda. Der Reihe nach bringen alle ihre Themen ein: Markus hat drei, Andrea sechs, Dorothea vier, Stefan fünf und Inge zwei – insgesamt also 20 Themen. Das Team hat von der ursprünglich geplanten Stunde noch 40 Minuten übrig. Dorothea legt die Zeit trotzdem erst einmal auf 30 Minuten fest und beginnt mit dem ersten Thema.

Inge hat unter anderem das Thema aus den Projektupdates aufgegriffen und möchte Informationen einholen. Sie wüsste gerne, aus ihrer Rolle als Grafikdesignerin heraus, bis wann Markus den Instagram-Account einrichten kann. Er antwortet, dass er es so bald wie möglich machen wird, aber es erst für Freitag dieser Woche zusichern kann. Er wird Inge Bescheid geben, sobald er es erledigt hat. Moderatorin Dorothea fragt noch einmal nach, ob Inge bekommen hat, was sie benötigt. Diese bejaht.

Bevor es zum nächsten Punkt geht, möchte Stefan einen weiteren Punkt auf die Agenda setzen. Er nennt ihn »Fotos Betriebsfeier« und bittet Moderatorin Dorothea darum, ihn zu priorisieren, weil es dabei ebenfalls um Instagram geht. Er bittet dann Markus um Zuarbeit: Er möchte ebenfalls informiert werden, sobald Instagram einsatzbereit ist, weil er Fotos hat, die für den Kanal gut geeignet wären. Markus nimmt die Aufgabe auf, damit ist der Punkt erledigt.

Andrea hat ebenfalls ihr Thema aus den Projektupdates eingebracht. Sie möchte aus ihrer Rolle als Social-Media-Teammitglied heraus Informationen teilen. Sie erläutert, warum sie mit den Entscheidungen des letzten Meetings aus Inges Kooperationsprojekt nicht einverstanden ist. Inge möchte darauf antworten, wird aber von Dorothea unterbrochen. Als versierte Moderatorin hat sie erkannt, dass das Thema weit über den Rahmen des Tacticals hinausgeht. Sie erklärt, dass Andrea ihre Informationen bereits geteilt hat, und fragt, ob Andrea damit bekommen habe, was sie benötigt. Andrea verneint das; sie würde gerne die Entscheidung über das Kooperationsprojekt neu aufrollen und über die Art der Involvierung des Social-Media-Teams sprechen. Da das aber keinem der Formate des Tactical Meetings entspricht, schlägt Dorothea vor, das Thema zu vertagen. Das Team führt für größere Themen ein sogenanntes Governance-Backlog. Dort landen Themen von größerer Bedeutung, damit das Team sie gemeinsam priorisieren und in gesonderten Meetings abarbeiten kann. Stefan, der Sekretär, fügt dieses neue Thema hinzu.

Zu guter Letzt möchte Dorothea Informationen einholen, wie es zu Stefans Überstunden gekommen ist. Sie lässt sich von Andrea als Moderatorin vertreten und bittet ihn um die Informationen. Er erklärt, dass er einige Stunden für ein Projekt aufwenden musste, das vom Vertriebsteam an ihn herangetragen worden war.

Dorothea erinnert sich, dass es früher schon einmal vorkam, dass das Vertriebsteam einzelne Kollegen aus den Marketingteams für seine Projekte einspannte, ohne das entsprechende Team zu informieren. Dadurch gehen den Marketingteams immer wieder Kapazitäten verloren. Sie wünscht sich, dass es eine Vorgehensweise zur Absprache bei solchen Themen gibt. Bevor sie jedoch etwas sagt, beißt sie sich auf die

Zunge. Das Tactical Meeting bietet nicht den geeigneten Rahmen, um für solche Themen Lösungen zu erarbeiten. Das gilt umso mehr, weil das Thema Arbeitszeit und Überstunden angeschnitten wurde – daran haben sich im Team schon einmal die Gemüter erhitzt. Es ist ohnehin schon für den Folgemonat ein separater Workshop zu diesem Thema geplant. Im Sinne der Artful Participation hält sie sich daher zurück und bittet lediglich Stefan als Sekretär, im Governance-Backlog ein Thema namens »Kollaboration mit Vertrieb« einzutragen, um es später zu bearbeiten.

Schon nach 18 Minuten sind alle Agendapunkte abgearbeitet und das Tactical Meeting beendet.

USER-RESEARCH

Die meisten von uns sind Getriebene – getrieben von Umsatzzahlen, von Entwicklungen auf den Märkten oder durch den großen technologischen Wandel. Vieles ist mittlerweile so komplex geworden, dass es schwierig für uns ist, alles zu durchdringen und unter einen Hut zu bringen. Wir stützen uns daher bei der Entwicklung neuer Angebote schnell auf das, was wir kennen und können. Um dem allgemeinen Wachstumsdruck gerecht zu werden, optimieren wir unsere Angebote hinsichtlich Wirtschaftlichkeit oder technischer Machbarkeit. Den Nutzer der Produkte und Dienstleistungen verlieren wir dabei oftmals aus den Augen. Doch in Zeiten der Digitalisierung finden unsere Kunden Alternativen – also unsere Mitbewerber –, und das schneller, als uns lieb ist. Vor allem Start-ups riechen genau da Lunte, wo wir das Bedürfnis unserer Kunden nicht erfüllen oder nicht richtig interpretieren. Niedrige Markteintrittsbarrieren spielen diesen neuen Mitbewerbern zusätzlich in die Karten.

Wir sollten uns wieder mehr für die Welt und den Kontext unserer Kunden interessieren. Wer jetzt an Marktforschung denkt, ist jedoch in die falsche Richtung unterwegs. Die Ergebnisse quantitativer Marktforschung, in Form von Statistiken oder genauen Zielgruppenanalysen, helfen uns zwar, einen Markt zu bestimmen. Zahlen schaffen es aber heutzutage immer weniger, dass wir den Kunden und seine individuellen Bedürfnisse wirklich verstehen. Wir brauchen eine Herangehensweise, die uns wieder direkt in den Kontakt mit unseren Kunden bringt: den User-Research. Um innovative Ideen zu entwickeln, setzen wir uns direkt mit unseren Kunden auseinander, führen mit ihnen offene Gespräch oder beobachten sie in ihren Arbeits- oder Privatkontexten. Ein hilfreicher Nebeneffekt kann dabei sein, zu sehen, wie Kunden unsere Produkte und Dienstleistungen in ihren realen Kontexten nutzen und einsetzen. Mit User-Research können wir zu Einsichten gelangen, die wir mit einem standardisierten Fragebogen niemals sichtbar machen könnten.

IM DETAIL
Überprüfung von Annahmen
Wir überprüfen mithilfe des Werkzeugs User-Research auch eigene Annahmen.

> Überlegen wir einmal, welches Bedürfnis Supermarktkunden an der Kasse haben. Sie wollen schnell bezahlen. Wirklich? Wenn wir mit Kunden sprechen, erfahren wir vielleicht, dass ihr Bedürfnis genauer gesagt darin besteht, dass sie nicht ewig an der Kasse warten wollen. Fokussieren wir uns anschließend nicht auf das Optimieren von Kassensystemen per se, sondern entwickeln es gänzlich neu, wie zurzeit etwa Amazon Go, dann revolutionieren wir unter Umständen den Markt für Supermarktkassen, und eine ganze Branche wird umgekrempelt.

Um uns selbst zu hinterfragen und in die Welt der Kunden einzutauchen, brauchen wir aber eine ordentliche Portion Mut – den Mut, aus unserer Komfortzone herauszutreten. Innovationsmethoden wie Design-Thinking setzen verstärkt auf den Aufbau von Kundenempathie. Empathie ist die wertvolle Fähigkeit, Gefühle, Gedanken und die Absichten anderer Menschen zu analysieren. Mit Mut und echtem Kundeninteresse können wir ein Verständnis für die Welt der Kunden entwickeln.

Interviews
Im Rahmen des User-Researchs sind Kundeninterviews und Beobachtungen zwei grundlegende Bausteine, um herauszufinden, was unsere Kunden wollen. Anhand unserer Erkenntnisse können wir ableiten, was unsere Kunden zukünftig am ehesten brauchen werden.

Vorbereitung. Im Vorfeld eines Interviews setzen wir uns mit unseren Kunden und Stakeholdern auseinander. Ziel ist es, die richtigen Personen zu identifizieren, also diejenigen, die wir als wichtig erachten. Je nachdem, welchen Markt wir bedienen, können wir Gespräche mit zufälligen Passanten auf der Straße führen. Häufig ist es jedoch nötig, dass wir ausgewählte Nutzer und Stakeholder zu Gesprächen einladen. Wir sollten auch überlegen, ob wir unsere Kunden in ihrem persönlichen Umfeld sprechen können: zu Hause, im Betrieb, in der Produktion und so weiter. Also genau dort, wo sie unsere Produkte und Dienstleistungen nutzen oder nachfragen.

Durchführung. Die Befragung sollte auf jeden Fall in einem vertrauenerweckenden Umfeld stattfinden, damit sich die Interviewpartner wohlfühlen und die Fragen gerne beantworten. Bestenfalls sind zwei Personen bei den Interviews vor Ort: Eine Person stellt die Fragen, die andere protokolliert. Der Fragesteller kann sich dann nämlich auch auf Mimik und Gestik des Interviewpartners konzentrieren. Wenn wir alleine vor Ort sind, können wir ein Aufnahmegerät oder eine Kamera nutzen. Hierfür sollten wir uns jedoch vorab die Einwilligung der Interviewpartner einholen.

KUNDE IM FOKUS | Im Rahmen der Interviews steht unser Gegenüber, also der Kunde, im Mittelpunkt. Sein Gesprächsanteil sollte daher bei 80 Prozent liegen und nur 20 Prozent beim Interviewer.

Wir können das Gespräch mit Fragen wie diesen führen:

- Wann haben Sie (das Produkt/die Dienstleistung) das letzte Mal genutzt? Erzählen Sie uns davon.

- Wofür brauchen Sie (das Produkt/die Dienstleistung) konkret? Warum ist das für sie wichtig?
- Was tun Sie normalerweise, um dieses Problem zu lösen? Warum?
- Was können wir für Sie tun? Was wünschen Sie sich? Warum?

Mit Warum-Fragen können wir interessante Aspekte vertiefen. Die 5-Why-Methode nach Toyoda Sakichi besagt sogar, dass wir fünfmal »Warum?« fragen sollten, um zum eigentlichen Bedürfnis zu gelangen, von dem eine Handlung oder ein Wunsch ausgelöst wird. Hier müssen wir manchmal auch hartnäckig bleiben, denn viele Menschen neigen dazu, lediglich Strategien zu beschreiben, mit denen sie etwas erreichen wollen, weniger ihre Bedürfnisse, also warum sie das wollen.

BEISPIEL

> Wenn unser Interviewpartner beschreibt, dass er das Bedürfnis hat, im Büroalltag von seinen Mitarbeitern regelmäßig Status-E-Mails zu erhalten, dann sind die E-Mails eine Strategie für mehr Kontrolle. Dahinter liegt jedoch das persönliche Bedürfnis nach Sicherheit.

Ganz wichtig bei Interviews ist, den Gesprächspartnern keine Lösungsansätze zu präsentieren. Diese sind an dieser Stelle unangebracht, da Probleme und Herausforderungen der Kunden erst einmal in ihrer Gesamtheit erfasst werden müssen. Außerdem verzerren wir durch eigene Vorschläge die Erzählung unseres Gegenübers.

Aufbereitung. Die gewonnenen Erkenntnisse können in unterschiedlicher Form erfasst werden. Eine Möglichkeit zur Visualisierung ist die Empathiekarte. Diese Canvas wurde von David Gray für die Nutzerbefragung entwickelt.

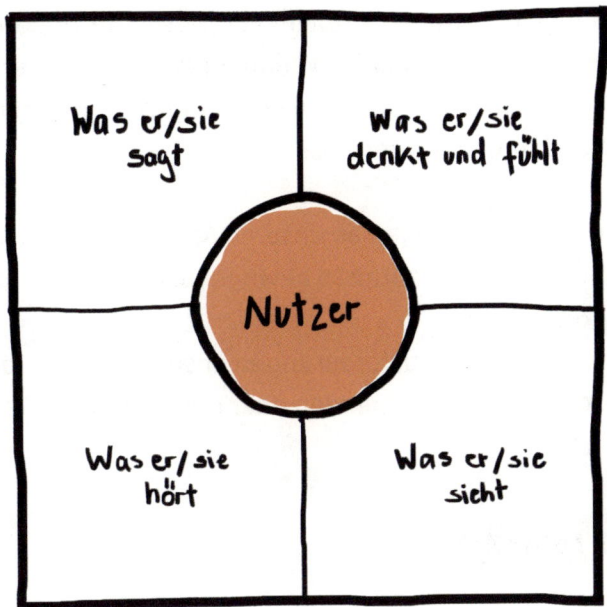

Mit der Emphatiekarte können wir die Erkenntnisse aus den Interviews wie folgt festhalten:

- Was sieht der Kunde in seinem Umfeld? (Was sieht er?)
- Was beeinflusst den Kunden in diesem Umfeld? (Was hört er?)
- Was geht im Kopf des Kunden vor? (Was denkt und fühlt er wirklich?)
- Wie verhält sich der Kunde in der Öffentlichkeit? (Was sagt und tut er?)
- Welches sind die negativen Aspekte im Umfeld des Kunden?
- Welches sind die positiven Aspekte im Umfeld des Kunden?

Mithilfe der gewonnenen Erkenntnisse können wir im nächsten Schritt überlegen, wie sich diese auf unsere Angebote auswirken. Hier beginnt die Interpretation, da wir die Ergebnisse der Interviews in der Regel nicht eins zu eins übertragen können. Für diese Interpretation benötigen wir als Interviewer ein solides Verständnis menschlicher Bedürfnisse, damit wir diese auch richtig deuten und interpretieren können.

Anschließend fragen wir uns:

- Sollten wir Anpassungen an unseren Angeboten vornehmen?
- Haben wir neue Erkenntnisse gewonnen, für die wir Produkte entwickeln sollten?
- Haben wir neue Herausforderungen unserer Kunden identifiziert, die wir mit bestehenden oder neuen Produkten lösen können?

IM KOPF DES KUNDEN

> Wir können die Empathiekarte auch ohne Interviews einsetzen, um uns zum Beispiel im Rahmen eines Workshops in die Welt unserer Kunden oder Nutzer hineinzuversetzen. Dabei sollte uns aber stets bewusst sein, dass wir lediglich mit unseren Annahmen arbeiten. Diese sind so lange nichts wert, bis sie mit oder durch den Kunden bestätigt werden.

Beobachtung

Vorbereitung. Bei der Planung von Beobachtungen sollten wir uns überlegen, ob wir die Beobachtung unserem Kunden vorher ankündigen oder nicht. Der Vorteil einer unangekündigten Beobachtung liegt darin, dass es sich dann um eine ungestellte Situation handelt. Überlegen wir doch mal, wie häufig ein optimaler Zustand hergestellt wird, wenn sich jemand ankündigt (egal ob beruflich oder privat). Wir räumen im Privatleben unsere Wohnung auf, oder wir fegen die Fabrikhallen. Ziel der Beobachtung ist es aber, einen Blick auf die Realität zu erhaschen, nicht ein geschöntes Bild.

Durchführung und Aufbereitung. Als Unterstützung können wir nach der AEIOU-Methode vorgehen. Dies dient als Rahmen für die Beobachtung und stellt sicher, dass wir als Beobachter alles rund um den Kunden erfassen können.

- **A**ction: Aktivitäten von Personen
- **E**nvironment: Umfeld und Rahmenbedingungen
- **I**nteraction: Interaktion zwischen Personen und Objekten
- **O**bject: Verwendung von Objekten
- **U**ser: Nutzer/Kunde bei der Anwendung

KOMBINATION

Wir können Beobachtungen und Interviews auch gemeinsam einsetzen. Die wertvollsten Einblicke erhalten wir, wenn wir zuerst die Aktivität beobachten, analysieren und danach ein vertiefendes Interview führen. Spannend kann es für uns auch sein, eine Person durch den Tag zu begleiten und dabei mit offenen Augen und Ohren nach Missständen und Verbesserungspotenzial zu suchen.

AUS DER PRAXIS

In vielen Ländern der Welt herrscht eine unzureichende klinische Versorgung von Frühgeborenen. Die Sterblichkeitsrate bei Frühchen ist in Indien beispielsweise recht hoch. Viele Organisationen überlegten, wie sie indische Krankenhäuser mit Brutkästen versorgen könnten, um damit diesem Problem zu begegnen. Sie hatten sich kundig gemacht, wie Brutkästen günstig zu produzieren und flächendeckend einzuführen seien.

Die Gründer von Embrace Innovations gingen bei der Entwicklung ihres »Brutkastens« mittels Kundenempathie neue Wege[19]: Sie flogen nach Indien, besuchten vor Ort Krankenhäuser und führten Gespräche mit Ärzten. Zu ihrer Überraschung stellten sie schnell fest, dass viele Krankenhäuser bereits ausreichend mit Brutkästen bestückt waren, diese sich jedoch in leeren Räumen stapelten. Die Frage nach günstigen Brutkästen ging daher in die falsche Richtung. Es gab offenbar ein vollkommen anderes Problem: Aufgrund mangelnder Infrastruktur erreichten die betroffenen Familien die Krankenhäuser oft nicht schnell genug, um einen Brutkasten zu nutzen. Auch standen kulturelle Bedürfnisse und die hohen Kosten für die tatsächliche Nutzung der Kästen entgegen: Indische Familien tragen Kinder am Körper und würden sie nicht in einen Kasten abgeben – und viele können sich das auch gar nicht leisten.

Aufgrund dieser Nutzerbeobachtung entwickelte das Unternehmen eine Art Wärmeschlafsack, der das Kind mobil bei 37 Grad Körpertemperatur halten kann und gleichzeitig die Bedürfnisse der Familienmitglieder berücksichtigt. Diese Wärmebeutel sind kostengünstig zu produzieren und einfach sowie lokal in den Dörfern vorzuhalten und weiterzugeben. Ein Beutel kostet im Vergleich zu herkömmlichen Brutkästen nicht 25 000 Dollar, sondern nur 25 Dollar.

WIE GEHT ES WEITER?

Wir alle können jetzt etwas tun – und das müssen wir unbedingt. Denn jedes der vorgestellten Werkzeuge entfaltet seine Kraft erst im Handeln. Es ist wie im echten Leben: Nur durch Lesen oder Reden werden wir nicht fitter. So wie wir ins Fitnessstudio gehen, um unseren Körper zu stählen und bis ins hohe Alter gesund zu bleiben, müssen wir die Werkzeuge aktiv nutzen, um unsere Organisationen auf lange Sicht resilient und zukunftsbereit zu machen.

Wir Autoren sind davon überzeugt, dass wir in Zukunft auf die Herausforderungen, die auf uns zukommen, besser und schneller reagieren können, wenn wir uns schon heute gut darauf vorbereiten. Um dies im operativen Geschäft zu tun, gibt es bereits viele Werkzeuge und Methoden, die uns zur Verfügung stehen: Design-Thinking, Lean Management und so weiter. Wir sollten uns jedoch nicht nur auf das Erreichen operativer Exzellenz konzentrieren. Wir vergessen häufig, dass für jede operative Herangehensweise gewisse interne Strukturen nötig sind, in denen Menschen die Methoden umsetzen und auf Augenhöhe miteinander arbeiten. Um gemeinsam stark zu sein, brauchen wir zunehmend aber auch individuelle Fitness. Erst wenn jeder sich seiner Stärken bewusst ist und sich in einem gewissen Maß reflektieren kann, schöpfen wir unser Potenzial voll aus. Das wird in Zukunft noch mehr gefragt sein als heute.

Nun liegt es an uns allen. Werden wir gemeinsam zukunftsfit! Lasst uns ins Tun kommen, ausprobieren, experimentieren und die Werkzeuge an unsere Bedürfnisse anpassen! Es gilt, jeden Tag aufs Neue unsere eigene Bequemlichkeit zu überwinden und unsere Komfortzone zu verlassen. Und eines ist klar: Auf dem Weg zur Future Fit Company werden wir auch Rückschläge einstecken müssen. Davon dürfen wir uns aber nicht abhalten lassen, es weiter zu probieren.

Wichtig ist, dass wir dabei nicht zu ehrgeizig oder gar verbissen vorgehen. Es braucht wie im Sport eine Balance zwischen Konzentration und Entspannung. Bemühen wir uns zu sehr oder muten wir uns auf einmal zu viel zu, verkrampfen wir und machen schmerzhafte Fehler. Bemühen wir uns zu wenig und strengen uns nicht richtig an, sind wir nicht auf Spannung und geben nicht unser Bestes. Dann werden wir nicht stärker.

Die Trainingspläne, die wir zusammengestellt haben, sollen Orientierung bei der Auswahl und Kombination von Werkzeugen geben. Aber vielleicht scheinen in der Praxis andere Werkzeuge aus diesem Buch relevanter. Dazu sagen wir Autoren: Ausprobieren und einfach machen! Die vorgestellten Werkzeuge stellen nur eine Auswahl aus vielen dar. Sie sind aber eine Auswahl, die wir für sinnvoll erachten und daher bewusst gewählt haben. Denn wir setzen sie bei uns selbst und bei Kunden seit Jahren erfolgreich sein. Einige Werkzeuge, zum Beispiel die Business Model Canvas, Getting Things Done oder Wall of Fail haben es nach längerer Überlegung und auch aus Platzgründen erst gar nicht ins Buch geschafft.

In Zukunft werden sicher noch weitere Methoden und Werkzeuge entwickelt, die in den vier Räumen hilfreich sein können. Wir Autoren planen daher, die Auswahl der Werkzeuge kontinuierlich zu erweitern und diese auf www.future-fit-company.de zum Download zur Verfügung zu stellen.

Für heute hoffen wir, dass wir mit diesem Buch einen Ausblick und Inspiration gegeben haben, wie eine zukunftsbereite Art der Zusammenarbeit in Unternehmen aussehen könnte.

ANMERKUNGEN

1. *Duden. Deutsches Universalwörterbuch*, Bibliographisches Institut, 2016, S. 1383.
2. Siehe https://www.arbor-verlag.de/jon-kabat-zinn.
3. Jon Kabat-Zinn: »An outpatient program in behavioral medicine for chronic pain patients based on the practice of mindfulness meditation: Theoretical considerations and preliminary results«, *General Hospital Psychiatry* 4/1982, S. 33–47.
4. Chade-Meng Tan: *Search Inside Yourself. Optimiere dein Leben durch Achtsamkeit.* Goldmann, 2015.
5. Siehe https://news.sap.com/germany/2018/09/achtsamkeit.
6. Siehe http://www.carl-rogers.net/gespraechsfuehrung.shtml.
7. Das Werkzeug basiert auf dem Buch *Switch. How to change things when change is hard* von Chip und Dan Heath.
8. Göran Ekvall: »Organizational Climate for Creativity and Innovation«, *European Journal of Work and Organizational Psychology* 1/1996, S. 105–123.
9. Siehe https://www.prindit.com.
10. Simon Sinek: *Frag immer erst: warum. Wie Top-Firmen und Führungskräfte zum Erfolg inspirieren.* Redline, 2014.
11. Simon Sinek: *Frag immer erst: warum. Wie Top-Firmen und Führungskräfte zum Erfolg inspirieren.* Redline, 2014. TED-Talk Simon Sinek (4. Mai 2010): Wie große Führungspersönlichkeiten zum Handeln inspirieren.
12. Siehe https://www.patagonia.com/company-info.html.
13. Siehe https://www.tesla.com/de_DE/about.
14. »The Mission of Tesla- Elon Musk, Chairman, Product Architect & CEO«, https://www.tesla.com/blog/mission-tesla, 18. November 2013.
15. Siehe https://intrinsify.de/verbunden-im-konsent-was-ist-soziokratie.
16. Ausgeführt in Ricardo Semler: *Maverick. The Success Story behind the World's most unusual workplace.* Arrow, 1993.
17. Siehe https://www.zapposinsights.com/about/holacracy.
18. Siehe https://ed.ted.com/lessons/rapid-prototyping-google-glass-tom-chi.
19. Siehe https://extreme.stanford.edu/projects/embrace.

DIE AUTOREN

FLORIAN RUSTLER ISABELA PLAMBECK

NADINE KRAUSS JENS SPRINGMANN DANIEL BARTH

DIE AUTOREN

Nadine Krauss ist Moderatorin, Coach und Beraterin bei creaffective. Als Volljuristin bringt sie einen Draht zu und Einfühlungsvermögen für die klassischen Arbeitswelten mit. Sie fungiert mit viel Fingerspitzengefühl als Geburtshelferin und Lotse für Themen wie Agilität, Selbstorganisation, Kreativität, Innovationskultur und New Work und ist weltweit in entsprechenden Projekten tätig.

Florian Rustler ist Gründer von creaffective, eines selbstorganisierten Beratungsunternehmens. Er berät Unternehmen weltweit zu den Themen Innovation, Innovationskultur und agile selbstorganisierte Unternehmensformen. Er ist Autor dreier Bücher zu den Themen Kreativität und Innovation.

Jens Springmann ist Trainer, Moderator und Systemischer Team Coach bei creaffective. Nach einem BWL-Studium und zehn Jahren Erfahrung in traditionellen Verlagshäusern lernte er bei creaffective das »Neue Arbeiten« zu schätzen. Er ist überzeugt davon, dass Unternehmen mit Strukturen auf Augenhöhe und den richtigen Werkzeugen mehr bewegen können.

Isabela Plambeck unterstützt bei creaffective Organisationen unterschiedlichster Branchen darin flexibler und anpassungsfähiger zu werden. Sie moderiert Innovationsworkshops, begleitet Teams dabei das Gruppenklima zu verbessern und berät unter anderem Führungskräfte im Bereich Inovationsmanagement und Selbstorganisation. Mit ihrem Background als Ingenieurin und Designerin kann sie sich schnell in komplexen Themen zurechtfinden und in festgefahrenen Situationen praktikable Alternativen anbieten.

Daniel Barth unterstützt als Berater, Coach und Trainer bei creaffective Unternehmen aller Couleur dabei, sich optimal auf ihre Zukunft vorzubereiten. Sein kulturwissenschaftlicher Hintergrund gibt ihm ein starkes Einfühlungsvermögen für die Mentalität und Kultur von Organisationen. Auch hat ihn seine Auslandserfahrung dafür sensibilisiert, dass kultureller Wandel möglich ist, aber nur mit Durchhaltevermögen funktioniert.

Bibliografische Information der Deutschen Nationalbibliothek
Die Deutsche Nationalbibliothek verzeichnet diese Publikation in der
Deutschen Nationalbibliografie; detaillierte bibliografische Daten sind
im Internet über http://dnb.dnb.de abrufbar.

Print: ISBN 978-3-648-12559-5 Bestell-Nr. 10335-0001
ePub: ISBN 978-3-648-12750-6 Bestell-Nr. 10335-0100
ePDF: ISBN 978-3-648-13338-5 Bestell-Nr. 10335-0150

Florian Rustler/Nadine Krauss/
Jens Springmann/Daniel Barth/Isabela Plambeck
Future Fit Company
1. Auflage 2019
© 2019 Haufe-Lexware GmbH & Co. KG, Freiburg
www.haufe.de
info@haufe.de

Lektorat: Michael Schickerling, München
Cover/Illustrationen/Layoutdesign: Christoph Schulz-Hamparian, Stuttgart
Illustrationen: Judith Hilgenstöhler, Hamburg
Druck und Bindung: Kösel GmbH & Co. KG, Altusried-Krugzell

Dieser Titel ist ein Produkt der Reihe
»Professional Publishing for Future and Innovation by Murmann & Haufe«
Weitere Informationen zum Murmann Verlag finden Sie unter
www.murmann-verlag.de

Das Werk einschließlich aller seiner Teile ist urheberrechtlich geschützt.
Jede Verwertung ist ohne Zustimmung des Verlages unzulässig. Das gilt insbesondere
für Vervielfältigungen, Übersetzungen, Mikroverfilmungen und die Einspeicherung
und Verarbeitung in elektronischen Systemen.

Der Verlag weist ausdrücklich darauf hin, dass er, sofern dieses Buch
externe Links enthält, diese nur bis zum Zeitpunkt der Buchveröffent-
lichung einsehen konnte. Auf spätere Veränderungen hat der Verlag
keinerlei Einfluss. Eine Haftung des Verlags ist daher ausgeschlossen.

IT'S A MIND GAME

TEAM UP!

INDIVIDUELLER RAUM

ZWISCHEN-
MENSCHLICHER RAUM